"好程序员成长"丛书

项目实战

◎千锋教育高教产品研发部 / 编著

清華大学出版社
北 京

内容简介

TensorFlow 是目前应用最为广泛的主流深度学习框架，由谷歌公司于 2015 年开源。本书是 TensorFlow 的入门书籍，旨在帮助读者快速理解该框架的基本概念和操作方法，初步掌握通过 TensorFlow 解决实际问题的能力。

对于刚接触深度学习的初学者而言，一本简单易懂、易上手的教材至关重要。本书摆脱纯理论的讲解方式，将理论与实际操作相结合，通过丰富的代码实例和详尽的步骤介绍，与读者一起"跳出枯燥，快乐学习"。全书包括 14 章。前 3 章从 TensorFlow 简介与安装入手，帮助读者快速了解该框架的基础概念和操作方法；第 4 章介绍线性回归算法；第 5 章讲述神经网络算法基础；第 6～9 章分别通过实例详细讲解手写数字识别问题、卷积神经网络算法、图像数据处理和循环神经网络算法；第 10～13 章介绍 TensorFlow 产品化、高层封装、可视化等实用技巧，以及遗传算法、K-means 算法等进阶操作；第 14 章通过汽车车牌识别项目的实现来进一步学习 TensorFlow 在图像识别方面的应用。

本书适合于想系统学习深度学习和应用 TensorFlow 的相关从业人员以及在校学生等。

图书在版编目(CIP)数据

Python 快乐编程：TensorFlow 深度学习项目实战/千锋教育高教产品研发部编著. —北京：清华大学出版社，2020. 2 (2020.8重印)
("好程序员成长"丛书)
ISBN 978-7-302-54126-4

Ⅰ. ①P…　Ⅱ. ①千…　Ⅲ. ①软件工具—程序设计 ②机器学习　Ⅳ. ①TP311.561 ②TP181

中国版本图书馆 CIP 数据核字(2019)第 246896 号

责任编辑：黄　芝
封面设计：胡耀文
责任校对：焦丽丽
责任印制：宋　林

出版发行：清华大学出版社
网　　址：http://www.tup.com.cn，http://www.wqbook.com
地　　址：北京清华大学学研大厦 A 座　　**邮　　编**：100084
社 总 机：010-62770175　　**邮　　购**：010-62786544
投稿与读者服务：010-62776969，c-service@tup.tsinghua.edu.cn
质量反馈：010-62772015，zhiliang@tup.tsinghua.edu.cn
课件下载：http://www.tup.com.cn，010-83470236
印 装 者：北京鑫海金澳胶印有限公司
经　　销：全国新华书店
开　　本：185mm×260mm　　**印　　张**：17　　**字　　数**：411 千字
版　　次：2020 年 2 月第 1 版　　**印　　次**：2020 年 8 月第 3 次印刷
印　　数：2001～2800
定　　价：59.80 元

产品编号：083972-01

编 委 会

序

为什么要写这样一本书

当今世界是知识爆炸的世界，科学技术与信息技术急速发展，新技术层出不穷。但教科书却不能将这些知识内容及时编入，致使教科书的知识内容出现陈旧不实用的问题，教材的陈旧性与滞后性尤为突出。在初学者还不会编写一行代码的情况下，就开始讲解算法，这样只会吓跑初学者，让初学者难以入门。

IT 行业不仅需要理论知识，更需要实用型、技术过硬、综合能力强的人才，高校毕业生求职面临的第一道门槛就是技能与经验的考验。学校通常注重学生的素质教育和理论知识，忽略了对学生的实践能力培养，在高校毕业生求职时，学生常常因技术经验不足而被拒之门外。

如何解决这一问题

为了杜绝这一现象的发生，本书倡导的理念是快乐学习，实战就业。在语言描述上力求准确、通俗易懂，在章节编排上力求循序渐进，在语法阐述时尽量避免术语和公式，从项目开发的实际需求入手，将理论知识与实际应用相结合。旨在让初学者能够快速成长为初级程序员，并拥有一定的项目开发经验，从而在职场中拥有一个较高的起点。

千锋教育

前　言

在瞬息万变的IT时代，一群怀揣梦想的人创办了千锋教育，投身到IT培训行业。自2011年以来，一批批有志青年加入千锋教育，为了梦想笃定前行。千锋教育秉承用良心做教育的理念，为培养"顶级IT精英"而付出一切努力，为什么会有这样的梦想，我们先来听一听用人企业和求职者的心声：

"现在符合企业需求的IT技术人才非常紧缺，这方面的优秀人才我们会像珍宝一样对待，可为什么至今没有合格的人才出现?"

"面试的时候，用人企业问能做什么，这个项目如何来实现，需要多长的时间。我们当时都蒙了，回答不上来。"

"这已经是面试过的第十家公司了，如果再不行的话，是不是要考虑转行了，难道大学里的四年都白学了?"

"这已经是参加面试的第N个求职者了，都是计算机专业的，当问到项目如何实现，怎么连思路都没有呢?"

这些心声并不是个别现象，而是中国社会目前的一种普遍现象。高校的IT教育与企业的真实需求脱节，如果高校的相关教材不能与时俱进，毕业生将面临难以就业的困境。很多用人单位表示，高校毕业生表象上知识丰富，但绝大多数在实际工作中用之甚少，甚至完全用不上高校学习阶段所学知识。针对上述存在的问题，国务院也作出了关于加快发展现代职业教育的决定。很庆幸，千锋所做的事情就是配合高校达成产学合作。

千锋教育致力于打造IT职业教育全产业链人才服务平台，在全国拥有数十家分校，数百名讲师。我们坚持以教学为本的方针，采用面对面教学的方式，传授企业实用技能。教学大纲实时紧跟企业需求，拥有全国一体化就业体系。千锋的价值观是"做真实的自己，用良心做教育"。

针对高校教师的服务：

(1) 千锋教育自2011年以来不断优化IT教育培训课程，精心设计了包含"教材＋授课资源＋考试系统＋测试题＋辅助案例"的教学资源包，节约教师的备课时间，缓解教师的教学压力，显著提高教学质量。

(2) 本书配套课件、源代码、习题答案、教学大纲等电子资源，可从清华大学出版社网站下载。

(3) 本书配备了千锋教育优秀讲师录制的教学视频，按本书知识结构体系部署到了教学辅助平台(扣丁学堂)上，也可直接扫描封底刮刮卡二维码，登录文泉课堂观看视频，可以作为教学资源使用，也可以作为备课参考。

高校教师如需索要配套教学资源，请关注(扣丁学堂)师资服务平台，扫描下方二维码关注微信公众平台索取。

扣丁学堂

针对高校学生的服务：

(1) 学 IT 有疑问，就找“千问千知”。它是一个有问必答的 IT 社区，平台上的专业答疑辅导老师承诺工作时间 3 小时内答复您学习 IT 时遇到的专业问题。读者也可以通过扫描下方的二维码，关注千问千知微信公众平台，浏览其他学习者在学习中分享的问题和收获。

千问千知

(2) 学习太枯燥，想了解其他学校的伙伴都是怎样学习的？你可以加入扣丁俱乐部。“扣丁俱乐部”是千锋教育联合各大校园发起的公益计划，专门面向对 IT 有兴趣的大学生提供免费的学习资源和问答服务，已有超过 30 多万名学习者获益。

就业难，难就业，千锋教育让就业不再难！

关于本教材

本教材可作为高等院校本、专科计算机相关专业的 Python 人工智能入门与进阶教材，包含了千锋教育 Python 人工智能课程的精华内容，是一本适合广大计算机编程爱好者的优秀读物。

抢　红　包

本书配套源代码、习题答案的获取方法：添加小千 QQ 号或微信号 2133320438。

注意！小千会随时发放“助学金红包”。

致　　谢

千锋教育 Python 教学团队将多年积累的教学实战案例进行整合，通过反复精雕细琢最终完成了这本著作。另外，多名院校老师也参与了教材的部分编写与指导工作。除此之外，千锋教育 500 多名学员也参与了教材的试读工作，他们站在初学者的角度对教材提供了许多宝贵的修改意见，在此一并表示衷心的感谢。

千锋学科

HTML5前端开发、JavaEE分布式开发、Python全栈+人工智能、全链路UI/UE设计、智能物联网+嵌入式、360网络安全学院、大数据+人工智能培训、全栈软件测试、PHP全栈+服务器集群、云计算+信息安全、Unity游戏开发、区块链。

千锋校区

北京|大连|广州|成都|杭州|长沙|哈尔滨|南京|上海|深圳|武汉|郑州|西安|青岛|重庆|太原|合肥

意见反馈

在本书的编写过程中,编者虽然力求完美,但难免有一些不足之处,欢迎各界专家和读者朋友们给予宝贵意见。

编　者

2019年9月于北京

目　录

第1章 初识 TensorFlow

本章学习目标

- 了解深度学习的概念和发展现状；
- 了解不同的深度学习工具及它们之间的区别；
- 掌握 TensorFlow 的环境搭建方法；
- 了解 TensorFlow 的测试方法。

目前，随着计算机和人工智能技术取得了突飞猛进的进步，人工智能有望成为大多数行业的助力。在即将到来的人工智能时代，深度学习技术已成为人工智能领域的重要技术支撑。而 TensorFlow 作为目前最主流的开源人工智能学习系统，在深度学习领域有着举足轻重的作用，它将复杂的数据结构传输至人工智能神经网络中进行处理和分析。其开源性也大大降低了深度学习在各个行业中的应用难度。本书将与大家一起循序渐进地学习 TensorFlow 的有关知识，希望通过本书的学习大家可以掌握常见的 TensorFlow 用法，以及训练神经网络的方法。本章将对 TensorFlow 的基础知识和安装方法进行讲解。

1.1 深度学习介绍

深度学习是机器学习的一个重要分支，通过构建具有多个隐藏层的机器学习模型和海量的训练数据来学习更有用的特征，从而最终提升分类或预测的准确性。用一句话对人工智能、机器学习和深度学习进行概括：机器学习是实现人工智能的一种方法，而深度学习则是实现机器学习的一种技术。

很多人往往混淆机器学习与深度学习的概念，不妨看一下台湾大学李宏毅教授对机器学习的定义：机器学习在形式上，近似于在数据对象中通过统计或推理的方法寻找一个适用特定输入和预期输出功能的函数，如图 1.1 所示。

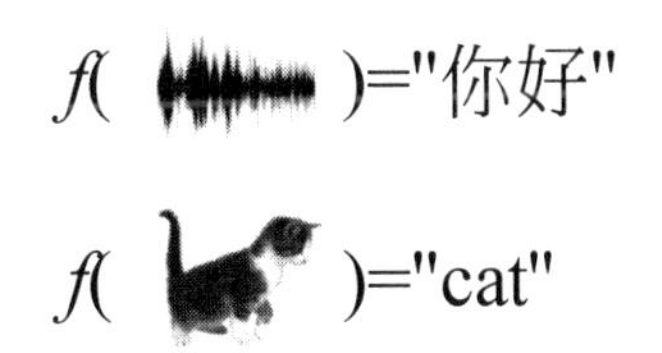

图 1.1 机器学习可以看作一个函数

所谓机器学习，在形式上可以看作一个函数，通过对特定的输入进行处理，得到一个预期的结果。例如：f(一段音频)＝“你好”，f(含有猫的图片)＝“猫”。但是如何才能让计算机在接收一串语音后知道这句话是“你好”而不是其他内容呢？这就需要构建一个评估体系来判断计算机通过学习是否能够输出理想的结果，如此便可以通过训练数据(training data)来“培养”机器学习算法的能力，如图 1.2 所示。

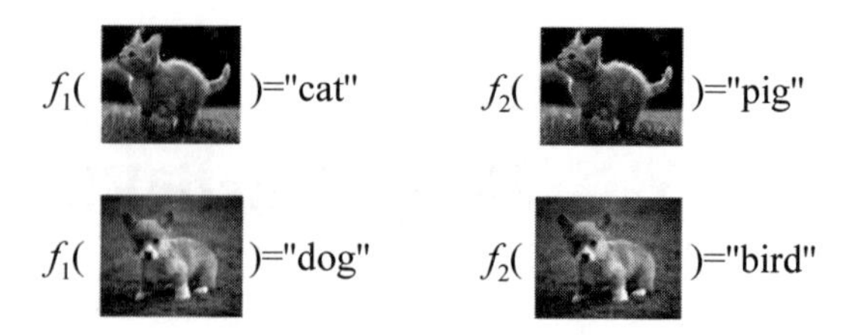

图 1.2　机器学习的过程

从图 1.2 可以看出，f_2 对图像的识别是错误的，学习效果并不理想，经过训练数据的“培养”，将输出结果不理想的 f_2 改善为输出结果较为理想的 f_1，判定的准确度提高了，这种改善的过程便可以称为学习。这个学习过程是由机器完成的，这便是“机器学习”。

深度学习则是机器学习的一个分支，它在涉及语音、图像等复杂对象的应用中具有优越的性能。与人工规则构造特征的方法相比，利用大数据来学习特征，更能够刻画数据丰富的内在信息。在大数据时代，深度学习的神经网络模型可以更加有效地捕捉海量数据中所含的巨量复杂信息，并对未来或未知事件做更精准的预测。与以往的机器学习相比，深度学习对使用者的要求有所降低，使用者只需调节相关参数，学习的效果一般都较为理想，这促进了机器学习从实验技术走向工程实践。以上只是对深度学习的一个简单概括，并不能全面地解释什么是深度学习，因为神经网络中的深层构架差异巨大，对不同任务或目标的优化会有不同的操作。通过机器学习的发展历程来理解深度学习可能是一种更好的方法。

在人工智能的发展初期，计算机主要发挥了善于处理形式化的数学规则的特性，比人类更加快速、高效地完成形式化的任务。这让人工智能在初期相对朴素和形式化的环境中取得了成功，这种环境对计算机所需具备的关于世界的知识要求很低。例如，在形式和规则十分固定的国际象棋领域，人工智能取得了巨大成就。在 1997 年，IBM 公司研制的“深蓝”(Deep Blue)击败了当时的国际象棋世界冠军 Garry Kasparov。事实上，一台计算机理解国际象棋中固定的 64 格棋盘、严格按照规则进行移动的 32 个棋子以及胜利条件并不难，相关概念完全可以由一个非常简短、完全形式化的规则列表进行描述并输入计算机中。

然而，在处理抽象的、非形式化的任务时，人工智能却显得比人类“笨拙”得多，人工智能的处理水平往往难以达到人类平均水平。例如，人类可以很轻松地通过直觉识别出静物油画中的一串香蕉，但是机器却难以识别被油画抽象出的“香蕉”。如今随着人工智能相关领域的飞速发展，计算机对于非形式化任务的处理能力取得了巨大进步，计算机完成识别对象和语音任务的能力已经达到人类的一般水平。人类的大脑中存储了巨量的有关世界的知识来维持日常生活的需要，让计算机实现强人工智能就需要让其理解这些关于世界的巨量知识。然而，许多相关知识具有主观性，难以通过形式化的方法进行描述，让计算机理解这些非形式化的知识无疑是人工智能的一项巨大挑战。

在了解深度学习的神经网络工作原理之前，有必要先了解一下人类大脑的工作机理。在 1981 年，Hubel、Wiesel 和 Sperry 等人发现了一种可以有效地降低反馈神经网络复杂性的独特的神经网络结构，进而提出了卷积神经网络。卷积神经网络的发现揭示了人类视觉的分级系统，在收到视觉刺激后，信息从视网膜出发，经过低级区时提取目标的边缘特征，在高一级的区域对目标的基本形状或目标的局部进行识别，再到下一层更高级的区域对整个目标进行识别，以及到更高层的前额叶皮层进行分类判断等，即高层的特征是低层特征的组合，信息的表达由低层到高层越来越抽象和概念化。这个发现激发了人们对于神经系统的进一步思考，大脑的工作过程是一个对接收信号不断迭代、不断抽象和概念化的过程。以识别油画中的香蕉为例，首先摄入原始信号（瞳孔摄入像素），然后进行初步处理（大脑皮层某些神经细胞发现香蕉的边缘和方向），对处理后的信息进行抽象（大脑判定香蕉的形状，比如是长型略微弯曲的），进一步抽象（大脑进一步判定该物体是香蕉），最后识别出图中画的是一串香蕉。由此例可以看出，大脑是一个深度架构，认知的过程是通过大脑逐层分级处理表示的信息实现的。

无论在计算机科学领域还是人类的日常生活中，信息的表示起到了至关重要的作用。例如，大多数学生可能已经习惯了阅读国内英语考试中全部由小写字母组成的文章，可以很快地阅读并完成后面的题目，但是在有些国际性英语能力测试中会出现全部由大写英文字母组成的文章，这时考生可能就需要花更多的时间去适应大写字母组成的单词。同样的单词以不同的表示方式出现，会对考生的阅读产生巨大的影响。相应地，不同的表示方式同样会对机器学习的算法性能产生影响。接下来通过图示的方法展示不同表示方式对算法性能的影响，如图 1.3 所示。

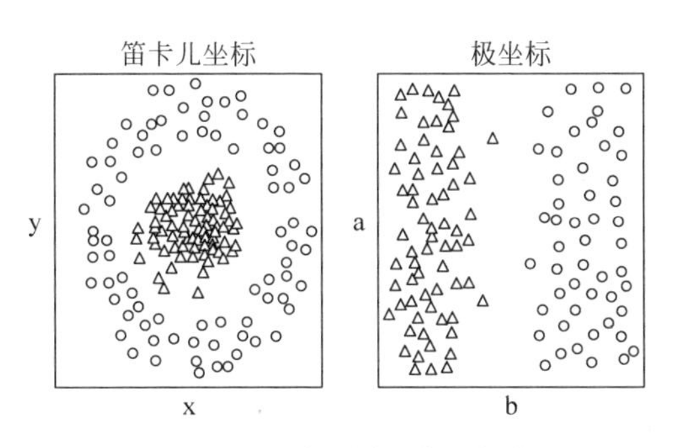

图 1.3　两种不同的表示方式

在图 1.3 中，左图使用了笛卡儿坐标表示两种类型的数据。显然，在这种表示方式下，无法用一条直线来分隔三角形和圆两种类型的数据；而右图使用极坐标表示，可以很容易用一条垂直的线将两种类型的数据分隔开。

一般情况下，处理人工智能的方法可以概括为：提取一个恰当的特征集，然后将这些特征提供给简单的机器学习算法。例如，在语音识别中，对声道大小这一特征的识别可以作为判断说话者的性别以及大致年龄的重要线索。

然而在大多数情况下，人类很难确定应该提取的信息特征。例如，希望一个程序能够检测出油画中的水果——香蕉。香蕉的特征有黄色的果皮，长型略微弯曲的外形，但是仅以油画中的某一个像素值很难准确地描述香蕉看上去像什么，因为不同的场景下香蕉的摆放角度和光影效果都会不同，如图 1.4 所示。

为了解决上述问题，此时就需要让计算机自身去发掘表示的特征。通过学习让程序去理解一个表示的特征往往比直接输入人为总结的特征更加准确。这就要求计算机学会从原始数据中提取高层次的、抽象的特征。

深度学习让计算机可以通过组合低层特征形成更加抽象的高层特征（或属性类别）。深度学习算法可以从原始图像去学习一个低层次表达，例如边缘检测器、小波滤波器等，然后在这些低层次表达的基础上，通过线性或者非线性组合，来获得一个高层次的表达。

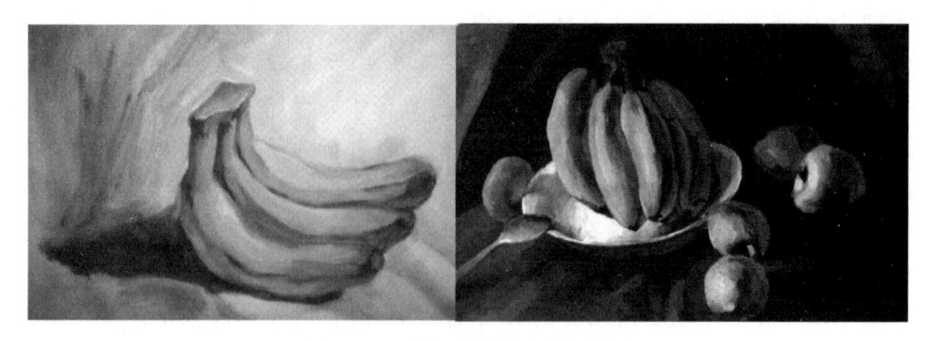

图 1.4　两种不同情景下的香蕉

1.2　TensorFlow 简介

1.1 节主要对深度学习的概况进行了介绍，深度学习的发展离不开相关算法和学习工具的出现与改进。目前，TensorFlow 是众多深度学习工具中最受欢迎的一个。它最初由 Google 公司的 Brain 小组研发，主要用于机器学习和深度神经网络方面的研究，事实上，该系统的通用性使其被广泛用于其他算法中。

TensorFlow 是一个通过计算图(data flow graphs)对张量(tensor)进行计算的开源软件，这也是 TensorFlow 软件名称的由来。TensorFlow 的编程接口支持 C++、Python、Java、Go 和 R 语言(Haskell API 也将被支持)，是目前主流深度学习框架中支持的开发语言最全面的框架。TensorFlow 可以在 AWS 和 Google Cloud 中运行，支持 Windows、Linux 和 Mac 等操作系统。本书所有的代码都是基于 Python 语言在 Windows 上实现和运行的。

TenserFlow 使用 C++ Eigen 库，可以在 ARM 架构上编译和优化，使得它可以在各种服务器和移动设备上部署自己的训练模型，这让它成为了支持运行平台最多的深度学习框架。

TensorFlow 基于计算图实现自动微分系统，使用计算图进行数值计算，图中的节点代表数学运算，图中的线条则代表在这些节点之间传递的张量(多维数组)。TensorFlow 追求对运行平台和开发语言最广泛的支持，力求统一深度学习领域，但是这也使得 TensorFlow 的系统设计趋于复杂化，TensorFlow 在 GitHub 上的总代码已超过 100 万行。它在接口设计中创造了很多新的抽象概念，如计算图、会话、命名空间和 Place-Holder 等，同一个功能又提供了多种实现方法，使用上可能有细微的区别，频繁的接口变更也导致了向后兼容性上的问题。由于直接使用 TensorFlow 过于复杂，Google 官方在内的很多开发者尝试构建一个高级 API 作为 TensorFlow 更易用的接口，目前已知的高级 API 包括 Keras、Sonnet、TFLearn、TensorLayer、Slim、Fold 和 PrettyLayer 等。其中 Keras 在 2017 年成为第一个被 Google 公司添加到 TensorFlow 核心中的高级框架，这让 Keras 变成 TensorFlow 的默认 API，使 Keras + TensorFlow 的组合成为 Google 官方认可并大力支持的平台。在本书后续章节中，将介绍 Keras 的相关用法。

前面提到了计算图，大家可能对这个词汇有些陌生。计算图通过“节点”和“线”的有向图来描述数学计算。它从数据传递和加工的角度，以图形方式来表达系统的逻辑功能、数据在系统内部的逻辑流向和逻辑变换过程，是结构化系统分析方法的主要表达工具及用于表示软件模型的一种图示方法。"节点"可以用来表示施加的数学操作,也可以表示数据输入的起点或数据输出的终点,或者读取/写入持久变量的终点。"线"用来表示节点之间的输入或输出关系,通过"线"来输送张量。当输入端的所有张量准备就绪后,"节点"将被分配到各种计算设备,异步、并行地执行运算。

TensorFlow 使用了向量运算的符号图方法,简化了指定新的网络的方法,可以自定义神经网络结构,支持并行设计,充分利用硬件资源。由于其支持自动求微分,这省去了通过反向传播求解梯度的步骤。符号图方法支持自由的算法表达,可实现深度学习以外的机器学习算法,因此其在深度学习以外的许多领域也受到青睐。TensorFlow 所具备的优势具体如下。

1. 高灵活性

TensorFlow 并不仅仅是一个服务于人工神经网络的库,其采用的符号图方法支持自由的算法表达,可实现深度学习以外的机器学习算法。TensorFlow 提供了相关工具来组合"子图",用户可以在 TensorFlow 的基础上编写自己的"上层库"。在 TensorFlow 中可以用类似 Python 中自定义新函数的方法定义一个新的复合操作。TensorFlow 的底层代码由 C++编写,也可以在需要时用 C++代码来为底层添加功能。

2. 良好的可移植性

TensorFlow 既可以在 CPU 上也可以在 GPU 上运行,在不改变代码的情况下,TensorFlow 可以实现训练模型在多个 CPU 上进行规模化的运算,甚至可以将训练好的模型植入手机 APP 中加以应用,或者作为云端服务运行在云服务器上。

3. 将科研和产品联系在一起

过去如果要将科研中的机器学习想法用到产品中,需要大量的代码重写工作。在 Google 公司,科学家用 TensorFlow 尝试新的算法,产品团队则用 TensorFlow 来训练和使用计算模型,并直接提供给在线用户。使用 TensorFlow 可以让应用型研究者将想法迅速应用到产品中,也可以让学术性研究者更直接地彼此分享代码,从而提高科研产出率。

4. 自动求微分

基于梯度的机器学习算法会受益于 TensorFlow 自动求微分的能力。作为 TensorFlow 用户,你只需要定义预测模型的结构,将这个结构和目标函数(objective function)结合在一起并添加数据,TensorFlow 将自动为你计算相关的微分导数。计算某个变量相对于其他变量的导数仅通过扩展图结构来完成,这种方式更加直观。

5. 多语言支持

TensorFlow 有一个合理的 C++使用界面,也有一个易用的 Python 使用界面来构建和执行数据流图。在 TensorFlow 中可以直接编写 Python/C++ 程序,也可以通过例如 IPython 这样的交互界面来使用 TensorFlow。它同时鼓励用户创造自己最喜欢的语言界面,比如 Go、Java、Lua、JavaScript 或者 R 语言。

6. 性能最优化

TensorFlow 可以通过线程、队列和异步操作等功能使得工作站的计算潜能更充分地发挥出来。可以通过自定义的方式将 TensorFlow 图中的计算元素分配到不同设备上,TensorFlow 可以帮你管理好这些不同副本。

以上便是 TensorFlow 所具备的主要优点,接下来介绍另外三个常见的深度学习工具。

Theano 属于早期的开源深度学习开发工具，由 Benjio 教授等人研发，最早主要用于学术研究，它支持目前大部分先进的神经网络，引领了符号图在编程网络中使用的趋势（TensorFlow、Caffe 等工具均借鉴了 Theano 的符号图理念）。Theano 的符号 API 支持循环控制，让循环神经网络的实现更加容易且高效，但它在 Windows 下的安装较为繁琐，并且创始人 Benjio 教授目前已经转投 TensorFlow，Theano 已停止更新。

Caffe 是最早被主流采用的工业级深度学习工具，出现于 2013 年，在卷积神经网络的应用中具有出色表现。目前，Caffe 在计算机视觉领域仍是最流行的工具库之一，它具有众多扩展，但是由于某些架构问题，它对递归神经网络和语言模型的支持极差。在 Caffe 中图层通过 C++定义，但神经网络需要通过 Protobuf 定义。Caffe 已逐渐被 Caffe2 所取代。

Torch 在卷积神经网络的应用中同样表现出色。在 TensorFlow 和 Theano 中时限卷积主要通过 conv2d 来实现；而在 Torch 中可以直观地使用时域卷积的本地接口。目前，Torch 拥有大量非官方的扩展，它们对循环神经网络具有良好的支持。神经网络的定义方法较为丰富，与 Caffe 相比，在 Torch 中定义新图层不需要使用 C++编程，图层和网络定义方式之间的区别最小，但本质上 Torch 是以图层的方式对神经网络进行定义，这种粗粒度的方式使得它对新图层类型的扩展缺乏足够的支持。目前，基于 Python 的 PyTorch 公司已经取代了 Torch。Facebook 公司已经把 Caffe、Caffe2 以及 PyTorch 进行了整合，推出了全新的 PyTorch 1.0。

了解了 TensorFlow 和其他几种机器学习框架的特点，接下来对通过 TensorFlow 实现机器学习的一般流程进行简要介绍。

（1）预训练和导入样本数据集。无论是机器学习还是深度学习都需要大量的样本数据集，如果使用预训练的数据集进行训练，往往能够得到更好的训练结果。

（2）转换和归一化数据。通常，没有经过处理的原始样本数据集的维度和数据类型往往并不符合 TensorFlow 的期望形状，因此需要对数据集进行转换。算法所期望的样本数据类型往往是归一化的。

（3）划分样本数据集。将样本数据集划分为训练样本集、测试样本集和验证样本集三个部分。

（4）设置学习参数(超参数)。为模型设置常量参数，例如学习率、步长值、权重参数、迭代次数等。通常在模型的训练中，会一次性地初始化所有的模型参数。

（5）初始化变量和占位符。在模型最优化（通常是损失函数最小化）的过程中，TensorFlow 会通过占位符获取数据信息，然后通过调整变量、权重、偏差值对数据进行调整。需要在数据的精确性和训练速度之间做出合理的取舍。

（6）定义模型结构。TensorFlow 通过选择操作、变量和占位符的值来构建计算图。

（7）声明损失函数。通过声明损失函数来对定义的模型进行输出结果的评估。其中损失函数用来表示预测结果与实际结果的差距。

（8）初始化模型。创建计算图实例，通过对占位符赋值来影响变量的状态信息。

（9）评估模型。通过设定一些指标来对模型的学习效果进行评估。

（10）调参。根据模型的学习效果对模型的各项参数进行优化调整。通过调整不同的超参数来重复训练模型，并用验证样本集对模型进行评估。

（11）预测结果。将训练好的模型用于对未知数据的预测。

1.3 TensorFlow 环境搭建

本节主要介绍如何安装 TensorFlow 环境以及在安装好的环境中运行简单的 TensorFlow 样例程序。

本书建议采用 Anaconda 来安装 TensorFlow，版本为 anaconda3-5.1.0-Windows-x86_64.exe，也可以根据需要选择相应的版本，下载地址为：https://docs.anaconda.com/anaconda/packages/oldpkglists（如果下载失败，可尝试从其他国内网站下载）。下载完成后双击安装包，打开如图 1.5 所示的安装向导，单击 Next 按钮进入下一步骤。

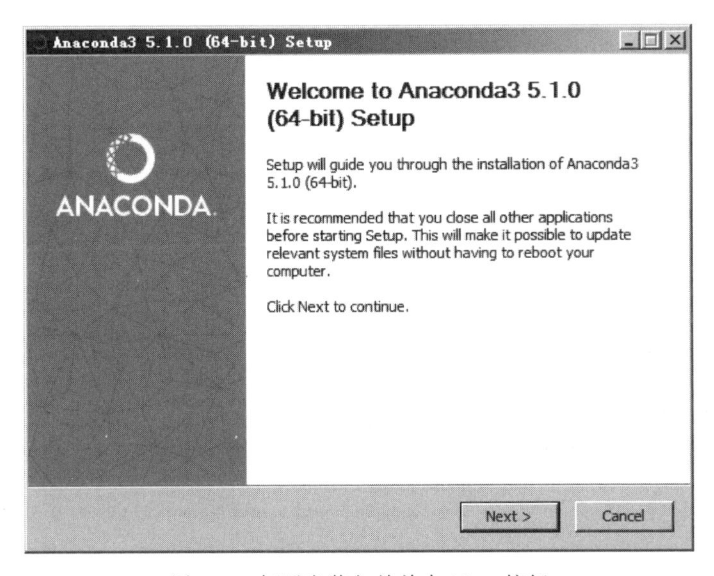

图 1.5　打开安装包并单击 Next 按钮

直接单击图 1.6 中的 I Agree 按钮，进入下一步骤。

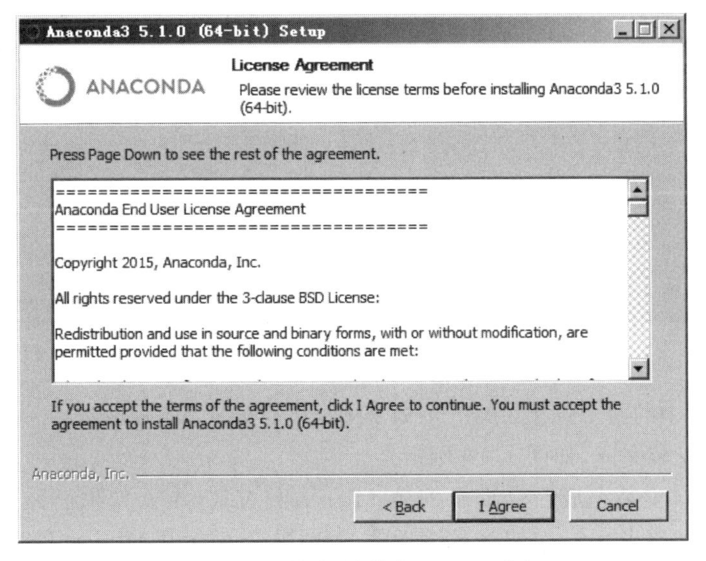

图 1.6　查看协议并单击 I Agree 按钮

按照如图 1.7 所示的默认勾选状态，单击 Next 按钮进入下一步骤。

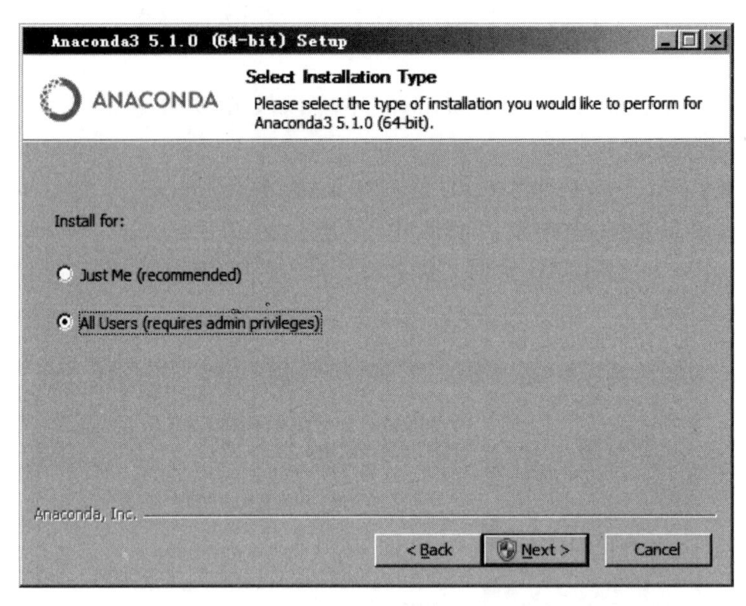

图 1.7　选择为所有人进行安装

本书选择在 C 盘进行文件的安装，如图 1.8 所示。读者也可根据自身情况选择合适的安装路径，单击 Next 按钮进入下一步骤。

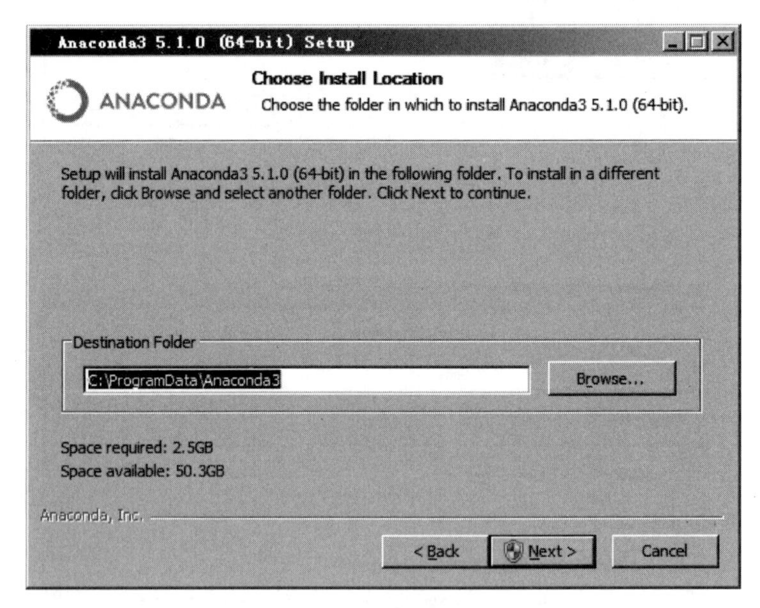

图 1.8　选择安装路径

勾选图 1.9 中的两个选项，单击 Next 按钮，开始安装 Anaconda。

Anaconda 安装完成，如图 1.10 所示。

在 Anaconda 安装完成后会提示安装 Microsoft VSCode。如果已经安装了 Microsoft VSCode，可以直接单击 Skip 按钮跳过该步骤，否则单击 Install Microsoft VSCode 按钮进行

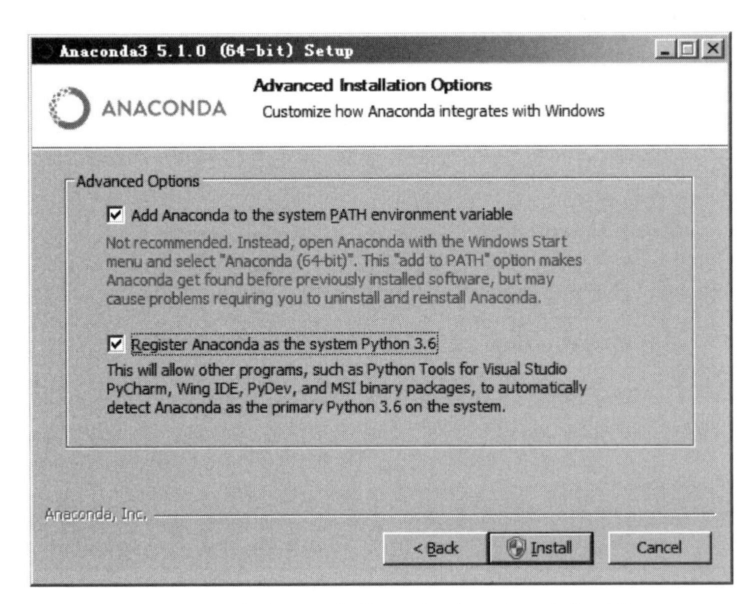

图 1.9　添加勾选图中第一项以自动配置安装环境

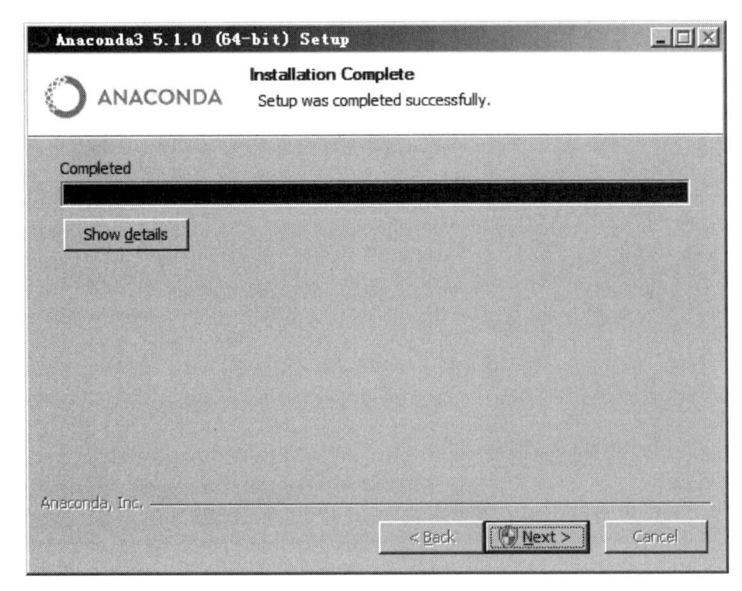

图 1.10　Anaconda 安装完成

安装，如图 1.11 所示。

然后进入如图 1.12 所示界面，可直接单击 Finish 按钮完成本次安装。

安装完成后，对 Anaconda 进行环境变量的测试。首先，进入 Windows 的命令模式，通过如下命令检测 Anaconda 环境是否安装成功。

```
conda --version
```

接下来，对已安装的环境变量进行检测。

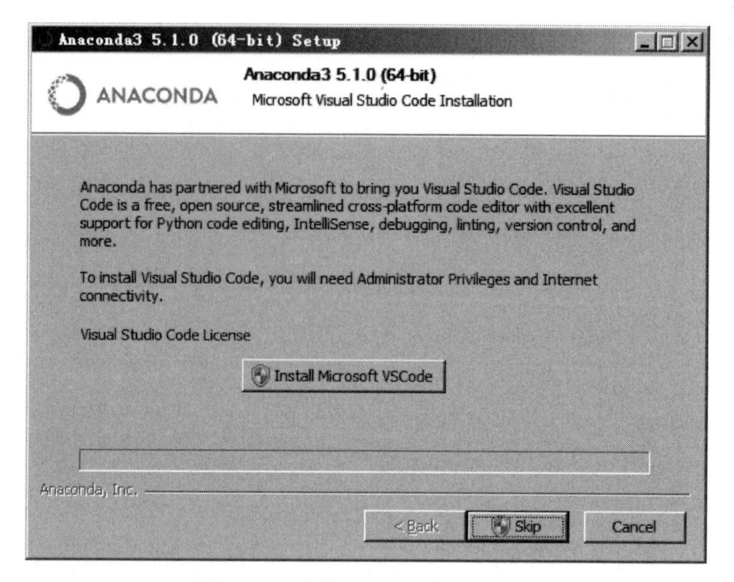

图 1.11 安装 Microsoft VSCode

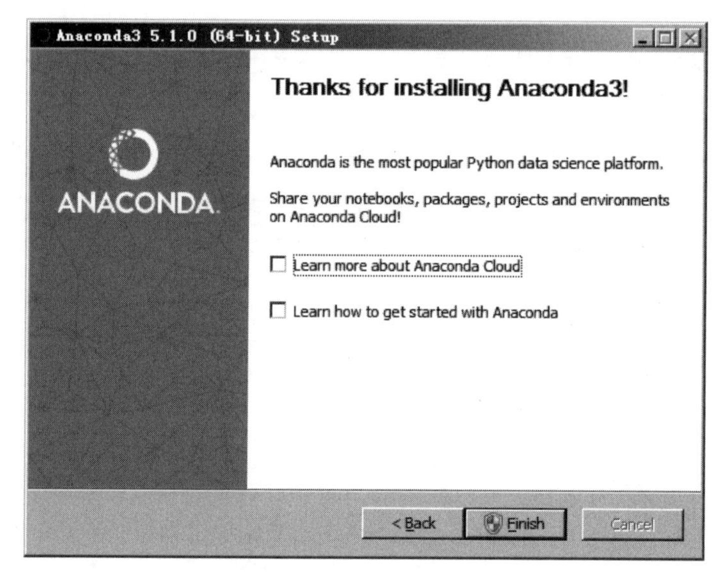

图 1.12 完成安装

```
conda info --envs
```

检测 Anaconda 中的 Python 版本(本书所采用的 Python 版本为 3.6.x 版本)。

```
conda search --full -name python
```

如果发现所安装的 Python 不是 3.6.x 版本,可以通过如下命令直接下载 3.6.x 版本的 Python。

```
conda create --name TensorFlow python=3.6
```

通过上述方法可以在 Anaconda 中创建一个新的 Environment，在每次启动 Anaconda 后需要手动在 Environments 中选择对应的环境，后续用到的相关工具库也可以在对应的 Environment 中进行下载和安装。

接下来，可以直接在 Anaconda 的 Environment 中下载和安装 TensorFlow 相应组件，选中 not installed，在搜索框中输入 TensorFlow，找到并安装 TensorFlow 相应组件，大致流程如图 1.13 所示。

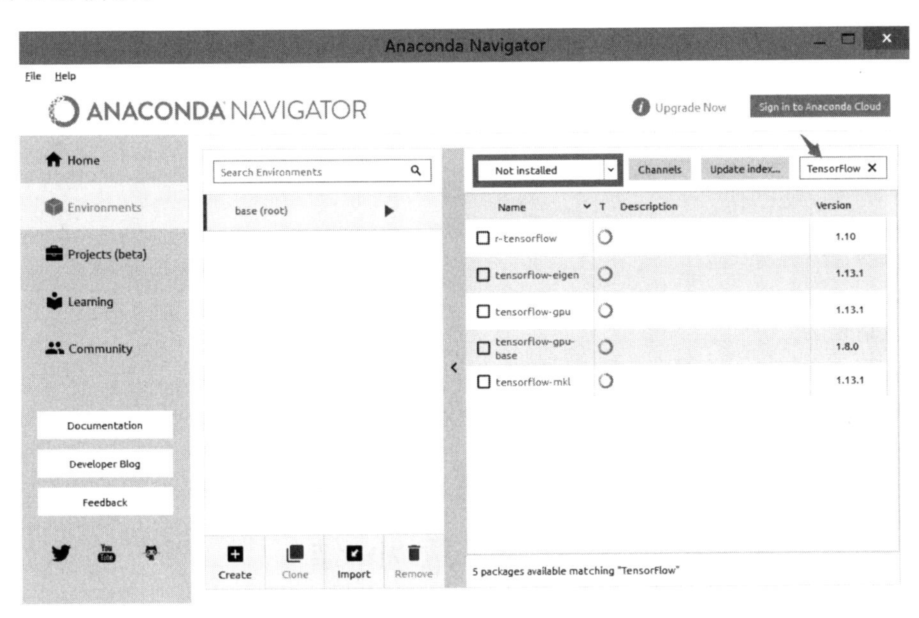

图 1.13 安装 TensorFlow 相应组件

也可以选择通过 Python 自带的 pip 安装工具来安装 TensorFlow。pip 是 Python 中的软件包安装与管理工具，如果所下载的 Python 没有自带 pip，则需要先安装 pip(或 pip3)。

首先在 cmd 中进入 Python，命令如下所示。

```
python
```

安装 pip。

```
install pip
```

安装完成后，可以通过如下命令对 TensorFlow 进行安装。

```
pip install --upgrade --ignore-installed TensorFlow
```

1.4 TensorFlow 测试

安装完成后，打开之前安装的 Anaconda。通过在 Anaconda 的 Spyder 中输入如下命令来确认 TensorFlow 是否安装成功。

```
import tensorflow as tf
hello = tf.constant("Hello,World")
sess = tf.Session()
print(sess.run(hello))
```

如输出如下结果,则说明 TensorFlow 安装成功。

```
b'Hello,World'
```

接下来演示通过 TensorFlow 进行简单的数值运算。

```
import tensorflow as tf
x = tf.constant(2)
y = tf.constant(8)
print(sess.run(x + y))
```

输出结果为:

```
10
```

至此,TensorFlow 的环境搭建和测试完毕。

1.5 本章小结

本章主要讲解了深度学习的含义及其发展现状以及 TensorFlow 的安装和测试方法。希望大家通过学习本章内容,对深度学习有一个大概的了解,并熟练掌握 TensorFlow 的安装和测试方法,为后续章节的学习打下基础。

1.6 习题

1. 填空题

(1) ________学习是机器学习的一个重要分支,________学习是实现人工智能的一种方法,而________学习则是实现机器学习的一种技术。

(2) TensorFlow 是一个通过计算图对________进行计算的开源软件。

(3) 2017 年,________成为第一个被 Google 公司添加到 TensorFlow 核心中的高级 API。

(4) 计算图通过图形方式来表达________、________以及________。

(5) 根据本章所学内容,在导入训练数据集之前,对训练数据集进行________可以改善模型的训练效果。

2. 选择题

(1) TensorFlow 的编程接口不支持(　　)语言。

A. Python　　B. C　　C. Java　　D. JavaScript

(2) 由于 TensorFlow 支持自动求微分，因而省去了训练神经网络中人为(　　)的步骤。

A. 设置激活函数　　B. 更新网络参数

C. 通过反向传播进行梯度计算　　D. 设置命名空间

(3) TensorFlow 所具备的优点不包括以下选项中的(　　)。

A. 系统设计精简　　B. 良好的可移植性

C. 充分发挥硬件性能　　D. 自动求微分

3. 思考题

简述深度学习与机器学习的主要区别。

第2章　TensorFlow 基础

本章学习目标

- 掌握 TensorFlow 中张量的概念；
- 掌握 TensorFlow 中占位符的概念；
- 掌握 TensorFlow 中矩阵的概念及矩阵基本运算方法。

TensorFlow 的名字实际上反映了其重要的两个组成部分：Tensor 和 Flow。Tensor 即张量，可以简单地理解成多维数组。Flow 直观地表述了张量之间通过计算相互转化的过程。TensorFlow 是一个通过计算图的形式来表述计算的系统，它的应用相当广泛。本书将由浅入深介绍相关知识，使读者掌握 TensorFlow 的使用方法。本章将详细介绍 TensorFlow 的基础知识和基本操作步骤以及代码，希望通过本章的学习为读者理解本书后续章节的内容做铺垫。

2.1　张　　量

张量(tensor)在深度学习中非常重要，它是 TensorFlow 的核心组件之一，可以将其简单地理解成多维数组。TensorFlow 通过张量来对计算图进行控制，可以将变量或者占位符表示为张量的形式。TensorFlow 中所有运算和优化算法几乎都是基于张量进行的，将各数据抽象成张量的表示形式，然后再输入神经网络模型进行后续处理是一种非常必要且高效的策略。如果不将数据转换成张量，那么需要根据各种不同类型的数据组织形式定义各种不同类型的数据，这样的方法十分低效，而且会大量浪费开发者的精力。更关键的是，当被转换成张量的数据处理完成后，还可以方便地将张量再转换回想要的格式。

在 TensorFlow 中，零阶张量表示标量(scalar)，一个标量便是一个单独的数，是计算的最小单元；第一阶张量为向量(vector)，向量是由多个标量构成的一维数组，其中的标量是有序排列的；第 n 阶张量可以理解成一个 n 维的数组。但张量中实际并没有真正地保存数字，只是保存了如何得到这些数字的计算过程，在 TensorFlow 中的实现并不是直接采用数组的形式，它只是对 TensorFlow 中运算结果的引用。

接下来演示两个张量间的运算。

```
import tensorflow as tf
x = tf.constant([3.0,1.0],name = "x")
y = tf.constant([4.0,5.0],name = "y")
result = tf.add(a,b, name = "add")
print(result)
```

输出结果如下所示。

```
Tensor("add:0", shape=(2,), dtype=float32)
```

可以看出，上述结果并不是一个具体的数字，而是一个张量结构，它包含了三个主要属性：变量名(name)、维度(shape)以及变量类型(type)。变量名是任何一个张量的唯一标识符，张量表示了计算图上各节点的计算过程，与各节点的计算结果相对应。张量的命名可以通过 node:src_output 的形式来表示，node 表示节点名称，src_output 表示当前张量来自节点的第几个输出，上述示例中的“add: 0”表示打印的 result 张量是计算节点 add 输出的第一个结果。维度用来描述张量的维度信息，上述示例中的“shape=(2,)”表示该张量的长度为 2，维度为 1。每个张量具有一个唯一的类型，如果在运算时类型不匹配则会报错，例如将含有浮点数的张量与含有整数的张量进行加法运算便会报错。

想要让上面的代码输出具体结果，可以进行如下改变。

```
import tensorflow as tf
sess = tf.Session()  #通过使用 tf.Session()的方式来获取计算图的结果
#创建张量
x = tf.constant([3.0,1.0],name = "x")
y = tf.constant([4.0,5.0],name = "y")
result = tf.add(a,b, name = "add")
print(sess.run(result))
```

输出结果如下所示。

```
[7. 6.]
```

输出结果变成了具体的值。接下来将介绍各类张量的创建方法，具体如下所示。

1. 固定张量

创建一个指定了维度的零阶张量(即标量)。

```
zero_tensor = tf.zeros([row_dim, col_dim])
```

其中 row_dim 设置张量的行数，col_dim 设置张量的列数。

创建一个指定维度的单位张量。

```
ones_tensor = tf.ones([2, 3])
#所创建张量的值为[[1,1,1],[1,1,1]]
```

tf.zeros()和 tf.ones()是以 0 和 1 填充张量，而 tf.fill()则可以指定要填充的值。

创建一个指定维度的常数填充的张量。

```
filled_tensor = tf.fill([2, 2], 3)
#所创建张量的值为[[3,3],[3,3]]
```

通过下列命令，可以用一个已知常数张量创建新的张量。

```
constant_tensor = tf.constant([1,2,3])
```


2. 相似形状的张量

基于给定张量的形状创建一个与其类型及结构相似的张量。

```
zeros_similar = tf.zeros_like(constant_tensor)
ones_similar = tf.ones_like(constant_tensor)
```

通过上述方法分别创建了一个所有元素为 0 的相似形状张量和一个所有元素为 1 的相似形状张量，由于所创建的新的张量依赖于所参照的给定张量，因此在初始化时需要依序进行，一次性初始化所有张量时，如果其中含有相似形状张量则会报错。

3. 序列张量

TensorFlow 中的 linspace()、range()和 numpy()与 Python 和 NumPy 中这几个函数的使用方法类似。

创建一个指定间隔的张量。

```
linear_tensor = tf.linspace(start = 0.0,stop = 1.0,num = 3)
# 所创建张量的值为[0.0,0.5,1.0]
```

创建一个范围张量。

```
sequence_tensor = tf.range(start = 0,limit = 10,delta = 3)
# 所创建张量的值为[0,3,6,9]
```

4. 随机张量

通过 tf.random.uniform()函数在 TensorFlow 中生成均匀分布的随机张量。

```
randuniform_tensor = tf.random_uniform([2, 2],minval = 0.0, maxval = 1.0)
#本次创建的均匀分布随机张量为[[0.42212784 0.96672773][0.6716949 0.25362217]]
```

上述 tf.random.uniform()函数可以生成一个 minval≤x<maxval 的均匀分布的随机数。

通过 tf.random_normal()函数生成服从正态分布的随机张量。

```
randnormal_tensor = tf.random_normal([2,2],mean = 0.0, stddev = 1.0)
#本次创建的正态分布随机张量为[[0.06353378 0.13682544][0.73617303 0.13042414]]
```

通过 tf.truncated_normal()函数生成位于指定区间内的正态分布随机张量。

```
truncnormal_tensor = tf.truncated_normal([2,2],mean = 0.0, stddev = 1.0)
#本次创建的正态分布随机张量为[[ 0.65179425 -0.7365027 ][ 0.46783903 1.3045828 ]]
```

tf.truncated_normal()函数所生成的正态分布随机数位于指定均值到两个标准差之间的区间。

通过 tf.random_shuffle()函数对张量进行随机化，即随机地将张量沿其第一维度打乱。

```
shuffle_output = tf.random_shuffle([[1,2],[3,4],[5,6]])
#随机打乱后的张量为[[1 2][5 6][3 4]]
```

上述函数将 input_tensor 张量[[1,2],[3,4],[5,6]]沿着维度 0 随机打乱，使得每个 input_tensor[i][j]被映射到唯一一个 shuffle_output [m][j]，返回一个与 input_tensor 具有相同形状的张量。

通过 tf.random_crop()函数随机地将张量裁剪为给定的大小。

```
cropped_output = tf.random_crop([[1,2],[3,4],[5,6],[7,8]],[2,2])
#随机裁剪得到的张量为[[3 4][5 6]]
```

tf.random_crop()函数进行随机切片的前提条件是 value.shape≥size，上述代码中，以一致选择的偏移量将一个形状 size 为[2,2] 的部分从 input_tensor[[1,2],[3,4],[5,6],[7,8]]中切出。通过 tf.random_crop 函数也可以实现对 RGB 图像的随机裁剪，cifar10 中就有利用该函数随机裁剪 24×24 大小的彩色图片的例子(为了固定剪裁结果的一个维度，需要在相应的维度上赋予最大值)，代码如下。

```
cropped_image = tf.random_crop(image, [height/1,width/2,3])
```

通过 tf.Variable()函数可以对上述创建好的张量进行封装，示例代码如下所示。

```
variable_name = tf.Variable(tf.zeros([row_dim, col_dim])
```

在 TensorFlow 中，张量主要有以下两种用途。

(1) 对中间结果的引用。通过张量来表示中间变量可以大大提高代码的可读性，尤其是在计算过程存在大量中间结果时。

(2) 在计算图构造完成后，通过张量来获取其中的计算结果。张量本身并没有存储具体数值，而是通过后续部分将会介绍的会话来返回具体的计算结果。

2.2 会　　话

TensorFlow 通过会话来执行定义好的运算，会话拥有并负责管理 TensorFlow 程序运行时的所有资源。TensorFlow 中会话的一般形式如下所示。

```
import tensorflow as tf
sess = tf.Session()          #创建会话
sess.run(…)                  #使用该会话来获取某个运算的结果
sess.close()                 #关闭会话从而释放本次运行的资源
```

在使用上述会话模式时，当所有计算完成后，需要调用 Session.close()函数来关闭会话，帮助系统回收资源，否则会引发资源泄露问题。这种形式的会话，在程序异常退出时，关闭会话的函数可能不会被执行，这将导致资源问题。为了解决资源释放问题，TensorFlow 提供了另一种会话模式，通过 Python 上下文管理器来使用会话，其一般形式如下所示。

```
with tf.Session() as sess:
sess.run( … )
```

上述模式下，Python 的上下文管理机制会在退出时自动释放所有资源，无须再通过 Session.close()函数来关闭会话。使用上述会话模式时，只需要将所有计算放入"with"内部即可。

TensorFlow 中不会自动生成默认的会话，需要通过手动指定的方式来生成默认的会话，当默认的会话被指定后，可以通过 tf.Tensor.eval()函数来计算张量的取值，具体形式如下所示。

```
import tensorflow as tf
a = tf.constant([3.0,4.0])
b = tf.constant([5.0,6.0])
result = a + b
sess = tf.Session()
with sess.as_default():
    print(result.eval())
```

输出结果如下所示。

```
[8. 10.]
```

除了使用 result.eval()函数，也可以使用 sess.run()函数来获取张量的值。

TensorFlow 提供了一种在交互环境下直接构建默认会话的函数 tf.InteractiveSession()，通过该函数可以自动将生成的会话注册为默认会话。在交互式环境下，通过设置默认会话的方法来获取张量的取值更加方便，tf.InteractiveSession()函数的一般形式如下所示。

```
sess = tf.InteractiveSession()
print(result.eval())
sess.close()
```

使用 InteractiveSession()函数代替 Session 类，使用 Tensor.eval()和 Operation.run()函数代替 Session.run()，这样可以避免使用一个变量来持有会话。

2.3 变量与占位符

在 2.1 节中，例子大多是用具体的输入数据来完成运算的。事实上，大多数情况下需要先用数据流图定义好计算过程，然后根据用户的输入数据和输出数据来训练数据流图。因此需要先定义输入节点的形状而不是具体的值，此时就需要用到占位符了。占位符和变量是 TensorFlow 计算图的关键工具，希望大家可以准确地区分这两者。

在 TensorFlow 的实际应用中，区分一个数据究竟属于占位符还是变量至关重要，在 TensorFlow 中变量是算法中应用的参数，通过对这些变量的调整进行算法的优化。而占位符是 TensorFlow 的对象，用于表示输入输出数据的格式。

通过 tf. Variable()函数创建一个变量，并对其初始化。

```
variable_name = tf.Variable(tf.zeros([2,2]))
sess = tf.Session()
initialize_op = tf.global_variables_initializer()
sess.run(initialize_op)
```

上述代码通过 tf. global_variables_initializer()函数初始化所创建的变量。在运行计算图时，需要对创建的变量进行初始化操作，每个变量都有初始化的方法，一般通过 global_variables_initializer()函数来初始化所有变量。

占位符用于声明数据的位置，从而将数据传递到计算图。通过会话中的 feed_dict 参数可以获取数据的具体数值。需要注意的是，使用 feed_dict 设置张量的时候，需要确保给出的值的类型与占位符定义的类型相同。在 TensorFlow 中，identity 操作可以返回占位符的传入数据的具体数值。

```
import numpy as np
import tensorflow as tf
from tensorflow.python.framework import ops
ops.reset_default_graph()
sess = tf.Session()
x = tf.placeholder(tf.float32, shape=(2, 2))
y = tf.identity(x)
rand_array = np.random.rand(2, 2)
merged = tf.summary.merge_all()
writer = tf.summary.FileWriter("/tmp/variable_logs", sess.graph)
print(sess.run(y, feed_dict={x: rand_array}))
```

输出结果如下所示。

```
[[0.53256446 0.11149438]
[0.720109   0.17387234]]
```

需要注意的是，对已经初始化的变量在此进行初始化时，需要按顺序进行初始化。具体方法如下所示。

```
sess = tf.Session()
x = tf.Variable(tf.zeros([1,2]))
sess.run(x.initializer)
y=tf.Variable(tf.zeros_like(x))
sess.run(y.initializer)
```

2.4 矩　　阵

矩阵运算是任何神经网络中信号传播的重要操作。通常会用到随机矩阵、零矩阵、一矩阵或者单位矩阵。本节将介绍几种常见的矩阵类型,以及如何对它们进行不同的矩阵处理操作。

2.4.1 创建矩阵

在 TensorFlow 中可以通过 Numpy 工具库来创建二维矩阵(也可以通过嵌套列表,或者创建张量的函数来实现),矩阵的创建方法如下所示。

```
import numpy as np
import tensorflow as tf
sess = tf.Session()
# 创建一个 3×3 的全 0 矩阵
m1 = tf.zeros([3,3])
print(sess.run(m1))
# 创建一个 3×3 的全 1 矩阵
m2 = tf.ones([3,3])
print(sess.run(m2))
# 创建一个 3×3 的填充值为 6 的矩阵
m3 = tf.fill([3,3], 6)
print(sess.run(m3))
# 创建一个常量矩阵
m4 = tf.constant([1, 2, 3, 4, 5, 6])
print(sess.run(m4))
# 创建一个 3×3 的随机矩阵
m5 = tf.truncated_normal([3,3])
print(sess.run(m5))
# 创建一个 3×3 的正态分布矩阵
m6 = tf.random_uniform([3,3])
print(sess.run(m6))
# 通过 numpy 数组创建矩阵
m7 = tf.convert_to_tensor(np.array([[1, 2, 3], [2, 3, 4], [3, 4, 5]]))
print(sess.run(m7))
```

输出结果如下所示。

```
 [[0. 0. 0.]
 [0. 0. 0.]
 [0. 0. 0.]]
[[1. 1. 1.]
 [1. 1. 1.]
 [1. 1. 1.]]
[[6 6 6]
 [6 6 6]
 [6 6 6]]
```

```
[1 2 3 4 5 6]
[[-0.7176037   0.08398639 -0.992236 ]
 [ 0.12642978  0.5050006   1.2757664 ]
 [ 0.71109766  1.5479968   0.07069521]]
[[0.85489357 0.12041306 0.31815088]
 [0.3353554  0.54493344 0.2425785 ]
 [0.39415252 0.46600044 0.6670201 ]]
[[1 2 3]
 [2 3 4]
 [3 4 5]]
```

需要注意的是，通过 random_uniform()函数创建的矩阵 m6 在再次运行 sess.run(m6)时会重新初始化随机变量，矩阵中的变量会发生改变。

除了上述方法，TensorFlow 还支持通过 diag()函数从一个一维数组或列表来创建对角矩阵，具体方法如下所示。

```
import tensorflow as tf
sess = tf.Session()
diagonal = [1,1,1,1]
print(sess.run(tf.diag(diagonal)))
```

输出结果如下所示。

```
[[1 0 0 0]
 [0 1 0 0]
 [0 0 1 0]
 [0 0 0 1]]
```

通过 diag_part()函数可以返回对角矩阵的对角元素。

```
import tensorflow as tf
sess = tf.Session()
diagonal = tf.constant([[1,0,0,0],[0,1,0,0],[0,0,1,0],[0,0,0,1]])
print(sess.run(tf.diag_part(diagonal)))
```

输出结果如下所示。

```
[1 1 1 1]
```

2.4.2 矩阵基本运算

本节介绍通过 TensorFlow 实现常见的矩阵基本运算的方法，包括矩阵间的加、减、乘、除运算。需要注意区分矩阵乘法和矩阵点乘。

本节直接引用 2.4.1 节所创建的矩阵。

矩阵加法和矩阵减法。

```
print(sess.run(m1 + m2))
print(sess.run(m1 - m2))
```

矩阵相乘。

```
print(sess.run(tf.matmul(m1, m2)))
```

矩阵转置。

```
print(sess.run(tf.transpose(m6)))      # 矩阵中的变量会发生改变
```

矩阵的行列式。

```
print(sess.run(tf.matrix_determinant(m3)))
```

逆矩阵。

```
print(sess.run(tf.matrix_inverse(m4)))
```

矩阵分解。

```
print(sess.run(tf.cholesky(m5)))
```

特征值与特征向量。

```
print(sess.run(tf.self_adjoint_eig(m5)))
```

输出结果如下所示。

```
[[1. 1. 1.]
 [1. 1. 1.]
 [1. 1. 1.]]
[[-1. -1. -1.]
 [-1. -1. -1.]
 [-1. -1. -1.]]
[[0. 0. 0.]
 [0. 0. 0.]
 [0. 0. 0.]]
[[0.6468961  0.21929121 0.84201455]
 [0.6835532  0.05827153 0.73577034]
 [0.22543108 0.549211   0.9504955 ]]
```

2.5 本章小结

本章对 TensorFlow 中最基本的概念张量、会话、占位符和矩阵运算做了简要的介绍。希望大家可以掌握变量和占位符的区别。本书在此仅介绍 TensorFlow 众多基础概念中的一小部分常用内容，为了更好地进行后续的学习，可以参考 TensorFlow 的官方文档或者相关网络社区等资源进行深入学习。

2.6 习　　题

1. 填空题

(1) ________在深度学习中非常重要，它是 TensorFlow 的核心组件之一，可以将其简单地理解成多维数组。

(2) 零阶张量表示________，它是计算的最小单元。

(3) TensorFlow 通过________来执行定义好的运算，它拥有并负责管理 TensorFlow 程序运行时的所有资源。

(4) 在使用 sess＝tf.Session()创建会话后，需要通过调用________函数来关闭会话，帮助系统回收资源，否则会引发资源泄露问题。

(5) ________用于声明数据的位置，从而将数据传递到计算图。

2. 选择题

(1) 与下列代码输出相符的结果为(　　)。

```
import tensorflow as tf
linear_tensor = tf.linspace(start = 2.0,stop = 8.0,num = 4)
print(linear_tensor)
```

A. [2.0,3.0,4.0,5.0]

B. [2.0,4.0,6.0,8.0]

C. [2.0,6.0,10.0,14.0]

D. Tensor("LinSpace:0", shape=(4,), dtype=float32)

(2) 与下列代码输出相符的结果为(　　)。

```
import tensorflow as tf
a = tf.zeros([1,2])
b = tf.constant([7.0,8.0])
result = a + b
sess = tf.Session()
with sess.as_default():
    print(result.eval())
```

A. [7,8]　　B. [8,9]　　C. [0.0,8.0]　　D. [7.0,8.0]

(3) 与下列代码输出相符的结果为(　　)。

```
import tensorflow as tf
matix1 = tf.fill([2,3], 2)
print(sess.run(matix1))
```

A. [[2 2 2]
[2 2 2]]

B. [[2 3]
[2 3]]

C. [[2 2]
[2 2]
[2 2]]

D. [[3 3 3]
[3 3 3]]

(4) 与下列代码输出相符的结果为(　　)。

```
import numpy as np
import tensorflow as tf
sess = tf.Session()
matix1 = tf.fill([2,3], 2)
print(sess.run(tf.transpose(matix1)))
```

A. [[2 2 2]
[2 2 2]]

B. [[2 2]
[2 2]
[2 2]]

C. [[3 3]
[3 3]
[3 3]]

D. [[2 2]
[2 2]]

3. 思考题

简述 TensorFlow 中变量与占位符的区别。

第3章 TensorFlow 进阶

本章学习目标

- 了解 TensorFlow 的计算模型；
- 掌握 TensorFlow 嵌入层的知识；
- 掌握使用损失函数的方法；
- 掌握通过 TensorFlow 实现反向传播的方法；
- 掌握实现随机训练和批量训练的方法；
- 掌握创建分类器的方法；
- 掌握模型评估方法。

大家已经在第 2 章中学习了 TensorFlow 中张量、占位符、会话等基础知识，本章将把第 2 章所学的概念组合成计算图，帮助大家进一步了解 TensorFlow 的工作原理。最后将介绍一种简单的模型评估方法。

3.1 TensorFlow 的计算模型

TensorFlow 是一个通过计算图的形式来表述计算的编程系统，其中的每一个计算都是计算图上的一个节点，而节点之间的边描述了计算之间的依赖关系。TensorFlow 程序的执行一般分为两个阶段：定义计算图所有的计算和在会话中执行计算。

3.1.1 计算图的工作原理

接下来给出一段简单的代码，将之前所学的有关 TensorFlow 的对象表示成计算图，其中包含了创建数据集和计算图的简单操作，代码如下所示。

```
1  import tensorflow as tf
2  import numpy as np
3  sess = tf.Session()
4  x_input = np.array([1.0,2.0,3.0,4.0,5.0])
5  x_output = tf.placeholder(tf.float32)
6  y = tf.constant(3.0)
7  z = tf.add(x_output, y)
8  for x in x_input:
9      print(sess.run(z, feed_dict = {x_output:x}))
```

输出结果如下所示。

```
4.0
5.0
6.0
7.0
8.0
```

上述代码在 TensorFlow 中的计算图如图 3.1 所示。

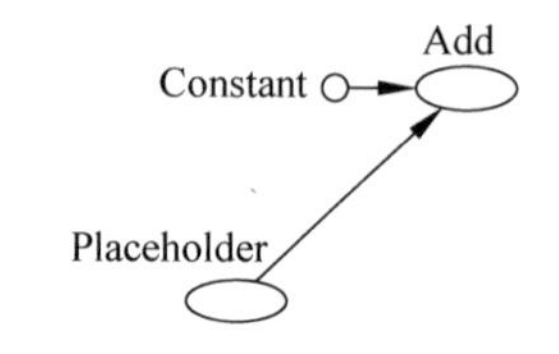

图 3.1 TensorFlow 中的工作原理

3.1.2 计算图的使用

一般情况下，TensorFlow 会自动维护一个默认的计算图，通过 tf.get_default_graph() 函数可以获取该计算图。以下代码展示了如何查看一个运算所属的计算图的方法。

```
1  import tensorflow as tf
2  import numpy as np
3  sess = tf.Session()
4  x_input = np.array([1.0,2.0,3.0,4.0,5.0])
5  x_output = tf.placeholder(tf.float32)
6  y = tf.constant(3.0)
7  z = tf.add(x_output, y)
8  for x in x_input:
9      print(sess.run(z, feed_dict = {x_output:x}))
10 print(z.graph is tf.get_default_graph())
```

输出如下所示。

```
4.0
5.0
6.0
7.0
8.0
True
```

上述代码中最后一行通过 tf.get_default_graph()函数查看了张量 z 所属的计算图。由于代码中没有为 z.graph 指定特定的计算图，因此默认将张量 z 归入默认计算图中，因此张量 z 所属的计算图等于默认计算图，输出为 True。

TensorFlow 同样提供了自定义生成新的计算图的方法，通过 tf.Graph()函数可以生成新的计算图，不同的计算图之间张量和运算会相互隔离。在不同的计算图上定义和使用张量进行计算的方法如下所示。

```
1  import tensorflow as tf
2  graph_1 = tf.Graph()
3  with graph_1.as_default():
4      # 在计算图 graph_1 中定义一个变量"v",初始化变量"v"为维度为[1,3] 的张量[1,2,3]
5      v = tf.get_variable("v", initializer =
6  tf.constant_initializer([1,2,3])(shape = [1,3]))
7  graph_2 = tf.Graph()
8  with graph_2.as_default():
9      # 在计算图 graph_2 中定义一个变量"v",初始化变量"v"为维度为[2,3]的零张量
10     v = tf.get_variable("v", initializer =
11                                 tf.zeros_initializer()(shape = [2,3]))
12 with tf.Session(graph = graph_1) as sess:
13     tf.global_variables_initializer().run()
14     with tf.variable_scope("", reuse = True):
15         print(sess.run(tf.get_variable("v")))
16 with tf.Session(graph = graph_2) as sess:
17     tf.global_variables_initializer().run()
18     with tf.variable_scope("", reuse = True):
19         print(sess.run(tf.get_variable("v")))
```

输出如下所示。

```
[[1. 2. 3.]]
[[0. 0. 0.]
 [0. 0. 0.]]
```

从输出结果不难看出,上述代码中生成的两个计算图在运行时变量“v”的值是相互隔离的。

TensorFlow 中的计算图不仅可以用来隔离张量和计算,它还提供了管理张量和计算的机制。计算图可以通过 tf.Graph.device()函数来指定运行计算的设备。例如通过下列代码可以在 GPU 上执行简单的算术计算。

```
1  import tensorflow as tf
2  graph_1 = tf.Graph()
3  x = tf.constant([1.0,2.0,3.0])
4  y = tf.ones([1,3])
5  result = x + y
6  with graph_1.device("/gpu:0"):
7      with tf.Session() as sess:
8          print(sess.run(result))
```

输出如下所示。

```
[[2. 3. 4.]]
```

使用 GPU 加速可以显著提升 TensorFlow 的计算速度,后续章节将会进一步讲解使用 GPU 加速 TensorFlow 的方法。

在 TensorFlow 中，可以通过集合来管理一个计算图中不同类型的资源，例如通过 tf. add_to_collection()函数可以将各类资源(张量、变量或者运行程序所需的队列资源等)加入一个或多个集合中，然后通过 tf. get_collection()函数获得一个集合里面的所有资源。TensorFlow 自动管理了一些常用的集合，具体如表 3.1 所示。

表 3.1 常见的符号类型

集合名称	集合内容	使　　用
tf. GraphKeys. VARIABLES	所有变量	持久化 TensorFlow 模型
tf. GraphKeys. TRAINABLE_VARIABLES	可学习的变量(一般指神经网络中的参数)	模型训练、生成模型可视化内容
tf. GraphKeys. SUMMARIES	日志生成相关的张量	计算可视化
tf. GraphKeys. QUEUE_RUNNERS	处理输入的 QueueRunner	输入处理
tf. GraphKeys. MOVING_AVERAGE_VARIABLES	所有计算了滑动平均值的变量	计算变量的滑动平均值

3.2 TensorFlow 的嵌入层

本节将介绍如何在一个计算图中进行多个乘法操作的方法。

首先，创建一个矩阵与占位符。

```
import numpy as np
import tensorflow as tf
x = np.array([[1.0, 2.0, 3.0],
              [4.0, 5.0, 6.0],
              [7.0, 8.0, 9.0]])
x_vals = np.array([x, x + 1])
x_data = tf.placeholder(tf.float32, shape = (3, 3))
```

接下来，创建将在矩阵乘法和加法中使用的常量矩阵。

```
m_1 = tf.constant([[1.0], [2.0], [3.0]])
m_2 = tf.constant([[5.0]])
a_1 = tf.constant([[6.0]])
```

然后，进行声明操作，将矩阵乘法和矩阵加法表示成计算图。

```
prod_1 = tf.matmul(x_data, m_1)
prod_2 = tf.matmul(prod_1, m_2)
add_1 = tf.add(prod_2, a_1)
```

最后，输出两矩阵经过相乘操作后的和。

```
with tf.Session() as sess:
    for x_val in x_vals:
        print(sess.run(add_1, feed_dict = {x_data:x_val}))
```

输出结果如下所示。

```
[[ 76.]
 [166.]
 [256.]]
[[106.]
 [196.]
 [286.]]
```

从上述代码编写的流程中可以看到，在 TensorFlow 中，想要通过计算图运行数据，需要先声明数据形状，预估经过相应操作后返回值的形状来创建占位符。但是，实际情况中很难预先准确知晓返回值的维度，或者遇到返回值的维度总是在变化的情况。此时，需要将变化的维度，或者事先不知道的维度设为“None”。示例代码如下。

```
x_data = tf.placeholder(tf.float32, shape = (None, None))
```

将本节前面示例代码中占位符的维度参数替换后输出如下所示。

```
[[ 76.]
 [166.]
 [256.]]
[[106.]
 [196.]
 [286.]]
```

可以看到，输出结果与原代码一致。

3.3 TensorFlow 的多层

深度神经网络中神经层的数量往往是大于 1 的，3.2 节已经介绍了如何在一个计算图中进行多项操作的方法，接下来将介绍如何在多个层之间连接并传播数据，以及自定义 Layer 的方法。有时，计算图会因为过大而无法完整查看，此时需要通过对各层 Layer 和各项操作进行层级命名管理。

TensorFlow 中的图像函数是处理四维图片的，图片的 4 个维度分别为图片数量、图片高度、图片宽度以及颜色通道。首先，确定图片的思维参数，然后通过 numpy 中的 np.random.uniform()函数创建一个像素为 3×3 的二维图片，并创建用于传入图片的占位符。代码如下所示。

```
x_shape = [1, 3, 3, 1]
x = np.random.uniform(size = x_shape)
x_input = tf.placeholder(tf.float32)
```

上述代码中 x_shape 的 4 个参数分别为“1, 3, 3, 1”，其中第一个“1”表示图片数量为 1，第一个“3”表示图片高度为 3，第二个“3”表示图片宽度为 3，第二个“1”表示该 2D 图片是单颜色通道的。

然后，通过 TensorFlow 中的 conv2d()函数卷积大小为 2×2 的常量窗口来创建一个用来过滤刚才创建的 3×3 像素的图片。其中 conv2d()函数需要传入滑动窗口、过滤器和步长。在此，选用 2 作为各个方向步长值(本例中由于该窗口需要在 4 个方向上移动，因此需要在 4 个方向上指定对应的步长值)，选用均值滤波器作为过滤器(滤波器)。padding 为是否进行扩展，这里选用“SAME”。创建一个常量为 0.25 的向量与 2×2 的窗口卷积。

```
my_filter = tf.constant(0.25, shape = [2, 2, 1, 1])
my_strides = [1, 2, 2, 1]
mov_avg_layer = tf.nn.conv2d(x_input, my_filter, my_strides, padding = "SAME", name =
"Moving_Avg_Window")
```

通过自定义 Layer 对第一层的输出数据进行“y=wx+b”的操作。

```
def custom_layer(input_matrix):
    input_matrix_sqeezed = tf.squeeze(input_matrix)
    a = tf.constant([[1.0, 2.0], [-1.0, 3.0]])
    b = tf.constant(1.0, shape= [2,2])
    temp1 = tf.matmul(a, input_matrix_sqeezed)
    temp = tf.add(temp1, b)
    return(tf.sigmoid(temp))
```

将刚刚定义的 Layer 导入计算图中，并通过 tf.name_scope()函数来对该 Layer 进行命名。

```
with tf.name_scope("Custom_layer") as scope:
custom_layer1 = custom_layer(mov_avg_layer)
```

最后通过 sess.run()执行计算图，并输出结果，完整代码如下所示。

```
1  import numpy as np
2  import tensorflow as tf
3  #将 size 设为[1, 3, 3, 1]是因为 tf 中图像函数是处理四维图片的
4  #这四维依次是：图片数量,高度,宽度,颜色通道
5  x_shape = [1,3,3,1]
6  x = np.random.uniform(size = x_shape)
7  #tf.nn.conv2d 中 name 表明该 layer 命名为"Moving_Avg_Window"
8  #卷积核为[[0.25,0.25],[0.25,0.25]]
9  x_input = tf.placeholder(tf.float32, shape = x_shape)
10 my_filter = tf.constant(0.25, shape = [2, 2, 1, 1])
11 my_strides = [1, 2, 2, 1]
12 mov_avg_layer = tf.nn.conv2d(x_input, my_filter, my_strides, padding = "SAME", name =
   "Moving_Avg_Window")
13 #自定义 layer,对卷积操作之后的输出做操作
14 def custom_layer(input_matrix):
15     input_matrix_sqeezed = tf.squeeze(input_matrix)
```

```
16      a = tf.constant([[1.0, 2.0], [-1.0, 3.0]])
17      b = tf.constant(1.0, shape= [2,2])
18      temp1 = tf.matmul(a, input_matrix_sqeezed)
19      temp = tf.add(temp1, b)
20      return(tf.sigmoid(temp))
21  #把刚刚自定义的 layer 加入到计算图中,并给予自定义的命名(利用 tf.name_scope())
22  with tf.name_scope("Custom_layer") as scope:
23      with tf.Session() as sess:
24          custom_layer1 = custom_layer(mov_avg_layer)
25          #为占位符传入 3×3 图片,并执行计算图
26          print(sess.run(custom_layer1, feed_dict = {x_input: x}))
```

输出如下所示。

```
[[0.90566695 0.7627088 ]
 [0.668813   0.74542195]]
```

在实际应用中往往需要应对多层级的复杂情况，此时通过折叠和展开已命名的自定义层级 Layer，可以让已命名的层级 Layer 和操作的可视化图更加清晰。

3.4 TensorFlow 实现损失函数

损失函数(loss function)用于衡量模型的输出值与预测值之间的差距，对神经网络进行优化的目标便是根据损失函数来定义的。本节将介绍如何在 TensorFlow 中实现适用于分类问题和回归问题的各种经典损失函数，并通过具体示例来介绍如何根据具体问题定义损失函数以及不同的损失函数对训练结果的影响。

3.4.1 损失函数

为了优化学习算法，通常需要对模型的训练结果进行评估，TensorFlow 通过损失函数来对比模型实际预测结果与期望结果之间的差距。本节主要对分类问题和回归问题中常见的经典损失函数进行讲解。分类问题与回归问题同属于监督学习的范畴，分类问题主要方法为将不同的样本划分到事先设定好的标签类别下，例如图像识别中分辨照片中的人物性别的问题。回归问题主要解决对具体数值的预测，例如根据车主往年的保险理赔情况预测车主下一年的保费。

首先，对回归算法的损失函数进行讲解。回归算法常用于预测连续因变量。创建预测序列和目标序列作为张量，预测序列为 −1 到 1 之间的等差数列，目标值为 0，代码如下所示。

```
import tensorflow as tf
x = tf.linspace(-1.0,1.0,500)
target = tf.constant(0.0)
```

L^1 正则损失函数，即绝对值损失函数。其大小等于预测值与目标值差值的绝对值之

和。由于 L^1 正则损失函数在目标值附近不平滑，在实际应用中容易出现无法收敛的情况。示例代码如下所示。

```
l1_y = tf.abs(target - x)
l1_y_output = sess.run(l1_y)
```

L^2 正则损失函数，又被称为欧几里得损失函数。其大小等于预测值与目标值差值的平方和。与 L^1 正则损失函数不同的是，L^2 正则损失函数在目标值附近具有良好的曲度，这有利于算法在目标值附近收敛，离目标值越近收敛速度越慢。示例代码如下所示。

```
l2_y = tf.square(target - x)
l2_y_output = sess.run(l2_y)
```

Pseudo-Huber 损失函数是 Huber 损失函数的连续、平滑近似，保证函数各阶可导。该损失函数通过 L^1 和 L^2 正则改善极值附近的平滑程度，使得目标值附近连续。该损失函数的表达式依赖于参数 delta 的值。示例代码如下所示。

```
delta1 = tf.constant(1.0)
phuber1_y = tf.multiply(tf.square(delta1),tf.sqrt(1.0 + tf.square((target - x)/delta1)) -
1.0)
phuber1_y_output = sess.run(phuber1_y)
delta2 = tf.constant(5.0)
phuber2_y = tf.multiply(tf.square(delta2),tf.sqrt(1.0 + tf.square((target - x)/delta2)) -
1.0)
phuber2_y_output = sess.run(phuber2_y)
```

分类损失函数主要用来评估预测分类结果的准确性的度量，接下来将对常见的几类分类损失函数进行介绍。

（1）Hinge 损失函数也称作铰链损失函数，它主要用于支持向量机(SVM)，部分情况下也会被用来评估神经网络算法。示例代码如下所示。

```
hinge_y = tf.maximum(0.0, 1.0 - tf.multiply(target, x))
hinge_y_output = sess.run(hinge_y)
```

上述代码中实际上计算了两个目标类(－1,1)之间的损失值，代码中设定的目标值为1，此时预测值越靠近 1 则损失值越小。

（2）交叉熵损失函数(cross-entropy loss function)主要用来判定预测值与目标值的接近程度，预测值与目标值的距离越近，交叉熵的值越小。交叉熵损失函数可以缓解方差损失函数更新权重过慢的问题。由于交叉熵损失函数具有非负性，优化目标可以简化为求得函数极小值；预测值距离目标值越近损失值越接近于 0。示例代码如下所示。

```
xentropy_y = - tf.multiply(target, tf.log(x)) - tf.multiply((1.0 - target), tf.log(1.0 - x))
xentropy_y_output = sess.run(xentropy_y)
```

(3) Sigmoid 交叉熵损失函数(Sigmoid cross entropy loss function),该损失函数在计算交叉熵损失函数之前先将预测值进行了 Sigmoid 函数转换。Sigmoid 函数能够把输入的连续实值"压缩"到 0 和 1 之间,如图 3.2 所示。

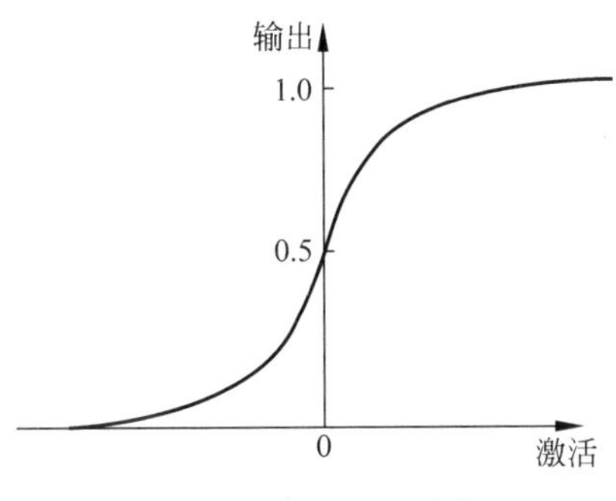

图 3.2 Sigmoid 函数

从图 3.2 可以看到,经过 Sigmoid 函数转换的数据被"压缩"到了(0,1)的区间内,经过这样处理的数据将提升计算损失值的效率。示例代码如下所示。

```
xentropy_sigmoid_y = tf.nn.sigmoid_cross_entropy_with_logits(logits = y, labels =
targets)
xentropy_sigmoid_y_output = sess.run(xentropy_sigmoid_y)
```

(4) 加权交叉熵损失函数(Weighted cross entropy loss),实际应用中难免遇到正负样本数量差距悬殊的情况,在负样本远大于正样本的情况下,如果不对正负样本的损失进行权重调整,那么学习模型就会把所有结果都预测成负样本(因为正样本的数目很少,所以都预测为负样本的话,总的损失也会很小),显然这样的模型是没有意义的。此时,需要给正样本的损失加上一定的权重,当正样本分类错误的时候,乘以一个非常大的权重,使得对正样本的预测错误不至于被模型忽视。当负样本分类错的时候,乘以一个较小的权重,由于负样本总数众多,此时负样本的损失也不会与实际情况出现较大的偏差。示例代码如下。

```
weight = tf.constant(0.5)
xentropy_weighted_y = tf.nn.weighted_cross_entropy_with_logits(logits = x, targets =
targets, pos_weight = weight)
xentropy_weighted_y_output = sess.run(xentropy_weighted_y)
```

(5) Softmax 交叉熵损失函数(Softmax cross-entropy loss)是作用于非归一化的输出结果,指针对单个目标分类的计算损失。通过 Softmax 函数将输出结果转化成概率分布,然后计算真值概率分布的损失,示例代码如下。

```
1  import tensorflow as tf
2  with tf.Session() as sess:
3    unscaled_logits = tf.constant([[1.0,2.0,3.0,4.0]])
4    target = tf.constant([[0.5,1.5,2.0,2.5]])
5    softmax_xentropy = tf.nn.softmax_cross_entropy_with_logits(logits = unscaled_logits,
     labels = target)
6    print(sess.run(softmax_xentropy))
```

输出如下所示。

```
[9.361233]
```

(6) 在只有一个正确答案的分类问题中，TensorFlow 提供了一种更加高效的算法，即稀疏 Softmax 交叉熵损失函数(Sparse Softmax cross-entropy loss)，该损失函数将分类为 True 的目标值转化成指数，而 Softmax 交叉熵损失函数将目标转化成概率分布，示例代码如下所示。

```
1  import tensorflow as tf
2  with tf.Session() as sess:
3      unscaled_logits = tf.constant([[1.0,2.0,3.0]])
4      sparse_target = tf.constant([2])
5      sparse_xentropy = tf.nn.sparse_softmax_cross_entropy_with
6              _logits(logits = unscaled_logits, labels = sparse_target)
7      print(sess.run(sparse_xentropy))
```

输出如下所示。

```
[0.40760595]
```

在深度学习中，图片一般是用非稀疏的标签进行表示的，此时使用 tf.nn.sparse_softmax_cross_entropy_with_logits()函数的效率比使用 tf.nn.softmax_cross_entropy_with_logits()函数的效率更高。

3.4.2 损失函数工作原理及实现

为了方便大家直观地了解个损失函数之间的区别，在此通过 matplotlib 分别绘制 3.4.1 节中讲到的回归算法损失函数和分类算法损失函数的曲线图。

首先，用 matplotlib 绘制回归算法的损失函数。

```
1  import tensorflow as tf
2  import matplotlib.pyplot as plt
3  x = tf.linspace(-1.0,1.0,500)
4  target = tf.constant(0.0)
5  l1_y = tf.abs(target - x)
6  l2_y = tf.square(target - x)
7  delta1 = tf.constant(.1)
8  phuber1_y = tf.multiply(tf.square(delta1),tf.sqrt(1.0 + tf.square((target - x)/
   delta1)) - 1.0)
9  delta2 = tf.constant(3.0)
10 phuber2_y = tf.multiply(tf.square(delta2), tf.sqrt(1.0 + tf.square((target - x)/
   delta2)) - 1.0)
11 with tf.Session() as sess:
12     x_array = sess.run(x)
13     l1_y_output = sess.run(l1_y)
```

```
14    l2_y_output = sess.run(l2_y)
15    phuber1_y_output = sess.run(phuber1_y)
16    phuber2_y_output = sess.run(phuber2_y)
17    plt.plot(x_array, l1_y_output, "g:", label = "L1 Loss")
18    plt.plot(x_array, l2_y_output, "r - ", label = "L2 Loss")
19    plt.plot(x_array, phuber1_y_output, "k -- ", label = "P - Huber Loss(1.0)")
20    plt.plot(x_array, phuber2_y_output,"b - .", label = "P - Huber Loss(5.0)")
21    # 设置 y 轴刻度的范围,从 0 到 1
22    plt.ylim(0, 1)
23    #设置图例处于图标上部中心位置,字号为 11
24    plt.legend(loc = " upper center ", prop = {"size": 11})
25    # 输出图形
26    plt.show()
```

输出如图 3.3 所示。

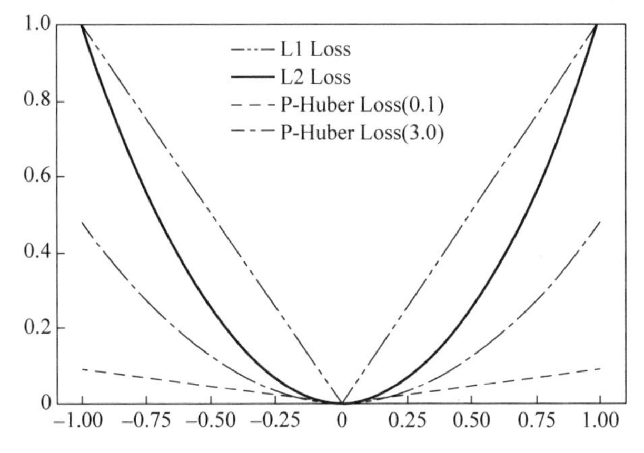

图 3.3　回归算法损失函数曲线图

对比图 3.3 中 L^1 正则损失函数曲线和 L^2 正则损失函数曲线,可以看到,L^1 正则损失函数曲线在极值点附近的梯度变化非常大,在极值点附近,很小的损失值也会产生非常大的误差,这一特性是不利于模型收敛的;而 L^2 正则损失函数曲线则相对平滑许多,梯度随着损失函数的减小而减小,这一特性使得它在最后的训练过程中能得到更精确的结果,即使在学习率固定的情况下也能收敛。

由于均方误差在误差较大点时的损失远大于平均绝对误差,这使得模型对异常值赋予更大的权重值,并花费更多的资源减小异常值造成的误差,这会让模型的整体表现下降。因此,当训练数据中含有较多的异常值时,采用 L^1 正则损失函数可能更加高效。在需要对所有观测值进行处理的情况下,如果利用 L^2 正则损失函数进行优化会得到所有观测的均值,而使用 L^1 正则损失函数则得到所有观测的中值。在应对异常值时,取观测数据的中值比取均值的鲁棒性更好。

在实际操作中,如果需要检测异常值,建议采用均方误差;如果异常值极有可能是坏点,采用平均绝对误差的效果可能更好。L^1 正则损失函数在处理异常值时具有更好的鲁棒性,但它的导数不连续,优化效率很低;相比较而言,L^2 正则损失函数对于异常值非常敏感,但在优化中表现稳定且更加精确。

上文比较了 L^1 正则损失函数和 L^2 正则损失函数的差异和优缺点，然而在现实中存在着许多情况是上述两种损失函数都很难处理的。例如某个任务中 95%的数据为正样本，而其余的 5%数据为负样本。那么利用 L^1 正则损失函数优化的模型的预测结果总是为正样本的值，这样会完全忽视剩下那 5%的负样本；对于 L^2 正则损失函数而言，由于异常值会带来很大的损失，将使得模型的预测值倾向于 5%的负样本的值。这两种结果在实际的业务场景中都会使模型失去意义。此时可以采用之前介绍的 Pseudo-Huber 损失函数。

与 L^2 正则损失函数相比，Pseudo-Huber 损失函数相对异常值敏感度低，保持了函数曲线的平滑性，这样便于收敛。从图 3.3 中可以看到，参数值为"3"时函数曲线的两侧梯度大于参数为"0,1"时的曲线，Pseudo-Huber 损失函数的参数值越大，则两边的线性部分越陡峭。参数的选择对该损失函数至关重要，因为它决定了模型处理异常值的行为。当残差大于设定的参数值时使用 L^1 正则损失函数，残差小于设定的参数值时则使用更为平滑的 L^2 正则损失函数。

Pseudo-Huber 损失函数综合了 L^1 正则损失函数和 L^2 正则损失函数的特性，不仅可以保持损失函数连续可导，利用 L^2 正则损失函数的梯度随误差减小的特性让优化更易于收敛，优化结果也更加精确，并且在应对异常值时具有优秀的鲁棒性。

了解了常见的回归算法损失函数的工作原理及特性，接下来绘制 3.4.1 节中介绍的常见分类算法损失函数的图像。

```
1  import tensorflow as tf
2  import matplotlib.pyplot as plt
3  x = tf.linspace(-3.0,5.0,500)
4  target = tf.constant(1.0)
5  targets = tf.fill([500,], 1.0)
6  hinge_y = tf.maximum(0.0, 1.0 - tf.multiply(target, x))
7  xentropy_y = - tf.multiply(target, tf.log(x)) - tf.multiply((1.0 - target), tf.log(1.0 - x))
8  xentropy_sigmoid_y = tf.nn.sigmoid_cross_entropy_with_logits(logits = x, labels =
   targets)
9  weight = tf.constant(0.5)
10 xentropy_weighted_y = tf.nn.weighted_cross_entropy_with_logits(logits = x, targets =
   targets, pos_weight = weight)
11 with tf.Session() as sess:
12     x_array = sess.run(x)
13     hinge_y_output = sess.run(hinge_y)
14     xentropy_y_output = sess.run(xentropy_y)
15     xentropy_sigmoid_y_output = sess.run(xentropy_sigmoid_y)
16     xentropy_weighted_y_output = sess.run(xentropy_weighted_y)
17     plt.plot(x_array, hinge_y_output, "b-", label = "Hinge Loss")
18     plt.plot(x_array, xentropy_y_output, "r--", label = "Cross Entropy Loss")
19     plt.plot(x_array, xentropy_sigmoid_y_output, "k-.", label = "Cross Entropy Sigmoid
       Loss")
20     plt.plot(x_array, xentropy_weighted_y_output, "g:", label = "Weighted Cross Entropy
       Sigmoid Loss(x0.5)")
21     # 设置 y 轴刻度的范围为 -1.5～3
22     plt.ylim(-1.5, 3)
```

```
23    #设置图例位置为图标下部靠右侧,字号为11
24    plt.legend(loc = "lower right", prop = {"size":11})
25    #输出图形
26    plt.show()
```

输出如图 3.4 所示。

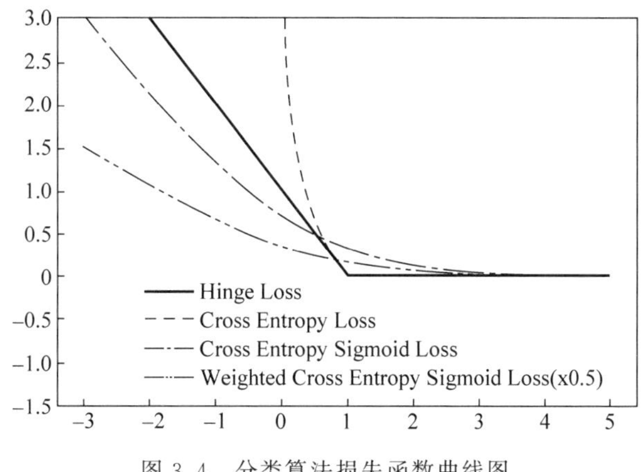

图 3.4　分类算法损失函数曲线图

从图 3.4 可以看出 Hinge 损失函数是典型的凸函数,即并不鼓励分类器过度自信,让某个可以正确分类的样本距离分割线的距离超过 1 并不会有任何奖励。从而使得分类器可以更专注整体的分类误差。

3.5　TensorFlow 实现反向传播

TensroFlow 可以在维持操作状态的同时,基于反向传播算法自动对模型的数据进行更新。使用监督学习的方式设置神经网络参数需要贴好标签的训练数据集。以判断学生成绩是否及格为例,训练数据集就是学生的成绩(其中包括及格的学生成绩和不及格的学生成绩)。在监督学习中,通常会要求模型对已知答案的数据集的预测值尽可能地接近目标值。通过调整神经网络中的参数对训练数据进行拟合,使得模型具备对未知样本进行准确预测的能力。

3.5.1　反向传播算法

反向传播算法(Backpropagation)是目前最常见的神经网络优化算法,它是利用链式法则递归计算表达式的梯度的方法,在多层神经网络的训练中具有重要的意义,理解反向传播算法对于设计、构建和优化神经网络非常关键。反向传播经常被误解为神经网络的整个学习算法,事实上,在神经网络在领域它只用于梯度计算,该算法适用于大多数简化多变量复合求导的过程。

图 3.5 展示了使用反向传播算法对神经网络进行优化的过程。通过 TensorFlow 实现反向传播的过程。

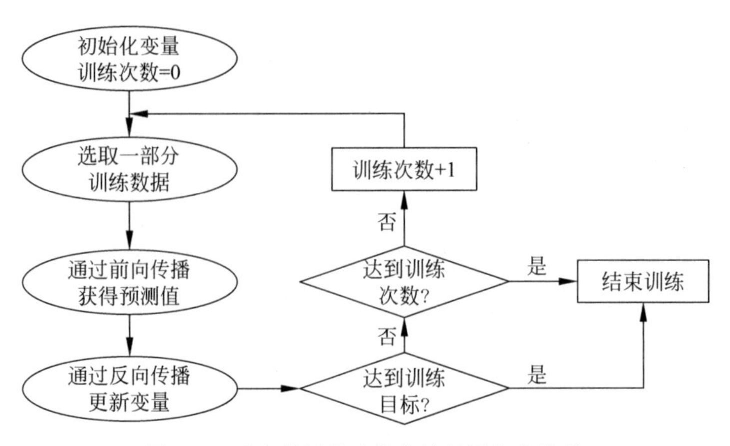

图 3.5　反向传播算法优化神经网络的流程

从图 3.5 中可以看出，反向传播算法对神经网络进行优化的过程实际上是一个迭代的过程。在每次迭代开始前，先选取一小部分训练数据(这部分数据集被称作 batch)，通过前向传播算法，根据 batch 数据得到神经网络模型的预测值。根据预测值与目标值的误差评估模型的学习效果。然后，通过反向传播算法，根据预测值与目标值之间的差值，更新神经网络中的各参数值，使得神经网络在对应 batch 上的预测结果靠近目标值。

3.5.2　反向传播算法的工作原理及实现

之前已经介绍了关于在 TensorFlow 中创建对象和操作对象，以及度量预测值与目标值之间差值的损失函数的方法，接下来将介绍如何通过计算图来更新变量和最小化损失函数，从而反向传播预测值与目标值之间的差值。通过声明函数，TensorFlow 在计算图中会根据输入数据，通过损失函数来调节神经网络中相应的参数。

在 TensorFlow 中，实现反向传播算法首先需要使用 TensorFlow 表达一个 batch 数据。使用常量来表达一个 batch 数据的方法如下所示。

```
x = tf.constant([[1.0,2.0,3.0]])
```

值得注意的是，总是用常量来表示迭代中所选取的数据会极大地提升 TensorFlow 的计算图的节点数量。通常情况下训练一个神经网络需要的迭代次数在百万次以上，如果使用常量表示所选取的数据，计算图会变得非常庞大，这对资源的利用率极低。为了降低迭代中生成的节点数量，提升学习效率，需要用到之前所讲的占位符机制。通过占位符对数据进行“占位”，所占位置的数据值在程序运行时再指定。程序只需要将数据通过占位符传入 TensorFlow 计算图，这样便解决了需要生成大量常量来提供输入数据的问题。

本节通过回归算法的例子来演示 TensorFlow 中反向传播算法的实现方法。从均值为 5、标准差为 0.1 的正态分布中随机抽样 100 个数，然后乘以变量 A，指定损失函数为 delta 值为 0.25 的 Pseudo-Huber 损失函数。上述过程可以理解成实现函数 $x \times A = \text{target}$，$x$ 为均值为 5 的 100 个随机数，target 为 10，由此可得 A 的目标值为 2。

(1) 首先,导入相应的模块,代码如下所示。

```
import matplotlib.pyplot as plt
import numpy as np
import tensorflow as tf
```

(2) 生成数据 100 个随机数以及 100 个目标数,并声明占位符和变量 A。代码如下所示。

```
x = np.random.normal(5, 0.1, 100)
y = np.repeat(10.0, 100)
x_data = tf.placeholder(shape = [1], dtype = tf.float32)
y_target = tf.placeholder(shape = [1], dtype = tf.float32)
A = tf.Variable(tf.random_normal(shape = [1]))
```

(3) 加入乘法操作,实现函数 $x \times A = \text{target}$。

```
my_output = tf.multiply(x_data, A)
```

(4) 指定损失函数为 delta 值为 0.25 的 Pseudo-Huber 损失函数。

```
deltal = tf.constant(0.25)
loss = tf.multiply(tf.square(deltal), tf.sqrt(1.0 + tf.square((my_output - y_target)/
deltal)) - 1.0)
```

(5) 初始化所有变量。

```
init = tf.global_variables_initializer()
sess.run(init)
```

(6) 声明变量的优化器,为优化器算指定学习率,优化算法的步长值取决于所设定的学习率,在此设置学习率为 0.05。学习率的选择对学习效果影响重大,一般来说,较小的学习率意味着更精确的预测结果,但是收敛速度较慢,通常在算法表现不够稳定时采用较小的学习率;较大的学习率意味着更快的收敛速度,但是预测的精度相应降低,通常在算法收敛速度过慢的情况下增大学习率从而提升收敛速度。

```
my_opt = tf.train.GradientDescentOptimizer(0.05)
train_step = my_opt.minimize(loss)
```

(7) 创建一个损失值 batch 数据。

```
loss_batch = []
```

(8) 开始训练算法。在调用 sess.run()时,需要使用 feed_dict 来设定 x 的取值。在得到一个 batch 的前向传播结果之后,需要定义一个损失函数来刻画当前的预测值和真实答案之间的差距。然后通过反向传播算法来调整神经网络参数的取值缩小预测值与目标值之间的距离。

```
for i in range(100) :
    rand_index = np.random.choice(100)
    rand_x = [x[rand_index]]
    rand_y = [y[rand_index]]
    sess.run(train_step, feed_dict = {x_data: rand_x, y_target: rand_y})
    print("第" + str(i+1) + "次 A = " + str(sess.run(A)))
    print("损失值为" + str(sess.run(loss, feed_dict = {x_data: rand_x, y_target: rand_y})))
```

上述代码中,设定迭代次数为 100 次,每次选定一组随机的 x 和 y(取值为 1～100 的随机数)导入计算图中并计算相应的损失值。TensorFlow 将自动完成对损失值的计算并在 100 次迭代中调整 A 的值来降低损失值。

输出结果如下所示。

```
第 1 次 A = [0.6222887]
损失值为 [1.6599011]
第 2 次 A = [0.6843269]
损失值为 [1.58904]
第 3 次 A = [0.74623096]
损失值为 [1.5141836]
第 4 次 A = [0.8099702]
损失值为 [1.4054521]
第 5 次 A = [0.87185335]
损失值为 [1.3588741]
.
.
.
损失值为 [0.00031849]
第 95 次 A = [2.020464]
损失值为 [6.4484775e-05]
第 96 次 A = [2.0156667]
损失值为 [9.596348e-06]
第 97 次 A = [1.9776129]
损失值为 [6.9886446e-06]
第 98 次 A = [1.9755591]
损失值为 [2.577901e-06]
第 99 次 A = [2.0272558]
损失值为 [0.01105778]
第 100 次 A = [1.9916381]
损失值为 [1.9565225e-05]
```

从上述结果可以看到,经过不断的优化,算法最后求得的 A 的预测值与目标值已经非常接近了。加载的 matplotlib 图如图 3.6 所示。

从图 3.6 中可以看出,算法在 100 次的迭代中大幅降低了损失值。通常算法的训练需要经过大量的迭代,每次如果将结果一一显示会占用大量不必要的篇幅,后续将通过以下方式缩减输出的结果数量。

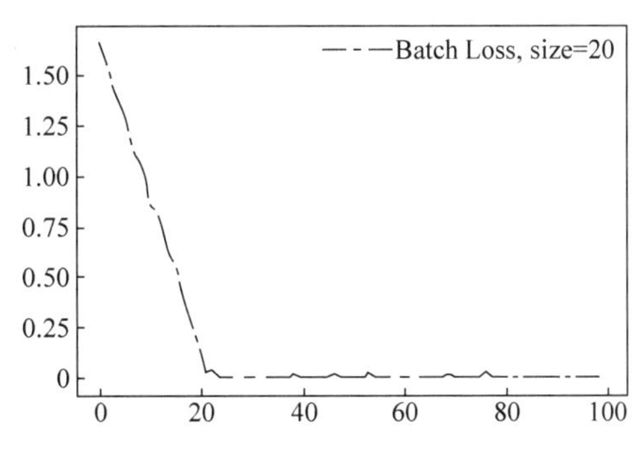

图 3.6　预测值与目标值的距离

```
    if (i+1) % 10 == 0:
        print("第" + str(i+1) + "次 A = " + str(sess.run(A)))
        print("损失值为" + str(sess.run(loss, feed_dict = {x_data: rand_x, y_target: rand_y})))
```

上述代码只输出迭代次数能将 10 整除的数据，这可以大幅减少输出结果所占的篇幅。接下来，对上述示例中的代码编辑流程进行简要概括。

- 生成数据；
- 初始化占位符和变量；
- 创建损失函数；
- 定义优化算法；
- 通过随机数据进行迭代，更新变量 A 的值。

从图 3.6 及输出结果中可以看到在某些时刻，这种标准的梯度下降算法可能会出现卡顿或者收敛速度变缓的现象，尤其是在极值点附近时这种情况尤为明显。下面推荐几种解决这一问题的思路。

（1）调整优化的步长值，对于变化程度小的变量可以使用较大步长值，对于变化程度大的变量使用较小的步长值。通过 TensorFlow 中的 Adagrad 优化器可以实现这一方法。该优化器所采用的的算法会遍历整个历史迭代的变量梯度，一般将学习率设为 0.01。不过，这个算法可能会导致梯度迅速变为 0。通过 TensorFlow 中的 Adadelta 优化器计算指数加权平均值，旨在消除梯度下降中的摆动。某一维度的导数较大，则指数加权平均值就大；某一维度的导数较小，则其指数加权平均值就小。这样就保证了各维度导数都在一个量级，进而减少了摆动。允许使用一个更大的学习率，从而减少所需要的迭代次数。

（2）为算法添加“势能”，通过 TensorFlow 中的 Momentum 优化器为损失函数增加势能。该算法的原理是将上一次迭代过程的梯度下降值的导数作为势能加载到下一次迭代过程中。

TensorFlow 实现反向传播的示例完整代码如下所示。

```
1  import numpy as np
2  import tensorflow as tf
3  import matplotlib.pyplot as plt
4  #创建计算图
5  sess = tf.Session()
```

```
6  #生成数据,100 个均值为 5,标准差为 0.1 的随机数 x 和 100 个值为 10 的目标数 y
7  x = np.random.normal(5, 0.1, 100)
8  y = np.repeat(10.0, 100)
9  #声明占位符
10 x_data = tf.placeholder(shape = [1], dtype = tf.float32)
11 y_target = tf.placeholder(shape = [1], dtype = tf.float32)
12 #声明变量 A
13 A = tf.Variable(tf.random_normal(shape = [1]))
14 #创建函数 x×A = target
15 my_output = tf.multiply(x_data, A)
16 #指定损失函数为 delta 参数为 0.25 的 Pseudo - Huber 函数,并初始化所有变量
17 deltal = tf.constant(0.25)
18 loss = tf.multiply(tf.square(deltal), tf.sqrt(1.0 + tf.square((my_output - y_target)/
   deltal)) - 1.0)
19 init = tf.global_variables_initializer()
20 sess.run(init)
21 #声明变量的优化器
22 my_opt = tf.train.GradientDescentOptimizer(0.05)
23 train_step = my_opt.minimize(loss)
24 #将损失值导入创建的 batch
25 loss_batch = []
26 #开始训练算法并将每次迭代数据加载到 matplotlib 图中
27 for i in range(100) :
28     rand_index = np.random.choice(100)
29     rand_x = [x[rand_index]]
30     rand_y = [y[rand_index]]
31     sess.run(train_step, feed_dict = {x_data: rand_x, y_target: rand_y})
32     print("第" + str(i+1) + "次 A = " + str(sess.run(A)))
33     print("损失值为 " + str(sess.run(loss, feed_dict = {x_data: rand_x, y_target: rand_
       y})))
34
35     temp_loss = sess.run(loss, feed_dict = {x_data: rand_x, y_target: rand_y})
36     loss_batch.append(temp_loss)
37 plt.plot(loss_batch, "g-.", label = "Batch Loss, size = 20")
38 plt.legend(loc = "upper right", prop = {"size": 11})
39 plt.show()
```

3.6 TensorFlow 实现随机训练和批量训练

TensorFlow 根据反向传播算法来更新模型变量,在更新过程中可一次只操作一个数据点,也可以一次操作大量数据。如果只针对单个训练样本进行训练,那么所学习的效果可能并不理想；而对大批量样本的训练通常需要高昂的成本。因此,选用合适的训练类型对机器学习算法的收敛至关重要。

3.5.1 节已经对反向传播算法的流程进行了介绍,反向传播必须对一个或多个样本的损失值进行度量,然后将损失值反向传回,本节将要介绍的随机训练可以一次随机抽取一定数量的训练样本和目标数据进行训练。而批量训练则可以一次对指定批量大小的训练数据

和目标数据进行训练，然后取多次训练的平均损失值来计算模型的梯度。

随机训练可以有效降低优化算法陷入局部极小值的情况，但是通常需要多次迭代才能收敛；批量训练的收敛速度快，但是迭代需要消耗大量的计算资源。

接下来将通过随机训练和批量训练两种方法来演示如何实现之前讲过的回归算法。

(1) 首先，导入相应的模块。

```
import matplotlib.pyplot as plt
import numpy as np
import tensorflow as tf
```

(2) 声明通过计算图传入的训练数据数量，即对“批量”进行声明。

```
batch_size = 20
```

(3) 声明模型的数据 x、y，占位符和变量 A。

```
x = np.random.normal(1, 0.1, 200)
y = np.repeat(15.0, 200)
x_data = tf.placeholder(shape = [None, 1], dtype = tf.float32)
y_target = tf.placeholder(shape = [None, 1], dtype = tf.float32)
A = tf.Variable(tf.random_normal(shape = [1, 1]))
```

从上述代码中可以看到，占位符具有两个维度，第一个维度为 None，第二个维度表示批量训练中数据量。

(4) 接下来在计算图中添加矩阵乘法操作(矩阵相乘不具有交换律，因此要注意前后矩阵的顺序)。

```
my_output = tf.matmul(x_data, A)
```

(5) 设定损失函数为每个数据点的 L^2 损失平均值，通过 tf.reduce_mean()函数实现求均值。同时初始化所有变量。

```
loss = tf.reduce_mean(tf.square(my_output - y_target))
init = tf.global_variables_initializer()
```

(6) 声明优化器。

```
my_opt = tf.train.GradientDescentOptimizer(0.01)
train_step = my_opt.minimize(loss)
```

(7) 通过循环迭代对算法进行优化，迭代次数为 200 次，每批迭代的数据批量为 20。

```
for i in range(200):
    rand_index = np.random.choice(200, size = batch_size)
    rand_x = np.transpose([x[rand_index]])
    rand_y = np.transpose([y[rand_index]])
    sess.run(train_step, feed_dict = {x_data: rand_x, y_target:rand_y})
```

(8) 为了节省篇幅，此处只输出迭代次数可以整除 20 的结果。

```
if(i+1)%20 == 0:
    print("批量训练 第" + str(i+1) + "次迭代 A 的值为" + str(sess.run(A)))
    temp_loss = sess.run(loss, feed_dict = {x_data: rand_x, y_target: rand_y})
    print("损失值为" + str(temp_loss))
    loss_batch.append(temp_loss)
```

与批量训练相比，随机训练更容易脱离局部极小值，但是收敛速度较慢。接下来演示随机训练的方法，代码如下所示。

```
1  #随机训练和批量训练
2  #导入相应模块并开始一个计算图会话
3  import numpy as np
4  import tensorflow as tf
5  import matplotlib.pyplot as plt
6  from tensorflow.python.framework import ops
7  sess = tf.Session()
8  #批量训练
9  #声明批量大小为 20
10 batch_size = 20
11 #声明数据并创建占位符
12 x = np.random.normal(1, 0.1, 200)
13 y = np.repeat(15.0, 200)
14 x_data = tf.placeholder(shape = [None, 1], dtype = tf.float32)
15 y_target = tf.placeholder(shape = [None, 1], dtype = tf.float32)
16 # 声明变量 A
17 A = tf.Variable(tf.random_normal(shape = [1, 1]))
18 #在计算图中添加矩阵乘法操作
19 my_output = tf.matmul(x_data, A)
20 #设定损失函数为每个数据的 L2 损失的平均值
21 loss = tf.reduce_mean(tf.square(my_output - y_target))
22 #初始化全部变量
23 init = tf.global_variables_initializer()
24 sess.run(init)
25 #声明优化器
26 my_opt = tf.train.GradientDescentOptimizer(0.01)
27 train_step = my_opt.minimize(loss)
28 loss_batch = []
29 #开始迭代
30 for i in range(200):
31     rand_index = np.random.choice(200, size = batch_size)
32     rand_x = np.transpose([x[rand_index]])
33     rand_y = np.transpose([y[rand_index]])
34     sess.run(train_step, feed_dict = {x_data: rand_x, y_target:rand_y})
35     #只输出迭代次数能整除 20 的结果
36     if(i+1)%20 == 0:
37         print("批量训练 第" + str(i+1) + "次迭代 A 的值为" + str(sess.run(A)))
38         temp_loss = sess.run(loss, feed_dict = {x_data: rand_x, y_target: rand_y})
```

```
39          print("损失值为" + str(temp_loss))
40          loss_batch.append(temp_loss)
41 #随机训练
42 #重置计算图
43 ops.reset_default_graph()
44 sess = tf.Session()
45 #声明数据
46 x = np.random.normal(1, 0.1, 200)
47 y = np.repeat(15.0, 200)
48 x_data = tf.placeholder(shape = [1], dtype = tf.float32)
49 y_target = tf.placeholder(shape = [1], dtype = tf.float32)
50 #声明变量 A
51 A = tf.Variable(tf.random_normal(shape = [1]))
52 #在计算图中加入矩阵乘法操作
53 my_output = tf.multiply(x_data, A)
54 #设定损失函数
55 loss = tf.reduce_mean(tf.square(my_output - y_target))
56 #初始化所有变量的值
57 init = tf.global_variables_initializer()
58 sess.run(init)
59 #声明优化器
60 my_opt = tf.train.GradientDescentOptimizer(0.01)
61 train_step = my_opt.minimize(loss)
62 loss_stochastic = []
63 #开始迭代
64 for i in range(200):
65     rand_index = np.random.choice(200)
66     rand_x = [x[rand_index]]
67     rand_y = [y[rand_index]]
68     sess.run(train_step, feed_dict = {x_data: rand_x, y_target: rand_y})
69     #只输出迭代次数能整除 20 的结果
70     if (i+1)%20 == 0:
71         print("随机训练第" + str(i+1) + "次迭代 A 的值为" + str(sess.run(A)))
72         temp_loss = sess.run(loss, feed_dict = {x_data: rand_x, y_target: rand_y})
73         print("损失值为" + str(temp_loss))
74         loss_stochastic.append(temp_loss)
75 #通过 matplotlib 绘制运行结果
76 plt.plot(range(0, 200, 20),loss_batch, "g-.", label = "Batch Loss, size = 20")
77 plt.plot(range(0, 200, 20),loss_stochastic, "r--", label = "Stochastic Loss")
78 plt.ylim(0, 100)
79 plt.legend(loc = "upper right", prop = {"size": 11})
80 plt.show()
```

输出如下所示。

```
批量训练 第 20 次迭代 A 的值为[[5.0928826]]
损失值为 100.202385
批量训练 第 40 次迭代 A 的值为[[8.36697]]
损失值为 48.93275
```

```
批量训练 第 60 次迭代 A 的值为[[10.545691]]
损失值为 23.615911
批量训练 第 80 次迭代 A 的值为[[11.984723]]
损失值为 12.791118
批量训练 第 100 次迭代 A 的值为[[12.962305]]
损失值为 5.3837404
批量训练 第 120 次迭代 A 的值为[[13.592473]]
损失值为 3.110464
批量训练 第 140 次迭代 A 的值为[[14.097708]]
损失值为 3.225243
批量训练 第 160 次迭代 A 的值为[[14.362068]]
损失值为 2.54338
批量训练 第 180 次迭代 A 的值为[[14.545248]]
损失值为 2.6303203
批量训练 第 200 次迭代 A 的值为[[14.649292]]
损失值为 2.1601777
随机训练第 20 次迭代 A 的值为[[5.016013]]
损失值为 117.44718
随机训练第 40 次迭代 A 的值为[[8.343757]]
损失值为 36.61693
随机训练第 60 次迭代 A 的值为[[10.509306]]
损失值为 24.086134
随机训练第 80 次迭代 A 的值为[[11.9774]]
损失值为 32.032726
随机训练第 100 次迭代 A 的值为[[12.934285]]
损失值为 18.064348
随机训练第 120 次迭代 A 的值为[[13.689663]]
损失值为 7.616622
随机训练第 140 次迭代 A 的值为[[14.190177]]
损失值为 3.8760216
随机训练第 160 次迭代 A 的值为[[14.412206]]
损失值为 7.237827
随机训练第 180 次迭代 A 的值为[[14.612629]]
损失值为 2.97766
随机训练第 200 次迭代 A 的值为[[14.611997]]
损失值为 5.1589394
```

通过 matplotlib 绘制的结果图如图 3.7 所示。

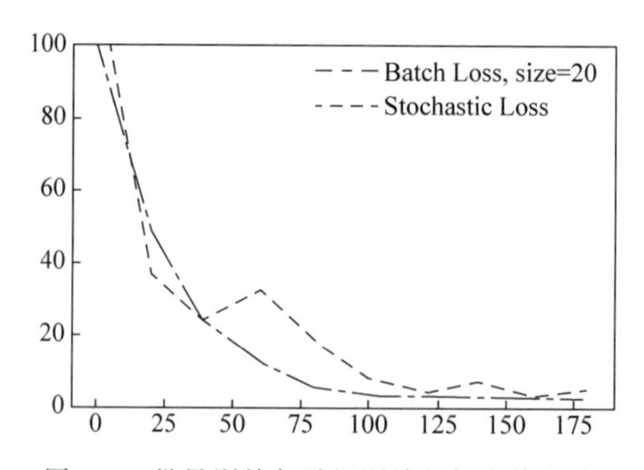

图 3.7　批量训练与随机训练的损失值变化

从图 3.7 中可以直观地看出，批量训练的损失曲线更加平滑，而随机训练的损失则更容易出现较大波动。

3.7 TensorFlow 创建分类器

本节为大家分享了 TensorFlow 实现创建分类器的具体实例代码，供大家参考，具体内容如下：创建一个 iris(鸢尾花)数据集的分类器。鸢尾花数据集(iris data)是机器学习和数据分析中的经典数据集，是常用的多重变量分析数据集，由 Fisher 教授于 1936 年收集整理完成。iris 数据集包含 150 个数据集，分为 3 类，每类数据 50 个样本，每个样本包含如下 4 种属性：花萼长度、花萼宽度、花瓣长度、花瓣宽度。通过之前所述的 4 个属性来预测鸢尾花卉所属的种类：山鸢尾(setosa)、变色鸢尾(versicolour)和维吉尼亚鸢尾(virginica)。

通过 Python 加载样本数据集时，可以使用 Scikit Learn 的数据集函数，示例代码如下所示(Scikit Learn 可在 Anaconda 的 Environments 中进行下载安装，具体过程不再赘述)。

```
from sklearn import datasets
iris = datasets.load_iris()
print(len(iris.data))
150
print(len(iris.target))
150
print(iris.target[0])
Petal width
[5.1 3.5 1.4 0.2]
print(set(iris.target))
{0, 1, 2}
```

了解了加载样本数据集的方法，接下来介绍如何用 TensorFlow 根据鸢尾花数据集来简单的实现预测一朵“花”是否属于“山鸢尾”的二值分类器。导入 iris 数据集和工具库，相应地对原数据集进行转换。

(1) 导入相关工具库，初始化计算图。

```
import matplotlib.pyplot as plt
import numpy as np
from sklearn import datasets
import tensorflow as tf
```

(2) 导入鸢尾花数据集，若输入数据是山鸢尾，则令其输出值为 1，否则为 0。由于鸢尾花数据集默认山鸢尾的标记为 0，在此需要将其重置为 1，同时将其他种类置 0。本次训练只使用两种特征：花瓣长度和花瓣宽度，这两个特征在 x-value 的第三列和第四列。代码如下所示。

```
iris = datasets.load_iris()
binary_target = np.array([1. if x == 0 else 0. for x in iris.target])
iris_2d = np.array([[x[2], x[3]] for x in iris.data])
```

(3) 声明批量训练大小、数据占位符和模型变量。由于并不确定数据占位符的维度,可以将第一维度设为 None,代码如下所示。

```
batch_size = 20
x1_data = tf.placeholder(shape = [None, 1], dtype = tf.float32)
x2_data = tf.placeholder(shape = [None, 1], dtype = tf.float32)
y_target = tf.placeholder(shape = [None, 1], dtype = tf.float32)
A = tf.Variable(tf.random_normal(shape = [1, 1]))
b = tf.Variable(tf.random_normal(shape = [1, 1]))
```

(4) 定义线性模型。线性模型的表达式为: $x_2=x_1\times A+b$。将数据点代入 $x_2-x_1\times A-b$,比较计算结果与 0 的大小,若结果大于 0 则表明数据点在直线上方,结果小于 0 则表明数据点在直线下方。将表达式 $x_2=x_1\times A+b$ 传入 Sigmoid 损失函数,然后预测结果。代码如下所示。

```
my_mult = tf.matmul(x2_data, A)
my_add = tf.add(my_mult, b)
my_output = tf.subtract(x1_data, my_add)
```

(5) 引入 Sigmoid 交叉熵损失函数。

```
xentropy = tf.nn.sigmoid_cross_entropy_with_logits(logits = my_output, labels = y_target)
```

(6) 声明优化器方法,最小化损失值。在此选择的学习率为 0.05。

```
my_opt = tf.train.GradientDescentOptimizer(0.05)
train_step = my_opt.minimize(xentropy)
```

(7) 创建并执行一个变量初始化操作。

```
init = tf.global_variables_initializer()
sess.run(init)
```

(8) 迭代 100 次训练线性模型,传入三种数据: 花瓣长度、花瓣宽度和目标变量。

```
for i in range(1000):
  rand_index = np.random.choice(len(iris_2d), size = batch_size)
  rand_x = iris_2d[rand_index]
  rand_x1 = np.array([[x[0]] for x in rand_x])
  rand_x2 = np.array([[x[1]] for x in rand_x])
  rand_y = np.array([[y] for y in binary_target[rand_index]])
  sess.run(train_step, feed_dict = {x1_data: rand_x1, x2_data: rand_x2, y_target: rand_y})
  if (i + 1) % 200 == 0:
    print('Step #' + str(i + 1) + 'A = ' + str(sess.run(A)) + ', b = ' + str(sess.run(b)))
```

完整实现代码如下所示。

```
1  import matplotlib.pyplot as plt
2  import numpy as np
3  from sklearn import datasets
4  import tensorflow as tf
5  from tensorflow.python.framework import ops
6  ops.reset_default_graph()
7  # 导入 iris 数据集
8  # 根据目标数据是否为山鸢尾将其转换成 1 或者 0
9  # 由于 iris 数据集将山鸢尾标记为 0,将该标记默认对应数值从 0 置为 1,同时把其他物种标记
   为 0
10 # 本次训练只使用两种特征: 花瓣长度和花瓣宽度,这两个特征在 x - value 的第三列和第四列
11 # iris.target = {0, 1, 2}, where '0' is setosa
12 # iris.data ~ [sepal.width, sepal.length, pedal.width, pedal.length]
13 iris = datasets.load_iris()
14 binary_target = np.array([1. if x==0 else 0. for x in iris.target])
15 iris_2d = np.array([[x[2], x[3]] for x in iris.data])
16 # 声明批量训练大小
17 batch_size = 20
18 # 初始化计算图
19 sess = tf.Session()
20 # 声明数据占位符
21 x1_data = tf.placeholder(shape=[None, 1], dtype=tf.float32)
22 x2_data = tf.placeholder(shape=[None, 1], dtype=tf.float32)
23 y_target = tf.placeholder(shape=[None, 1], dtype=tf.float32)
24 # 声明模型变量
25 # Create variables A and b (0 = x1 - A*x2 + b)
26 A = tf.Variable(tf.random_normal(shape=[1, 1]))
27 b = tf.Variable(tf.random_normal(shape=[1, 1]))
28 # 定义线性模型:
29 # 如果找到的数据点在直线以上,则将数据点代入 x2 - x1 * A - b 计算出的结果大于 0
30 # 同理找到的数据点在直线以下,则将数据点代入 x2 - x1 * A - b 计算出的结果小于 0
31 # x1 - A*x2 + b
32 my_mult = tf.matmul(x2_data, A)
33 my_add = tf.add(my_mult, b)
34 my_output = tf.subtract(x1_data, my_add)
35 # 增加 TensorFlow 的 sigmoid 交叉熵损失函数(cross entropy)
36 xentropy = tf.nn.sigmoid_cross_entropy_with_logits(logits=my_output, labels=y_target)
37 # 声明优化器方法
38 my_opt = tf.train.GradientDescentOptimizer(0.05)
39 train_step = my_opt.minimize(xentropy)
40 # 创建一个变量初始化操作
41 init = tf.global_variables_initializer()
42 sess.run(init)
43 # 运行迭代 1000 次
44 for i in range(1000):
45     rand_index = np.random.choice(len(iris_2d), size=batch_size)
46     # rand_x = np.transpose([iris_2d[rand_index]])
47     # 传入三种数据: 花瓣长度、花瓣宽度和目标变量
48     rand_x = iris_2d[rand_index]
```

```
49      rand_x1 = np.array([[x[0]] for x in rand_x])
50      rand_x2 = np.array([[x[1]] for x in rand_x])
51      #rand_y = np.transpose([binary_target[rand_index]])
52      rand_y = np.array([[y] for y in binary_target[rand_index]])
53      sess.run(train_step, feed_dict = {x1_data: rand_x1, x2_data: rand_x2, y_target: rand_y})
54      if (i+1) % 200 == 0:
55          print('Step #' + str(i+1) + 'A = ' + str(sess.run(A)) + ', b = ' + str(sess.
            run(b)))
56  # 绘图
57  # 获取斜率/截距
58  # Pull out slope/intercept
59  [[slope]] = sess.run(A)
60  [[intercept]] = sess.run(b)
61  # 创建拟合线
62  x = np.linspace(0, 3, num = 50)
63  ablineValues = []
64  for i in x:
65  ablineValues.append(slope * i + intercept)
66  # 绘制拟合曲线
67  setosa_x = [a[1] for i,a in enumerate(iris_2d) if binary_target[i] == 1]
68  setosa_y = [a[0] for i,a in enumerate(iris_2d) if binary_target[i] == 1]
69  non_setosa_x = [a[1] for i,a in enumerate(iris_2d) if binary_target[i] == 0]
70  non_setosa_y = [a[0] for i,a in enumerate(iris_2d) if binary_target[i] == 0]
71  plt.plot(setosa_x, setosa_y, 'rx', ms = 10, mew = 2, label = 'setosa')
72  plt.plot(non_setosa_x, non_setosa_y, 'ro', label = 'Non - setosa')
73  plt.plot(x, ablineValues, 'b - ')
74  plt.xlim([0.0, 2.7])
75  plt.ylim([0.0, 7.1])
76  plt.suptitle('Linear Separator For I.setosa', fontsize = 20)
77  plt.xlabel('Petal Length')
78  plt.ylabel('Petal Width')
79  plt.legend(loc = 'lower right')
80  plt.show()
```

输出如下所示。

```
Step #200 A = [[ 8.70572948]], b = [[ - 3.46638322]]
Step #400 A = [[ 10.21302414]], b = [[ - 4.720438]]
Step #600 A = [[ 11.11844635]], b = [[ - 5.53361702]]
Step #800 A = [[ 11.86427212]], b = [[ - 6.0110755]]
Step #1000 A = [[ 12.49524498]], b = [[ - 6.29990339]]
```

如图 3.8 所示。

上述代码的目的是根据花瓣的长度和宽度这两个数据来区分山鸢尾和其他种类的花，绘制所有的数据点和拟合结果，并预期找到一条直线将属于山鸢尾的数据点与其他数据点分开。

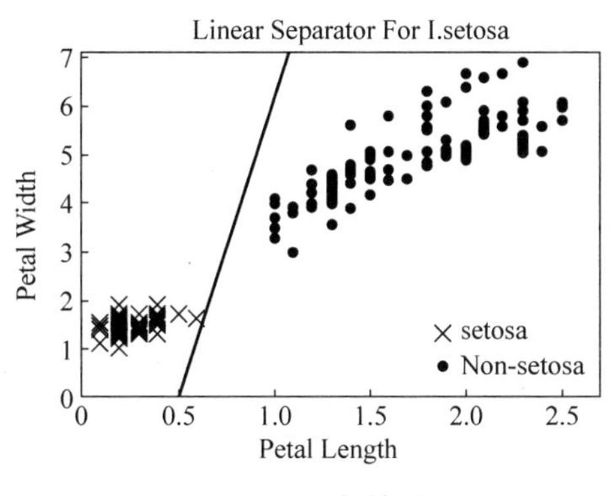

图 3.8　运行结果

3.8　TensorFlow 实现模型评估

模型训练好以后，对模型训练效果的评估至关重要，每个模型都有对应的模型评估方式。在 TensorFlow 中，将模型评估加入计算图中，然后在模型训练完后对模型进行评估。

在模型的训练过程中，模型评估可以根据模型采用的算法，给出相应的提示信息，从而方便对模型进行调试，提高模型的学习效果。本节将演示在回归算法和分类算法中进行模型评估的方法。

3.8.1　模型评估方法

通常，评估模型需要有训练数据集和测试数据集来进行对照，从而判断模型的训练效果。有时，甚至需要专门设计一个验证数据集来进行模型的评估。模型评估需要大批量数据点的支持，因此在批量训练任务中，可以直接重用模型来预测大批量数据点。然而，在随机训练任务中，由于没有现成的大批量数据点，此时需要创建单独的评估器来处理批量数据点。

在模型评估中需要注意是否保持模型的输出结果与模型的评估结果的数据类型一致。如果在损失函数中对模型的输出结果进行了转化，则模型评估时也需要进行相应的转化，从而保持评估结果的准确性。

通过之前所学的知识可以知道，分类算法模型是基于数值型输入数据进行分类的，目标值是由“0”和“1”组成的序列。可以通过度量预测值与目标值之间的距离来评估该类模型。在分类算法模型中，损失函数通常无法直接反应模型的训练效果，通常通过模型的分类预测准确率来判断模型的训练效果。需要注意的是，不管模型的预测结果是否准确，都需要测试算法模型。

在模型评估中，需要同时对训练数据和测试数据的预测准确率进行评估，以检测模型是否出现了过拟合。

3.8.2　模型评估工作原理及实现

(1) 加载相应工具库，创建计算图、数据、变量以及占位符。在创建了上述数据之后，可以将数据随机分为训练数据集和测试数据集，这一点对于模型评估至关重要。在训练数据和测试数据上评估模型也可以判断模型是否出现过拟合。

```
import matplotlib.pyplot as plt
import numpy as np
import tensorflow as tf
sess = tf.Session()
x_vals = np.random.normal(1, 0.1, 100)
y_vals = np.repeat(10., 100)
x_data = tf.placeholder(shape = [None, 1], dtype = tf.float32)
y_target = tf.placeholder(shape = [None, 1], dtype = tf.float32)
batch_size = 25
train_indices = np.random.choice(len(x_vals), round(len(x_vals) * 0.8), replace = False)
test_indices = np.array(list(set(range(len(x_vals))) - set(train_indices)))
x_vals_train = x_vals[train_indices]
x_vals_test = x_vals[test_indices]
y_vals_train = y_vals[train_indices]
y_vals_test = y_vals[test_indices]
A = tf.Variable(tf.random_normal(shape = [1,1]))
```

（2）声明模型的损失函数和优化算法并初始化模型中的所有变量。

```
my_output = tf.matmul(x_data, A)
loss = tf.reduce_mean(tf.square(my_output - y_target))
init = tf.initialize_all_variables()
sess.run(init)
my_opt = tf.train.GradientDescentOptimizer(0.02)
train_step = my_opt.minimize(loss)
```

（3）开始训练。

```
for i in range(100):
rand_index = np.random.choice(len(x_vals_train), size = batch_ size)
rand_x = np.transpose([x_vals_train[rand_index]])
rand_y = np.transpose([y_vals_train[rand_index]])
sess.run(train_step, feed_dict = {x_data: rand_x, y_target: rand_y})
   if (i + 1) % 25 == 0:
      print('Step #' + str(i + 1) + 'A = ' + str(sess.run(A)))
      print('Loss = ' + str(sess.run(loss, feed_dict = {x_data: rand_x, y_target: rand_y})))
```

添加了输出 matplotlib 图的完整代码如下所示。

```
1    # TensorFlow 模型评估
2    import matplotlib.pyplot as plt
3    import numpy as np
4    import tensorflow as tf
5    from tensorflow.python.framework import ops
6    ops.reset_default_graph()
```

```
7   # 创建计算图
8   sess = tf.Session()
9   # 回归例子
10  # We will create sample data as follows:
11  # x-data: 100 random samples from a normal ~ N(1, 0.1)
12  # target: 100 values of the value 10.
13  # We will fit the model:
14  # x-data * A = target
15  # 理论上, A = 10
16  # 声明批量大小
17  batch_size = 25
18  # 创建数据集
19  x_vals = np.random.normal(1, 0.1, 100)
20  y_vals = np.repeat(10., 100)
21  x_data = tf.placeholder(shape=[None, 1], dtype=tf.float32)
22  y_target = tf.placeholder(shape=[None, 1], dtype=tf.float32)
23  # 八二分训练/测试数据 train/test = 80%/20%
24  train_indices = np.random.choice(len(x_vals), round(len(x_vals)*0.8), replace=False)
25  test_indices = np.array(list(set(range(len(x_vals))) - set(train_indices)))
26  x_vals_train = x_vals[train_indices]
27  x_vals_test = x_vals[test_indices]
28  y_vals_train = y_vals[train_indices]
29  y_vals_test = y_vals[test_indices]
30  # 创建变量 (one model parameter = A)
31  A = tf.Variable(tf.random_normal(shape=[1,1]))
32  # 增加操作到计算图
33  my_output = tf.matmul(x_data, A)
34  # 增加 L2 损失函数到计算图
35  loss = tf.reduce_mean(tf.square(my_output - y_target))
36  # 创建优化器
37  my_opt = tf.train.GradientDescentOptimizer(0.02)
38  train_step = my_opt.minimize(loss)
39  # 初始化变量
40  init = tf.global_variables_initializer()
41  sess.run(init)
42  # 迭代运行
43  # 如果在损失函数中使用的模型输出结果经过转换操作,例如,sigmoid_cross_entropy_with_
    logits()函数
44  # 为了精确计算预测结果,在模型评估中也要进行转换操作
45  for i in range(100):
46      rand_index = np.random.choice(len(x_vals_train), size=batch_size)
47      rand_x = np.transpose([x_vals_train[rand_index]])
48      rand_y = np.transpose([y_vals_train[rand_index]])
49      sess.run(train_step, feed_dict={x_data: rand_x, y_target: rand_y})
50      if (i+1)%25==0:
51          print('Step #' + str(i+1) + 'A = ' + str(sess.run(A)))
52          print('Loss = ' + str(sess.run(loss, feed_dict={x_data: rand_x, y_target: rand_y})))
53  # 评估准确率(loss)
54  mse_test = sess.run(loss, feed_dict={x_data: np.transpose([x_vals_test]), y_target:
    np.transpose([y_vals_test])})
```

```
55  mse_train = sess.run(loss, feed_dict = {x_data: np.transpose([x_vals_train]), y_target:
    np.transpose([y_vals_train])})
56  print('MSE on test:' + str(np.round(mse_test, 2)))
57  print('MSE on train:' + str(np.round(mse_train, 2)))
58  # 分类算法案例
59  # We will create sample data as follows:
60  # x - data: sample 50 random values from a normal = N( - 1, 1)
61  #          + sample 50 random values from a normal = N(1, 1)
62  # target: 50 values of 0 + 50 values of 1.
63  #          These are essentially 100 values of the corresponding output index
64  # We will fit the binary classification model:
65  # If sigmoid(x + A) < 0.5 -> 0 else 1
66  # Theoretically, A should be - (mean1 + mean2)/2
67  # 重置计算图
68  ops.reset_default_graph()
69  # 加载计算图
70  sess = tf.Session()
71  # 声明批量大小
72  batch_size = 25
73  # 创建数据集
74  x_vals = np.concatenate((np.random.normal( - 1, 1, 50), np.random.normal(2, 1, 50)))
75  y_vals = np.concatenate((np.repeat(0., 50), np.repeat(1., 50)))
76  x_data = tf.placeholder(shape = [1, None], dtype = tf.float32)
77  y_target = tf.placeholder(shape = [1, None], dtype = tf.float32)
78  # 分割数据集 train/test = 80 % /20 %
79  train_indices = np.random.choice(len(x_vals), round(len(x_vals) * 0.8), replace =
    False)
80  test_indices = np.array(list(set(range(len(x_vals))) - set(train_indices)))
81  x_vals_train = x_vals[train_indices]
82  x_vals_test = x_vals[test_indices]
83  y_vals_train = y_vals[train_indices]
84  y_vals_test = y_vals[test_indices]
85  # 创建变量 (one model parameter = A)
86  A = tf.Variable(tf.random_normal(mean = 10, shape = [1]))
87  # Add operation to graph
88  # Want to create the operation sigmoid(x + A)
89  # Note, the sigmoid() part is in the loss function
90  my_output = tf.add(x_data, A)
91  # 增加分类损失函数 (cross entropy)
92  xentropy = tf.reduce_mean(tf.nn.sigmoid_cross_entropy_with_logits(logits = my_output,
    labels = y_target))
93  # 创建优化器
94  my_opt = tf.train.GradientDescentOptimizer(0.05)
95  train_step = my_opt.minimize(xentropy)
96  # 初始化变量
97  init = tf.global_variables_initializer()
98  sess.run(init)
99  # 运行迭代
100 for i in range(1800):
101     rand_index = np.random.choice(len(x_vals_train), size = batch_size)
```

```
102     rand_x = [x_vals_train[rand_index]]
103     rand_y = [y_vals_train[rand_index]]
104     sess.run(train_step, feed_dict = {x_data: rand_x, y_target: rand_y})
105     if (i + 1) % 200 == 0:
106         print('Step #' + str(i + 1) + ' A = ' + str(sess.run(A)))
107         print('Loss = ' + str(sess.run(xentropy, feed_dict = {x_data: rand_x, y_target:
    rand_y})))
108 # 评估预测
109 # 用 squeeze()函数封装预测操作,使得预测值和目标值有相同的维度
110 y_prediction = tf.squeeze(tf.round(tf.nn.sigmoid(tf.add(x_data, A))))
111 # 通过 equal()函数检测输出是否相等
112 # 把得到的 true 或 false 的 boolean 型张量转化成 float32 型
113 # 再对其取平均值,得到一个准确度值
114 correct_prediction = tf.equal(y_prediction, y_target)
115 accuracy = tf.reduce_mean(tf.cast(correct_prediction, tf.float32))
116 acc_value_test = sess.run(accuracy, feed_dict = {x_data: [x_vals_test], y_target: [y_
    vals_test]})
117 acc_value_train = sess.run(accuracy, feed_dict = {x_data: [x_vals_train], y_target: [y_
    vals_train]})
118 print('Accuracy on train set: ' + str(acc_value_train))
119 print('Accuracy on test set: ' + str(acc_value_test))
120 # 绘制分类结果
121 A_result = - sess.run(A)
122 bins = np.linspace( - 5, 5, 50)
123 plt.hist(x_vals[0:50], bins, alpha = 0.5, label = 'N( - 1,1)', color = 'white')
124 plt.hist(x_vals[50:100], bins[0:50], alpha = 0.5, label = 'N(2,1)', color = 'red')
125 plt.plot((A_result, A_result), (0, 8), 'k -- ', linewidth = 3, label = 'A = ' + str(np.round
    (A_result, 2)))
126 plt.legend(loc = 'upper right')
127 plt.title('Binary Classifier, Accuracy = ' + str(np.round(acc_value_test, 2)))
128 plt.show()
```

输出如下所示。

```
Step #25 A = [[ 5.79096079]]
Loss = 16.8725
Step #50 A = [[ 8.36085415]]
Loss = 3.60671
Step #75 A = [[ 9.26366138]]
Loss = 1.05438
Step #100 A = [[ 9.58914948]]
Loss = 1.39841
MSE on test:1.04
MSE on train:1.13
Step #200 A = [ 5.83126402]
Loss = 1.9799
Step #400 A = [ 1.64923656]
Loss = 0.678205
Step #600 A = [ 0.12520729]
```

```
Loss = 0.218827
Step #800 A = [-0.21780498]
Loss = 0.223919
Step #1000 A = [-0.31613481]
Loss = 0.234474
Step #1200 A = [-0.33259964]
Loss = 0.237227
Step #1400 A = [-0.28847221]
Loss = 0.345202
Step #1600 A = [-0.30949864]
Loss = 0.312794
Step #1800 A = [-0.33211425]
Loss = 0.277342
Accuracy on train set: 0.9625
Accuracy on test set: 1.0
```

通过 matplotlib 绘制的图形如图 3.9 所示。

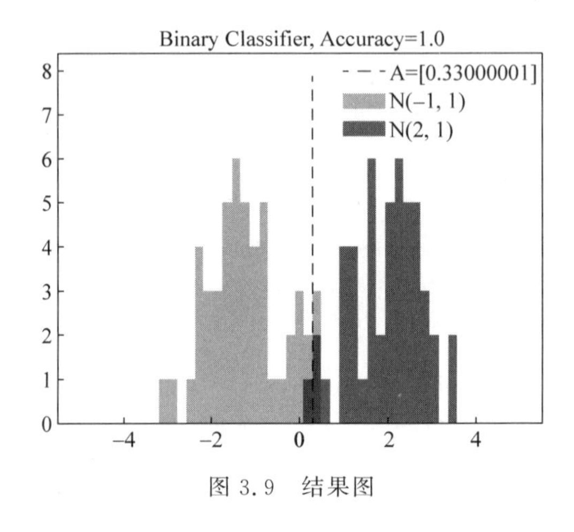

图 3.9 结果图

3.9 本章小结

本章详细讲解了使用 TensorFlow 进行神经网络的进阶操作的各个环节，这些都是在使用神经网络模型时需要考虑的主要问题，从神经网络的嵌入层和嵌入多层、损失函数的选择、反向传播的实现、实现随机训练与批量训练，以及实现模型评估进行了讲解。第 4 章将对 TensorFlow 中的线性回归知识进行讲解。

3.10 习题

1. 填空题

(1) TensorFlow 是一个通过________的形式来表述计算的编程系统，其中每一个计算都是图上的一个节点，而节点之间的边描述了计算之间的________。

(2) ________用于衡量模型的输出值与预测值之间的差距。

(3) TensorFlow 可以在维持操作状态的同时，基于________自动对模型的数据进行更新。

(4) ________可以一次性对指定批量大小的训练训练数据和目标数据进行训练。

(5) 通常，评估模型需要有________和________来进行对照，从而判断模型的训练效果。

2. 选择题

(1) TensorFlow 提供了自定义生成新的计算图的方法，通过(　　)函数可以生成新的计算图。

A. tf.get_variable()　　B. tf.Graph()

C. tf.placeholder()　　D. tf.Session()

(2) 在 TensorFlow 中，需要先声明数据形状，然后预估经过相应操作后返回值的形状来创建对应的(　　)。

A. 张量　　B. 计算图　　C. 占位符　　D. batch

(3) L^1 正则损失函数也被称作(　　)。

A. 欧几里得损失函数　　B. 绝对值损失函数

C. 铰链损失函数　　D. 交叉熵损失函数

(4) 用(　　)来表示迭代中所选取的数据可以降低迭代中生成的节点数量，提升学习效率。

A. 占位符　　B. 张量　　C. 计算图　　D. batch

(5) 通过(　　)优化器，可以降低梯度下降中的摆动，允许模型使用更大的学习率进行训练，从而减少完成训练所需要的迭代次数。

A. Adagrad　　B. Adadelta

C. GradientDescent　　D. SGD

3. 思考题

简要分析损失函数在反向传播算法中的意义。

第4章 基于 TensorFlow 的线性回归

本章学习目标

- 了解线性回归的基本概念；
- 掌握用 TensorFlow 求逆矩阵、矩阵分解的方法；
- 掌握用 TensorFlow 实现线性回归的方法；
- 掌握线性回归问题中的损失函数的概念和用法；
- 掌握用 TensorFlow 实现戴明回归、Ridge 回归和 Lasso 回归的方法；
- 掌握用 TensorFlow 实现逻辑回归。

线性回归是利用数理统计中的回归分析来确定两种或两种以上变量间相互依赖的定量关系的一种统计分析方法，运用十分广泛。理解线性回归的实现方法及相关算法的优点，对进一步学习深度学习的相关知识有着重要意义。相对于其他算法，线性回归算法更容易理解。本章将对线性回归的经典实现方法进行演示，并讲解如何在 TensorFlow 中实现各类主要的线性回归算法。

4.1 线性回归简介

线性回归是利用数理统计中的回归分析来确定两种或两种以上变量间相互依赖的定量关系的一种统计分析方法，在统计、人工智能及其他科学计算中具有重要意义。在深度学习中，它的意义在于通过每个特征的数值来直接表示该特征对目标值或因变量的影响。

在回归分析中，如果只含有一个自变量和一个因变量，且这两者的关系可通过一条直线进行近似表示，那么称这种回归分析为一元线性回归。当回归分析中含有两个或两个以上的自变量，且因变量和自变量之间满足线性关系，则称这种回归分析为多元线性回归。

接下来通过一个简单的示例帮助大家理解线性回归的概念。在两个变量（一元线性回归）或多个变量（多元线性回归）情形下，线性回归都是对一个依赖变量、多个独立变量、一个随机值三者之间的关系建模。

假设，平面直角坐标系中存在 4 个坐标点，坐标分别为(−1,0)、(0,1)、(1,2)、(2,1)，求一条经过这 4 个点的直线方程，坐标点如图 4.1 所示。

设直线的方程为 $y=mx+b$。从图 4.1 可以很容易看出，这 4 个坐标点并不在一条直线上，因此不可能存在一条直线同时连接这 4 个点。此时，可以通过最小二乘法找到一条距离这 4 个点最近的直线，来求得近似解。具体方法如下所示。

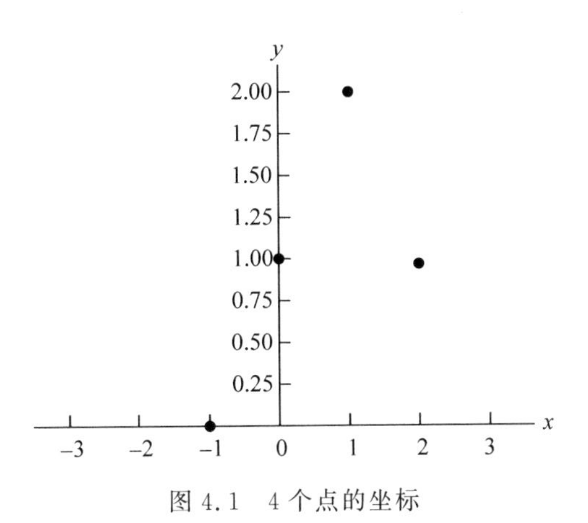

图 4.1　4 个点的坐标

首先，用方程组的形式分别表示图中的 4 个点。

$$\begin{cases} f(-1)=-m+b=0 \\ f(0)=0+b=1 \\ f(1)=m+b=2 \\ f(2)=2m+b=1 \end{cases}$$

通过矩阵和向量的形式来表示上述方程组。

$$\underbrace{\begin{bmatrix} -1 & 1 \\ 0 & 1 \\ 1 & 1 \\ 2 & 1 \end{bmatrix}}_{\boldsymbol{A}} \underbrace{\begin{bmatrix} m \\ b \end{bmatrix}}_{\vec{x}} = \underbrace{\begin{bmatrix} 0 \\ 1 \\ 2 \\ 1 \end{bmatrix}}_{\vec{b}}$$

上述表达式的最小二乘逼近过程如下所示。

$$\begin{bmatrix} -1 & 0 & 1 & 2 \\ 1 & 1 & 1 & 1 \end{bmatrix} \begin{bmatrix} -1 & 1 \\ 0 & 1 \\ 1 & 1 \\ 2 & 1 \end{bmatrix} \begin{bmatrix} m^* \\ b^* \end{bmatrix} = \begin{bmatrix} -1 & 0 & 1 & 2 \\ 1 & 1 & 1 & 1 \end{bmatrix} \begin{bmatrix} 0 \\ 1 \\ 2 \\ 1 \end{bmatrix}$$

$$\begin{bmatrix} 6 & 2 \\ 2 & 4 \end{bmatrix} \begin{bmatrix} m^* \\ b^* \end{bmatrix} = \begin{bmatrix} 4 \\ 4 \end{bmatrix}$$

接下来，对矩阵$\begin{bmatrix} 6 & 2 \\ 2 & 4 \end{bmatrix}$求逆，结果为$\frac{1}{20}\begin{bmatrix} 4 & -2 \\ -2 & 6 \end{bmatrix}$，将结果代入上述表达式。

$$\begin{bmatrix} m^* \\ b^* \end{bmatrix} = \frac{1}{20}\begin{bmatrix} 4 & -2 \\ -2 & 6 \end{bmatrix} \begin{bmatrix} 4 \\ 4 \end{bmatrix} = \frac{1}{20}\begin{bmatrix} 8 \\ 16 \end{bmatrix} = \begin{bmatrix} \frac{2}{5} \\ \frac{4}{5} \end{bmatrix}$$

因此，所求直线方程为 $y=\frac{2}{5}x+\frac{4}{5}$，具体如图 4.2 所示。

图 4.2 中的直线便是经过 4 个点的直线的近似解。通过 Python 实现上述求解过程的

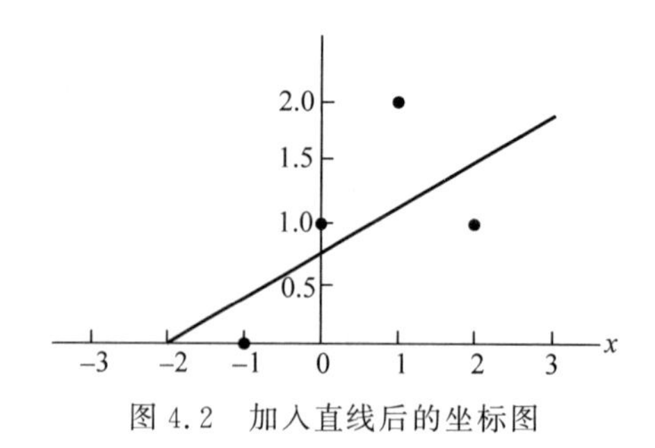

图 4.2　加入直线后的坐标图

代码如下所示。

```
import numpy as np
A = np.matrix('-1 1;0 1;1 1;2 1')
B = np.array([0, 1, 2, 1])
x = np.linalg.lstsq(A, B)
print (x)
```

运行结果如下。

```
(array([ 0.4, 0.8]), array([ 1.2]), 2, array([ 2.68999405, 1.66250775]))
```

线性回归有很多实际用途,本书将其分为以下两大类。

(1) 如果目标是预测或者映射,线性回归可以用来对观测数据集 y 的值和 x 的值拟合出一个预测模型。完成这样一个模型以后,对于任意新增的 x 值,在没有给定与它相配对的 y 的情况下,可以用这个拟合过的模型预测出一个 y 值。即根据现在,预测未来。虽然,线性回归和方差都需要因变量为连续变量,自变量为分类变量,自变量可以有一个或者多个,但是,线性回归增加另一个功能,也就是凭回归方程预测未来。这个回归方程的因变量是一个未知数,也是一个估计数。虽然只是估计,但是,只要有规律,就能预测未来。

(2) 给定一个变量 y 和一些变量 $x_1,\cdots,x_n$,这些变量有可能与 y 相关,线性回归分析可以用来量化 y 与 $x_i(x_i\in\{x_1,\cdots,x_n\})$之间相关性的强度,评估出与 y 不相关的 x_i,并识别出哪些 x_i 的子集包含了关于 y 的冗余信息。

接下来通过 TensorFlow 来实现一个简单的线性回归,实现代码如下所示。

(1) 导入相关工具库。

```
import tensorflow as tf
import numpy
import matplotlib.pyplot as plt
rng = numpy.random
sess = tf.Session()
```

(2) 声明数据集模型的数据、占位符和变量。

```
train_X = numpy.asarray([-1.0,0.0,1.0,2.0])
train_Y = numpy.asarray([0.0,1.0,2.0,1.0])
n_samples = train_X.shape[0]
```

```
X = tf.placeholder(dtype = tf.float32)
Y = tf.placeholder(dtype = tf.float32)
W = tf.Variable(rng.randn(), name = "weight")
b = tf.Variable(rng.randn(), name = "bias")
```

(3) 声明学习率为 0.02,训练次数 500 次,每 100 次迭代显示一次迭代结果。

```
learning_rate = 0.02
training_epochs = 500
display_step = 100
```

(4) 添加线性模型,$y=Wx+b$。

```
model_output = tf.add(tf.multiply(X, W), b)
```

(5) 声明损失函数为 L^2 损失函数,其为批量损失的平均值。初始化所有变量,声明优化器。

```
loss = tf.reduce_sum(tf.pow(pred - Y, 2))/(2 * n_samples)
my_opt = tf.train.GradientDescentOptimizer(learning_rate)
train_step = my_opt.minimize(loss)
init = tf.global_variables_initializer()
sess.run(init)
```

(6) 开始遍历迭代进行模型训练,并通过 matplotlib 绘制拟合的直线。

```
for epoch in range(training_epochs):
    for (x, y) in zip(train_X, train_Y):
        sess.run(train_step, feed_dict = {X: x, Y: y})
    if (epoch + 1) % display_step == 0:
        c = sess.run(loss, feed_dict = {X: train_X, Y:train_Y})
        print ("第", (epoch + 1),"次迭代", "损失值为", "{:.9f}".format(c), \
                "W = ", sess.run(W), "b - ", sess.run(b))
print ("优化完成!")
training_loss = sess.run(loss, feed_dict = {X: train_X, Y: train_Y})
print ("损失值为", training_loss, "W = ", sess.run(W), "b = ", sess.run(b), '\n')
plt.plot(train_X, train_Y, 'go', label = 'Original data')
plt.plot(train_X, sess.run(W) * train_X + sess.run(b), label = 'Fitted line')
plt.legend()
plt.show()
```

输出如下所示。

```
第 100 次迭代 损失值为 0.161111012 W =  0.3846984 b -  0.65956527
第 200 次迭代 损失值为 0.150287151 W =  0.40810174 b -  0.7737623
第 300 次迭代 损失值为 0.150030822 W =  0.3987946 b -  0.79287034
第 400 次迭代 损失值为 0.150020033 W =  0.3960804 b -  0.7973958
第 500 次迭代 损失值为 0.150020435 W =  0.39539298 b -  0.7985185
优化完成!
损失值为 0.15002044 W =  0.39539298 b =  0.7985185
```

通过 matplotlib 绘制的结果如图 4.3 所示。

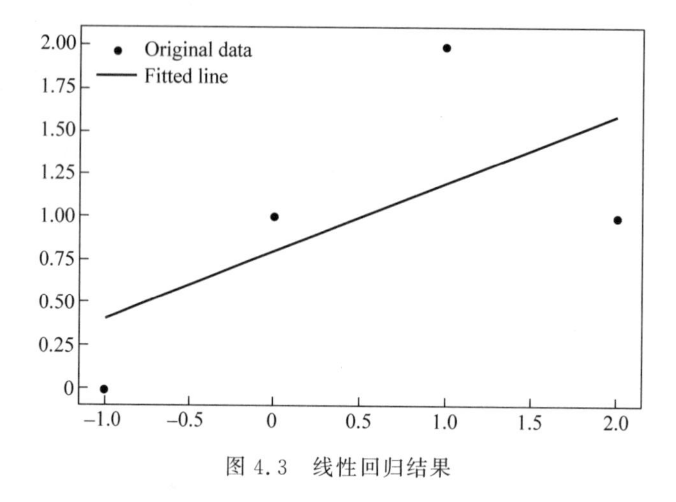

图 4.3 线性回归结果

从图 4.3 中可以看到，分散的点为最初用于训练的原始训练数据集，图中的斜线是根据训练数据拟合得到的线性回归模型，根据这个线性模型，假如给定 x 的值，则可以求得相应的 y 的值，即根据线性回归得到的模型，求出对应的输入数据 x 的预测值 y。

完整代码如下所示。

```
1   import tensorflow as tf
2   import numpy
3   import matplotlib.pyplot as plt
4   rng = numpy.random
5   sess = tf.Session()
6   train_X = numpy.asarray([-1.0,0.0,1.0,2.0])
7   train_Y = numpy.asarray([0.0,1.0,2.0,1.0])
8   learning_rate = 0.02
9   training_epochs = 500
10  display_step = 100
11  n_samples = train_X.shape[0]
12  X = tf.placeholder(dtype = tf.float32)
13  Y = tf.placeholder(dtype = tf.float32)
14  W = tf.Variable(rng.randn(), name = "weight")
15  b = tf.Variable(rng.randn(), name = "bias")
16  pred = tf.add(tf.multiply(X, W), b)
17  loss = tf.reduce_sum(tf.pow(pred - Y, 2))/(2 * n_samples)
18  my_opt = tf.train.GradientDescentOptimizer(learning_rate)
19  train_step = my_opt.minimize(loss)
20  init = tf.global_variables_initializer()
21  sess.run(init)
22  for epoch in range(training_epochs):
23      for (x, y) in zip(train_X, train_Y):
24          sess.run(train_step, feed_dict = {X: x, Y: y})
25      if (epoch + 1) % display_step == 0:
26          c = sess.run(loss, feed_dict = {X: train_X, Y:train_Y})
```

```
27         print ("第", (epoch + 1),"次迭代", "损失值为", "{:.9f}".format(c), "W = ", sess.
    run(W), "b - ", sess.run(b))
28  print ("优化完成!")
29  training_loss = sess.run(loss, feed_dict = {X: train_X, Y: train_Y})
30  print ("损失值为", training_loss, "W = ", sess.run(W), "b = ", sess.run(b), '\n')
31  plt.plot(train_X, train_Y, 'go', label = 'Original data')
32  plt.plot(train_X, sess.run(W) * train_X + sess.run(b), label = 'Fitted line')
33  plt.legend()
34  plt.show()
```

4.2 TensorFlow 求逆矩阵

线性回归算法可以表示成 $\boldsymbol{A}\boldsymbol{x}=b$ 的形式。对于一般的线性回归算法,如果观测矩阵不是方阵,则计算效率会相当低下。本节用矩阵 $\boldsymbol{x}$ 来求解系数。需要注意的是,如果观测矩阵不是方阵,那求解出的矩阵 $\boldsymbol{x}$ 如下式:

$$\boldsymbol{x}=(\boldsymbol{A}^T\boldsymbol{A})^{-1}\boldsymbol{A}^T b$$

为了更直观地展示这种情况,将用 TensorFlow 生成二维数据来求解,并通过 matplotlib 以图像的形式输出结果。

(1) 首先,导入相关工具库,初始化计算图,并生成数据。

```
import matplotlib.pyplot as plt
import numpy as np
import tensorflow as tf
from tensorflow.python.framework import ops
ops.reset_default_graph()
sess = tf.Session()
X = np.linspace(0, 5, 200)
Y = X + np.random.normal(0, .2, 200)
```

(2) 创建矩阵 $\boldsymbol{A}$ 和矩阵 $\boldsymbol{B}$,然后通过 stack()函数将矩阵 $\boldsymbol{A}$ 和矩阵 $\boldsymbol{B}$ 合并成矩阵 $\boldsymbol{C}$,根据矩阵 Y 创建矩阵 $\boldsymbol{b}$。stack()函数有两个参数 arrays 和 axis,该函数的一般表达式为 stack(arrays,axis=0),其中,参数 arrays 可以传递数组和列表,参数 axis 可以对所传递数组添加维度。具体如下所示。

```
A = np.transpose(np.matrix(X))
B = np.transpose(np.matrix(np.repeat(1, 200)))
C = np.column_stack((A, B))
b = np.transpose(np.matrix(Y))
```

(3) 将矩阵 $\boldsymbol{C}$ 和 $\boldsymbol{b}$ 转换成张量。

```
C_tensor = tf.constant(C)
b_tensor = tf.constant(b)
```

(4) 添加逆矩阵方法。

```
tC_C = tf.matmul(tf.transpose(C_tensor), C_tensor)
tC_C_inv = tf.matrix_inverse(tC_C)
product = tf.matmul(tC_C_inv, tf.transpose(C_tensor))
solution = tf.matmul(product, b_tensor)
solution_eval = sess.run(solution)
```

(5) 从上述矩阵求逆中抽取系数、斜率以及与 y 轴的截距。

```
slope = solution_eval[0][0]
y_intercept = solution_eval[1][0]
print('slope: ' + str(slope))
print('Y_intercept: ' + str(Y_intercept))
```

(6) 对直线进行拟合。

```
best_fit = []
for i in x_vals:
  best_fit.append(slope * i + Y_intercept)
```

(7) 导出 matplotlib 图。

```
plt.plot(X, Y, 'bo', label = 'Data')
plt.plot(X, best_fit, 'r - ', label = 'Best fit line', linewidth = 3)
plt.legend(loc = 'upper left')
plt.show()
```

输出如下所示。

```
slope: 0.9943823919144833
Y_intercept: 0.0006951733745079666
```

通过 matplotlib 绘制的结果如图 4.4 所示。

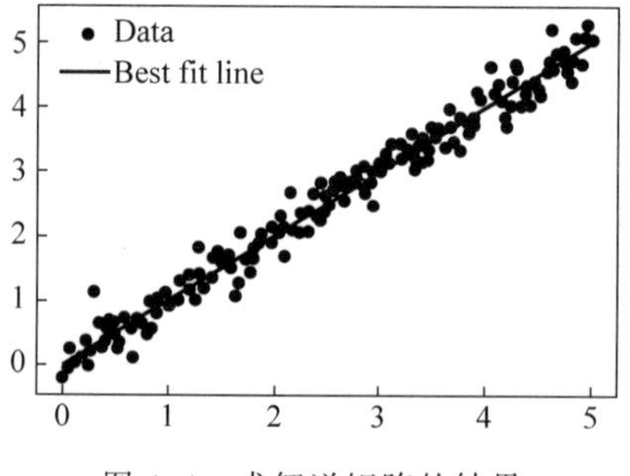

图 4.4 求解逆矩阵的结果

从上述代码不难看出，这里矩阵求逆方法中并没有通过 TensorFlow 的迭代来优化模型从而得到结果，而是直接通过数据分解的矩阵操作来拟合模型。

完整代码如下所示。

```
1   import matplotlib.pyplot as plt
2   import numpy as np
3   import tensorflow as tf
4   from tensorflow.python.framework import ops
5   ops.reset_default_graph()
6   sess = tf.Session()
7   X = np.linspace(0, 5, 200)
8   Y = X + np.random.normal(0, .2, 200)
9   A = np.transpose(np.matrix(X))
10  B = np.transpose(np.matrix(np.repeat(1, 200)))
11  C = np.column_stack((A, B))
12  b = np.transpose(np.matrix(Y))
13  C_tensor = tf.constant(C)
14  b_tensor = tf.constant(b)
15  tC_C = tf.matmul(tf.transpose(C_tensor), C_tensor)
16  tC_C_inv = tf.matrix_inverse(tC_C)
17  product = tf.matmul(tC_C_inv, tf.transpose(C_tensor))
18  solution = tf.matmul(product, b_tensor)
19  solution_eval = sess.run(solution)
20  slope = solution_eval[0][0]
21  Y_intercept = solution_eval[1][0]
22  print('slope: ' + str(slope))
23  print('Y_intercept: ' + str(Y_intercept))
24  best_fit = []
25  for i in X:
26    best_fit.append(slope * i + Y_intercept)
27  plt.plot(X, Y, 'bo', label = 'Data')
28  plt.plot(X, best_fit, 'r-', label = 'Best fit line', linewidth = 3)
29  plt.legend(loc = 'upper left')
30  plt.show()
```

4.3 TensorFlow求矩阵的分解

采用最小二乘法求逆矩阵的方法在大部分情况下效率很低，尤其是处理较大矩阵时效率极为低下。在此介绍另一种求逆矩阵的方法——矩阵分解。矩阵分解是指将一个矩阵表示为结构简单或具有特殊性质的若干矩阵之积或之和。矩阵分解应用极广，常用来解决代数中各种复杂的问题，本节将通过Cholesky分解法实现矩阵分解。

Cholesky分解法又叫平方根法，是求解对称正定线性方程组最常用的方法之一。通过使用Tensorflow内建的Cholesky()函数实现矩阵分解。Cholesky分解法会将一个对称正定的矩阵表示成一个下三角矩阵$\boldsymbol{L}$和它的转置$\boldsymbol{L}^{\mathrm{T}}$的乘积的分解。它要求矩阵的所有特征值必须大于零，故分解的下三角的对角元也是大于零的。线性回归算法可以表示成$\boldsymbol{A}x=b$的形式，当$\boldsymbol{A}$为实对称正定矩阵时，通过矩阵分解将$\boldsymbol{Ax}=b$改写成$\boldsymbol{LL}^{\mathrm{T}}=b$。令$\boldsymbol{L}^{\mathrm{T}}x=y$，首先求解$\boldsymbol{L}y=b$，然后求解$\boldsymbol{L}^{\mathrm{T}}x=y$，从而得到系数矩阵。

定理：若 $\boldsymbol{A} \in \boldsymbol{R}^{n \times n}$ 对称正定，则存在一个对角元为正数的下三角矩阵 $\boldsymbol{L} \in \boldsymbol{R}^{n \times n}$，使得 $\boldsymbol{A}=\boldsymbol{L}\boldsymbol{L}^{\mathrm{T}}$ 成立。

(1) 导入工具库，初始化计算图，生成数据集。接着获取矩阵 **A** 和 ***b***。

```
import matplotlib.pyplot as plt
import numpy as np
import tensorflow as tf
from tensorflow.python.framework import ops
ops.reset_default_graph()
sess = tf.Session()
x_vals = np.linspace(0,10,100)
y_vals = x_vals + np.random.normal(0,1,100)
x_vals_column = np.transpose(np.matrix(x_vals))
ones_column = np.transpose(np.matrix(np.repeat(1,100)))
A = np.column_stack((x_vals_column,ones_column))
b = np.transpose(np.matrix(y_vals))
A_tensor = tf.constant(A)
b_tensor = tf.constant(b)
```

(2) 找到方阵的 Cholesky 矩阵分解。上三角矩阵为下三角矩阵的转置，在 Tensorflow 中 cholesky()函数只返回矩阵分解的下三角矩阵，可以通过对下三角矩阵的转置求得上三角矩阵。

```
tA_A = tf.matmul(tf.transpose(A_tensor),A_tensor)
L = tf.cholesky(tA_A)
tA_b = tf.matmul(tf.transpose(A_tensor),b)
sol1 = tf.matrix_solve(L,tA_b)
sol2 = tf.matrix_solve(tf.transpose(L),sol1)
```

(3) 抽取系数。

```
solution_eval = sess.run(sol2)
solution_eval
array([[1.01379067],
       [0.02290901]])
slope = solution_eval[0][0]
y_intercept = solution_eval[1][0]
print('slope:' + str(slope))
slope:1.0137906744047482
print('y_intercept:' + str(y_intercept))
y_intercept:0.022909011828880693
best_fit = []
for i in x_vals:
  best_fit.append(slope * i + y_intercept)
plt.plot(x_vals,y_vals,'o',label = 'Data')
[<matplotlib.lines.Line2D object at 0x000001E0A58DD9B0>]
plt.plot(x_vals,best_fit,'r-',label = 'Best fit line',linewidth = 3)
[<matplotlib.lines.Line2D object at 0x000001E0A2DFAF98>]
```

```
plt.legend(loc = 'upper left')
<matplotlib.legend.Legend object at 0x000001E0A58F03C8>
plt.show()
```

输出如下所示。

```
slope: 0.997291087632
y_intercept: 0.0799909623615
```

通过 matplotlib 绘制的结果如图 4.5 所示。

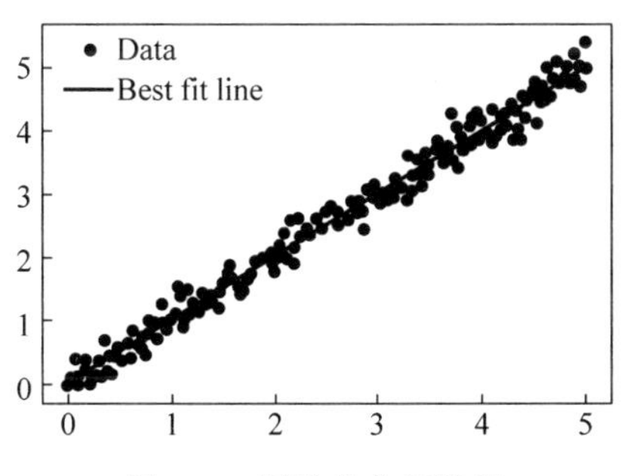

图 4.5 矩阵的分解结果

通过矩阵分解求解比求逆矩阵更加稳定、更加高效。

完整代码如下所示。

```
1   import matplotlib.pyplot as plt
2   import numpy as np
3   import tensorflow as tf
4   from tensorflow.python.framework import ops
5   ops.reset_default_graph()
6   sess = tf.Session()
7   X = np.linspace(0, 5, 200)
8   Y = X + np.random.normal(0, .2, 200)
9   A = np.transpose(np.matrix(X))
10  B = np.transpose(np.matrix(np.repeat(1, 200)))
11  C = np.column_stack((A, B))
12  b = np.transpose(np.matrix(Y))
13  C_tensor = tf.constant(C)
14  b_tensor = tf.constant(b)
15  tC_C = tf.matmul(tf.transpose(C_tensor), C_tensor)
16  L = tf.cholesky(tC_C)
17  tC_b = tf.matmul(tf.transpose(C_tensor), b)
18  sol1 = tf.matrix_solve(L, tC_b)
19  sol2 = tf.matrix_solve(tf.transpose(L), sol1)
20  solution_eval = sess.run(sol2)
21  slope = solution_eval[0][0]
22  Y_intercept = solution_eval[1][0]
23  print('slope: ' + str(slope))
24  print('y_intercept: ' + str(Y_intercept))
```

```
25 best_fit = []
26 for i in X:
27   best_fit.append(slope * i + Y_intercept)
28 plt.plot(X, Y, 'o', label = 'Data')
29 plt.plot(X, best_fit, 'r-', label = 'Best fit line', linewidth = 3)
30 plt.legend(loc = 'upper left')
31 plt.show()
```

4.4 TensorFlow 实现线性回归算法

对于随机变量，根据其维度的不同可以划分为一维随机变量和多维随机变量。本节将探讨最简单的一维随机变量的统计性质。用 TensorFlow 实现线性回归算法的方法具体如下所示。

(1) 导入相关工具库，创建计算图，并导入数据集。

```
import matplotlib.pyplot as plt
import tensorflow as tf
import numpy as np
from sklearn import datasets
from tensorflow.python.framework import ops
ops.get_default_graph()
sess = tf.Session()
iris = datasets.load_iris()
x_vals = np.array([x[3] for x in iris.data])
y_vals = np.array([y[0] for y in iris.data])
```

(2) 声明学习率、批量训练的批量大小、变量以及占位符。

```
learning_rate = 0.05
batch_size = 25
x_data = tf.placeholder(shape = [None, 1], dtype = tf.float32)
y_target = tf.placeholder(shape = [None, 1], dtype = tf.float32)
A = tf.Variable(tf.random_normal(shape = [1,1]))
b = tf.Variable(tf.random_normal(shape = [1,1]))
```

(3) 在计算图中添加线性模型 $y=Ax+b$ 的操作。

```
model_output = tf.add(tf.matmul(x_data, A), b)
```

(4) 声明损失函数，在批量训练中，损失函数是每个数据点的 L^2 损失值的平均值，初始化所有变量，声明优化器。

```
loss = tf.reduce_mean(tf.square(y_target - model_output))
init = tf.global_variables_initializer()
sess.run(init)
```

```
my_opt = tf.train.GradientDescentOptimizer(learning_rate)
train_step = my_opt.minimize(loss)
```

(5) 开始循环迭代对模型进行训练，每间隔 10 次迭代输出一次变量值和损失值。

```
loss_vec = []
for i in range(100):
    rand_index = np.random.choice(len(x_vals), size = batch_size)
    rand_x = np.transpose([x_vals[rand_index]])
    rand_y = np.transpose([y_vals[rand_index]])
    sess.run(train_step, feed_dict = {x_data:rand_x, y_target:rand_y})
    temp_loss = sess.run(loss, feed_dict = {x_data:rand_x, y_target:rand_y})
    loss_vec.append(temp_loss)
    if (i+1) % 25 == 0:
        print('Step#' + str(i+1) + 'A = ' + str(sess.run(A)) + 'b=' + str(sess.run(b)))
        print('Loss = ' + str(temp_loss))
```

(6) 抽取系数，创建最佳拟合直线

```
[slope] = sess.run(A)
[y_intercept] = sess.run(b)
best_fit = []
for i in x_vals:
    best_fit.append(slope * i + y_intercept)
```

(7) 通过 matplotlib 分别绘制模型所拟合的直线和模型训练中的 L^2 正则损失函数变化图。

```
plt.plot(x_vals, y_vals, 'o', label = 'Data Points')
plt.plot(x_vals, best_fit, 'r--', label = 'Best fit line', linewidth = 3)
plt.legend(loc = 'upper left')
plt.title('Sepal Length vs Pedal Width')
plt.xlabel('Pedal Width')
plt.ylabel('Sepal Width')
plt.show()
plt.plot(loss_vec, 'k--')
plt.title('L2 Loss per Generation')
plt.xlabel('Generation')
plt.ylabel('L2 Loss')
plt.show()
```

通过 matplotlib 绘制的输出结果如图 4.6 所示。

图 4.6 为根据训练数据所拟合的直线。训练过程中损失值的变化如图 4.7 所示。

图 4.7 反映了训练过程中损失值的变化过程。可以通过如下方法判断算法模型是过拟合还是欠拟合的状态：将数据集分割成测试数据集和训练数据集，如果模型在对训练数据集的预测中准确度不断上升，但是对测试数据集的预测准确度在逐渐下降，则说明此时模型可能已经出现过拟合现象，模型可能学到了训练数据中的特有特征；若模型在测试数据集和

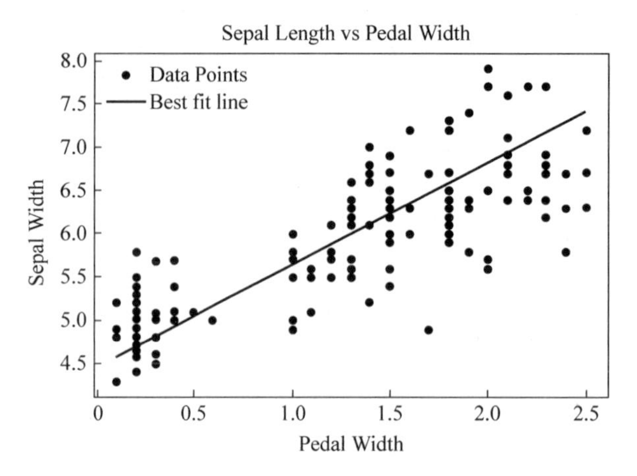

图 4.6 线性回归所拟合的直线

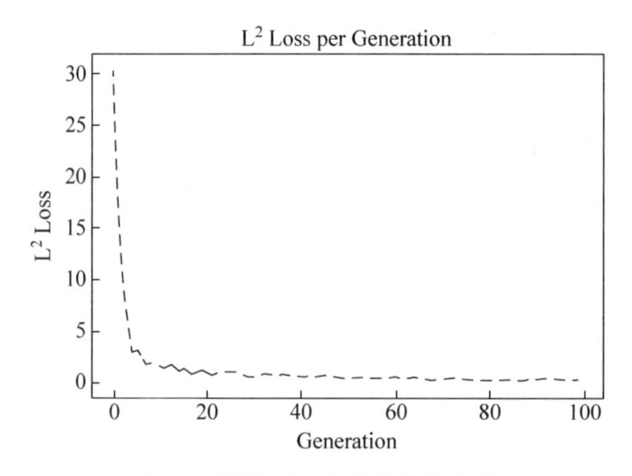

图 4.7 训练过程中损失值的变化

训练数据集上的准确度都在上升，则说明模型目前可能还处于欠拟合状态，需要继续训练。

需要注意的是，最优直线不一定是处于最佳拟合状态的直线，想要得到最佳拟合直线，需要设置合适的迭代次数、批量大小、学习率和损失函数，并且根据损失函数的表现及时调整参数并在最佳时刻停止训练。

完整代码如下所示。

```
1   import matplotlib.pyplot as plt
2   import tensorflow as tf
3   import numpy as np
4   from sklearn import datasets
5   from tensorflow.python.framework import ops
6   ops.get_default_graph()
7   sess = tf.Session()
8   iris = datasets.load_iris()
9   x_vals = np.array([x[3] for x in iris.data])
10  y_vals = np.array([y[0] for y in iris.data])
11  learning_rate = 0.05
```

```
12  batch_size = 25
13  x_data = tf.placeholder(shape=[None, 1], dtype=tf.float32)
14  y_target = tf.placeholder(shape=[None, 1], dtype=tf.float32)
15  A = tf.Variable(tf.random_normal(shape=[1,1]))
16  b = tf.Variable(tf.random_normal(shape=[1,1]))
17  model_output = tf.add(tf.matmul(x_data, A), b)
18  loss = tf.reduce_mean(tf.square(y_target - model_output))
19  init = tf.global_variables_initializer()
20  sess.run(init)
21  my_opt = tf.train.GradientDescentOptimizer(learning_rate)
22  train_step = my_opt.minimize(loss)
23  loss_vec = []
24  for i in range(100):
25      rand_index = np.random.choice(len(x_vals), size=batch_size)
26      rand_x = np.transpose([x_vals[rand_index]])
27      rand_y = np.transpose([y_vals[rand_index]])
28      sess.run(train_step, feed_dict={x_data:rand_x, y_target:rand_y})
29      temp_loss = sess.run(loss, feed_dict={x_data:rand_x, y_target:rand_y})
30      loss_vec.append(temp_loss)
31      if (i+1) % 25 == 0:
32          print('Step#' + str(i+1) + 'A = ' + str(sess.run(A)) + 'b=' + str(sess.run(b)))
33          print('Loss= ' + str(temp_loss))
34  [slope] = sess.run(A)
35  [y_intercept] = sess.run(b)
36  best_fit = []
37  for i in x_vals:
38      best_fit.append(slope * i + y_intercept)
39  plt.plot(x_vals, y_vals, 'o', label='Data Points')
40  plt.plot(x_vals, best_fit, 'r--', label='Best fit line', linewidth=3)
41  plt.legend(loc='upper left')
42  plt.title('Sepal Length vs Pedal Width')
43  plt.xlabel('Pedal Width')
44  plt.ylabel('Sepal Width')
45  plt.show()
46  plt.plot(loss_vec, 'k--')
47  plt.title('L2 Loss per Generation')
48  plt.xlabel('Generation')
49  plt.ylabel('L2 Loss')
50  plt.show()
```

4.5 线性回归中的损失函数

损失函数对算法的收敛至关重要。本节介绍损失函数对线性回归收敛的具体影响。

(1) 首先加载必要的工具库,创建计算图,加载数据。

```
import matplotlib.pyplot as plt
import numpy as np
import tensorflow as tf
from sklearn import datasets
sess = tf.Session()
```

```
iris = datasets.load_iris()
x_vals = np.array([x[3] for x in iris.data])
y_vals = np.array([y[0] for y in iris.data])
```


(2) 声明批量大小、学习率,创建变量、占位符、输出。需要注意的是,现在需要取消学习速率和模型迭代。因为,接下来要展示快速更改这些参数所带来的影响。

```
batch_size = 25
learning_rate = 0.1
iterations = 50
x_data = tf.placeholder(shape = [None, 1], dtype = tf.float32)
y_target = tf.placeholder(shape = [None, 1], dtype = tf.float32)
A = tf.Variable(tf.random_normal(shape = [1,1]))
b = tf.Variable(tf.random_normal(shape = [1,1]))
model_output = tf.add(tf.matmul(x_data, A), b)
```

(3) 接下来将损失函数设为 L^1 损失函数,具体如下所示。

```
loss_l1 = tf.reduce_mean(tf.abs(y_target - model_output))
```

可以通过下面的代码替换回 L^2 损失函数。

```
tf.reduce_mean(tf.square(y_target - model_output))
```

(4) 声明优化器,初始化所有变量。

```
my_opt_l1 = tf.train.GradientDescentOptimizer(learning_rate)
train_step_l1 = my_opt_l1.minimize(loss_l1)
init = tf.global_variables_initializer()
sess.run(init)
```

(5) 开始迭代,由于需要精确观测损失值的变化,本次训练需要保留每一次迭代的损失值。

```
loss_vec_l1 = []
for i in range(iterations):
    rand_index = np.random.choice(len(x_vals), size = batch_size)
    rand_x = np.transpose([x_vals[rand_index]])
    rand_y = np.transpose([y_vals[rand_index]])
    sess.run(train_step_l1, feed_dict = {x_data: rand_x, y_target:rand_y})
    temp_loss_l1 = sess.run(loss_l1, feed_dict = {x_data: rand_x,
                     y_target: rand_y})
    loss_vec_l1.append(temp_loss_l1)
       if (i + 1) % 25 == 0:
          print('Step #' + str(i + 1) + 'A = '
                + str(sess.run(A)) + 'b = ' + str(sess.run(b)))
plt.plot(loss_vec_l1, 'k - ', label = 'L1 Loss')
plt.plot(loss_vec_l2, 'r-- ', label = 'L2 Loss')
plt.title('L1' and L2 Loss per Generation')
```

```
plt.ylabel('L1 Loss')
plt.legend(loc = 'upper right')
plt.show()
```

当学习率为 0.1 时,输出结果如下所示。

```
Step #25 A = [[2.8327417]] b = [[1.6390471]]
Step #50 A = [[2.348342]] b = [[2.3870475]]
Step #25 A = [[1.399317]] b = [[4.03022]]
Step #50 A = [[1.0876771]] b = [[4.4892864]]
```

在模型的训练中,除了选择合适的损失函数,还需要选择适合相应问题的学习率才有可能得到有效模型。在这里,将分两种情况进行说明,一种是 L^2 优先,另一种是 L^1 优先。

如果训练时所选择的的学习率较低,拟合将花费更多时间;而学习率过大,算法则可能出现无法收敛的情况。图 4.8 是当学习率为 0.1 时 L^1 和 L^2 损失的损失函数图对比。

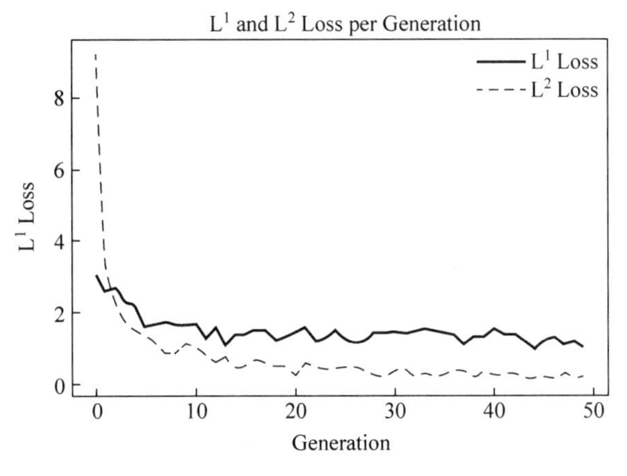

图 4.8 学习率为 0.1 时 L^1 和 L^2 的损失函数对比图

从图 4.8 可以看到,当选择的学习率为 0.1 时,L^2 损失函数的收敛速度和精确度都比 L^1 损失函数更好。接下来将学习率改为 0.4 时,这两个损失函数的差异如图 4.9 所示。

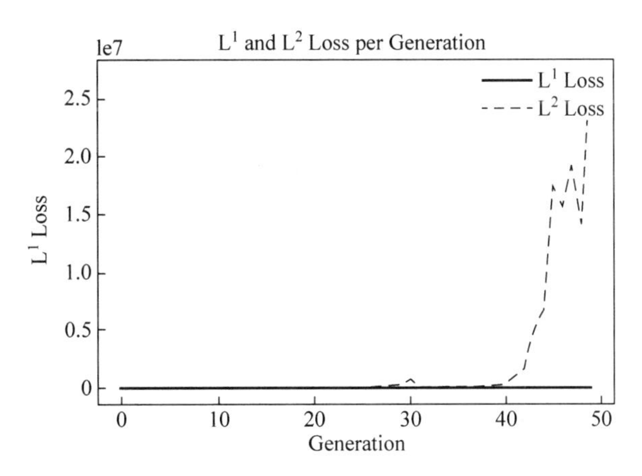

图 4.9 学习率为 0.4 时 L^1 和 L^2 的损失函数对比图

从图 4.9 中可以看到，当选择的学习率为 0.4 时，由于 y 轴的高标度，L^1 损失不可见。较大的学习率导致 L^2 损失函数难以收敛，而 L^1 损失函数收敛，这时候 L^1 损失函数表现更好。

为了更好地理解学习率与损失函数之间的关系，接下来通过图 4.10 来展示学习率对 L^1 和 L^2 损失函数的影响。

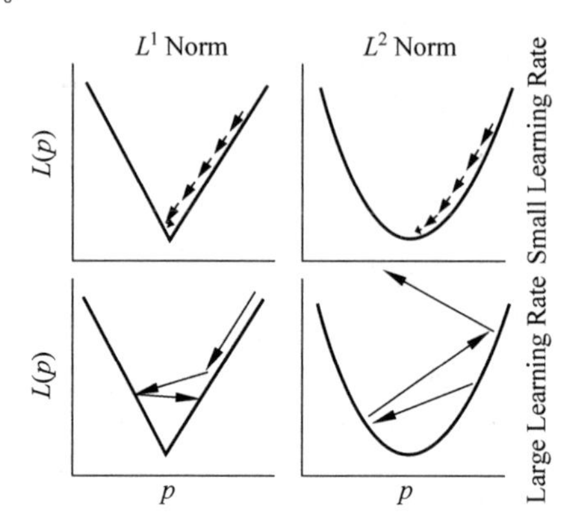

图 4.10　不同的学习率对 L^1 和 L^2 的损失函数的影响对比图

从图 4.10 可以看到，当学习率较小时，由于 L^2 损失函数在靠近极值点附近比 L^1 损失函数更平滑，因此它可以更精确地靠近极值点；当学习率较大时，由于 L^2 损失函数的这种平滑，导致很容易错过极值点而使模型无法收敛，但是 L^1 损失函数在此时收敛更快。

4.6　TensorFlow 实现戴明回归

最小二乘线性回归算法是最小化到回归直线的竖直距离，只考虑 y 值，而戴明回归算法是最小化到回归直线垂直距离，同时考虑 x 值与 y 值。线性回归算法与戴明回归算法最小化 x 值和 y 值两个方向的误差对比图如图 4.11 所示。

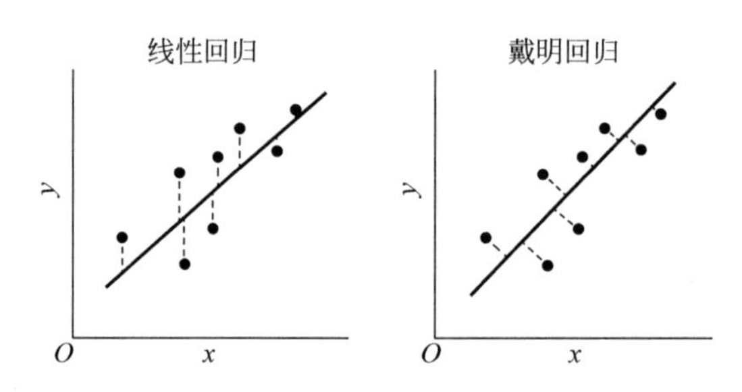

图 4.11　线性回归与戴明回归的误差对比图

在已知直线的斜率和截距的情况下，可以根据点到直线的垂直距离公式，通过 TensorFlow 求得最小化距离。戴明回归的损失函数是由分子和分母组成的几何公式。给定直线 $y=mx+b$，点 (x_0, y_0)，则求点到直线间的距离的公式为：$d=\frac{|y_0-(mx_0+b)|}{\sqrt{m^2+1}}$。

接下来演示通过 TensorFlow 实现戴明回归的方法。

(1) 导入相关工具库，创建会话，加载数据集。

```
import matplotlib.pyplot as plt
import numpy as np
import tensorflow as tf
from sklearn import datasets
from tensorflow.python.framework import ops
ops.reset_default_graph()
sess = tf.Session()
iris = datasets.load_iris()
x_vals = np.array([x[3] for x in iris.data])
y_vals = np.array([y[0] for y in iris.data])
```

(2) 声明批量大小，创建占位符、变量和输出。

```
batch_size = 50
x_data = tf.placeholder(shape = [None, 1], dtype = tf.float32)
y_target = tf.placeholder(shape = [None, 1], dtype = tf.float32)
A = tf.Variable(tf.random_normal(shape = [1,1]))
b = tf.Variable(tf.random_normal(shape = [1,1]))
model_output = tf.add(tf.matmul(x_data, A), b)
```

(3) 添加损失函数。根据之前的点到直线间的距离的公式，损失函数为分子和分母组成的几何公式。

```
demming_numerator = tf.abs(tf.subtract(y_target, tf.add(tf.matmul(x_data, A), b)))
demming_denominator = tf.sqrt(tf.add(tf.square(A),1))
loss = tf.reduce_mean(tf.truediv(demming_numerator, demming_denominator))
```

(4) 声明优化器，初始化所有变量。

```
my_opt = tf.train.GradientDescentOptimizer(0.1)
train_step = my_opt.minimize(loss)
init = tf.global_variables_initializer()
sess.run(init)
```

(5) 开始迭代训练模型得到相应参数，并通过 matplotlib 导出输出图。

```
loss_vec = []
for i in range(250):
    rand_index = np.random.choice(len(x_vals), size = batch_size)
    rand_x = np.transpose([x_vals[rand_index]])
    rand_y = np.transpose([y_vals[rand_index]])
    sess.run(train_step, feed_dict = {x_data: rand_x, y_target: rand_y})
    temp_loss = sess.run(loss, feed_dict = {x_data: rand_x,
                y_target: rand_y})
    loss_vec.append(temp_loss)
    if (i + 1) % 50 == 0:
```

```
        print('Step #' + str(i+1) + 'A = ' + str(sess.run(A)) +
              'b = ' + str(sess.run(b)))
        print('Loss = ' + str(temp_loss))
[slope] = sess.run(A)
[y_intercept] = sess.run(b)
best_fit = []
for i in x_vals:
  best_fit.append(slope * i + y_intercept)
plt.plot(x_vals, y_vals, 'o', label = 'Data Points')
plt.plot(x_vals, best_fit, 'r-', label = 'Best fit line', linewidth = 3)
plt.legend(loc = 'upper left')
plt.title('Sepal Length vs Pedal Width')
plt.xlabel('Pedal Width')
plt.ylabel('Sepal Length')
plt.show()
plt.plot(loss_vec, 'k-')
plt.title('L2 Loss per Generation')
plt.xlabel('Generation')
plt.ylabel('L2 Loss')
plt.show()
```

输出结果如下所示。

```
Step #50 A = [[2.392339]] b = [[2.5994961]]
Loss = 0.40136442
Step #100 A = [[2.306027]] b = [[2.8197134]]
Loss = 0.29289797
Step #150 A = [[2.170346]] b = [[3.0247993]]
Loss = 0.36142373
Step #200 A = [[2.018185]] b = [[3.2611513]]
Loss = 0.4173213
Step #250 A = [[1.8259193]] b = [[3.515547]]
Loss = 0.3525178
```

通过 matplotlib 绘制戴明回归算法的计算结果和损失值变化分别如图 4.12 和图 4.13 所示所示。

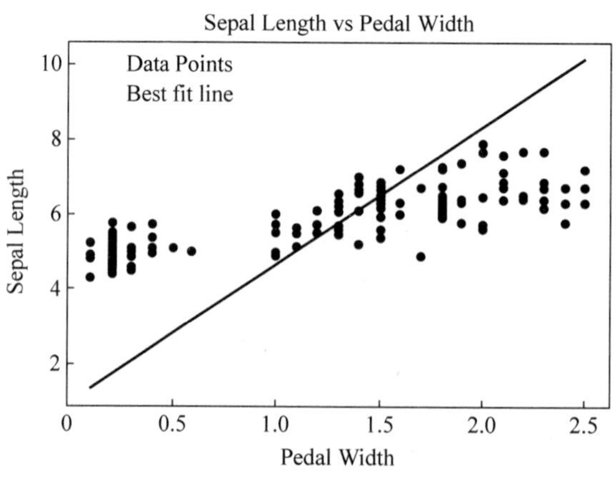

图 4.12 戴明回归输出结果

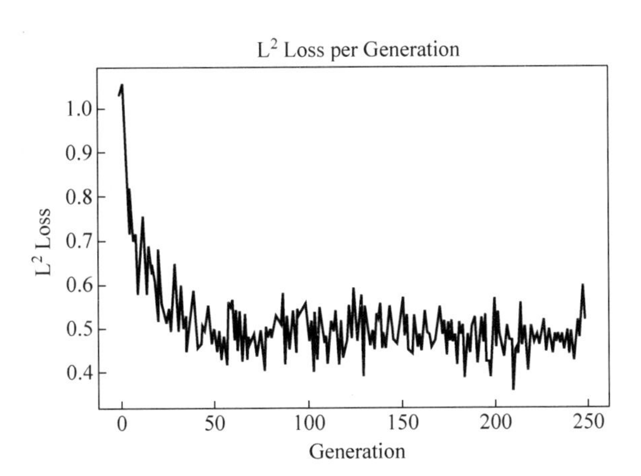

图 4.13　戴明回归损失值变化图

完整代码如下所示。

```
1    import matplotlib.pyplot as plt
2    import numpy as np
3    import tensorflow as tf
4    from sklearn import datasets
5    from tensorflow.python.framework import ops
6    ops.reset_default_graph()
7    sess = tf.Session()
8    iris = datasets.load_iris()
9    x_vals = np.array([x[3] for x in iris.data])
10   y_vals = np.array([y[0] for y in iris.data])
11   batch_size = 50
12   x_data = tf.placeholder(shape=[None, 1], dtype=tf.float32)
13   y_target = tf.placeholder(shape=[None, 1], dtype=tf.float32)
14   A = tf.Variable(tf.random_normal(shape=[1,1]))
15   b = tf.Variable(tf.random_normal(shape=[1,1]))
16   model_output = tf.add(tf.matmul(x_data, A), b)
17   demming_numerator = tf.abs(tf.subtract(y_target, tf.add(tf.matmul(x_data, A), b)))
18   demming_denominator = tf.sqrt(tf.add(tf.square(A),1))
19   loss = tf.reduce_mean(tf.truediv(demming_numerator, demming_denominator))
20   my_opt = tf.train.GradientDescentOptimizer(0.1)
21   train_step = my_opt.minimize(loss)
22   init = tf.global_variables_initializer()
23   sess.run(init)
24   loss_vec = []
25   for i in range(250):
26       rand_index = np.random.choice(len(x_vals), size=batch_size)
27       rand_x = np.transpose([x_vals[rand_index]])
28       rand_y = np.transpose([y_vals[rand_index]])
29       sess.run(train_step, feed_dict={x_data: rand_x, y_target: rand_y})
30       temp_loss = sess.run(loss, feed_dict={x_data: rand_x, y_target: rand_y})
31       loss_vec.append(temp_loss)
32       if (i+1) % 50 == 0:
```

```
33          print('Step #' + str(i+1) + 'A = ' + str(sess.run(A)) + 'b = ' + str(sess.run(b)))
34          print('Loss = ' + str(temp_loss))
35  [slope] = sess.run(A)
36  [y_intercept] = sess.run(b)
37  best_fit = []
38  for i in x_vals:
39    best_fit.append(slope * i + y_intercept)
40  plt.plot(x_vals, y_vals, 'o', label = 'Data Points')
41  plt.plot(x_vals, best_fit, 'r-', label = 'Best fit line', linewidth = 3)
42  plt.legend(loc = 'upper left')
43  plt.title('Sepal Length vs Pedal Width')
44  plt.xlabel('Pedal Width')
45  plt.ylabel('Sepal Length')
46  plt.show()
47  plt.plot(loss_vec, 'k-')
48  plt.title('L2 Loss per Generation')
49  plt.xlabel('Generation')
50  plt.ylabel('L2 Loss')
51  plt.show()
```

4.7 TensorFlow 实现 Ridge 回归与 Lasso 回归

由于直接套用线性回归可能产生过拟合，通过加入正则化项可以有效减少过拟合现象的发生。本节将介绍与常规线性回归算法极其相似的 Lasso 回归和 Ridge 回归算法，它们都在公式中添加了正则项，以此来限制斜率，限制特征对因变量的影响，避免出现过大的浮动。这两个算法都是通过增加依赖斜率的损失函数来实现的。

Ridge 回归在损失函数上增加了一个 L^2 正则化的项，和一个调节线性回归项和正则化项权重的系数 α。损失函数表达式如下所示：

$$J(\theta)=\frac{1}{2}(\boldsymbol{X}\theta-\boldsymbol{Y})^{\mathrm{T}}(\boldsymbol{X}\theta-\boldsymbol{Y})+\frac{1}{2}\alpha\|\theta\|_2^2$$

其中 α 为常数系数，需要不断根据训练情况调参。$\|\theta\|_2$ 为 L^2 范数。Ridge 回归的解法和一般线性回归类似。如果采用梯度下降法，则每一轮 θ 迭代的表达式如下所示：

$$\theta=\theta-(\beta\boldsymbol{X}^{\mathrm{T}}(\boldsymbol{X}\theta-\boldsymbol{Y})+\alpha\theta)$$

上式中的 β 为步长值。用最小二乘法，则 θ 的公式解如下所示：

$$\theta=(\boldsymbol{X}^{\mathrm{T}}\boldsymbol{X}+\alpha\boldsymbol{E})^{-1}\boldsymbol{X}^{\mathrm{T}}\boldsymbol{Y}$$

上式中 $\boldsymbol{E}$ 为单位矩阵。Ridge 回归在保留全部变量的情况下，缩小了回归系数，使得模型相对稳定，但保留过多的变量导致模型的解释性极差。与 Ridge 回归相比，Lasso 回归则可以在防止过拟合的同时，减少模型变量。Lasso 回归有时也叫做线性回归的 L^1 正则化，损失函数表达式如下所示：

$$J(\theta)=\frac{1}{2n}(\boldsymbol{X}\theta-\boldsymbol{Y})^{\mathrm{T}}(\boldsymbol{X}\theta-\boldsymbol{Y})+\alpha\|\theta\|_1$$

其中 n 表示样本个数，α 为常数系数，需要不断根据训练情况调参，$\|\theta\|_1$ 为 L^1 范数。

Lasso 回归使得一些系数变小，将绝对值较小的系数直接置 0，L^1 正则化比 L^2 正则化更容易获得“稀疏”解，即 L^1 正则化求得的最优解会有更少的非零解，因此更加适合应用于特征选取。而 L^2 正则化在参数规则化时经常被用到。

但是，Lasso 回归的损失函数不是连续可导的，由于 L^1 范数用的是绝对值之和，导致损失函数有不可导的点。

在 TensorFlow 中，只能通过阶跃函数的连续估计来添加 Lasso 回归的正则项，连续阶跃函数会在截止点跳跃扩大。Ridge 回归算法则通过添加一个 L^2 范数项作为公式的偏差值来限制斜率，即斜率系数的 L^2 正则。

接下来通过代码实现 Lasso 回归（或 Ridge 回归），只需在下列代码的第 8 行代码输入“LASSO”或“Ridge”即可实现输出两个不同回归算法的计算结果，并导出相应的 matplotlib 绘图。

```
1   import matplotlib.pyplot as plt
2   import sys
3   import numpy as np
4   import tensorflow as tf
5   from sklearn import datasets
6   from tensorflow.python.framework import ops
7   # 在 Ridge 回归 或者 LASSO 回归之间转换
8   regression_type = 'LASSO'
9   # 重置计算图
10  ops.reset_default_graph()
11  # 创建计算图
12  sess = tf.Session()
13  # 加载鸢尾花数据集
14  iris = datasets.load_iris()
15  x_vals = np.array([x[3] for x in iris.data])
16  y_vals = np.array([y[0] for y in iris.data])
17  # 声明 batch 规格
18  batch_size = 50
19  # 初始化占位符
20  x_data = tf.placeholder(shape = [None, 1], dtype = tf.float32)
21  y_target = tf.placeholder(shape = [None, 1], dtype = tf.float32)
22  # make results reproducible
23  seed = 13
24  np.random.seed(seed)
25  tf.set_random_seed(seed)
26  # 根据线性回归公式创建变量
27  W = tf.Variable(tf.random_normal(shape = [1,1]))
28  b = tf.Variable(tf.random_normal(shape = [1,1]))
29  # Declare model operations
30  model_output = tf.add(tf.matmul(x_data, W), b)
31  # 指定损失函数
32  # 根据第 8 行代码的值决定选择的损失函数类型
33  if regression_type == 'LASSO':
34      # 声明 L1 损失函数
35      # 增加损失函数,其为改良过的连续阶跃函数,Lasso 回归的截止点设为 0.9
36      # 这意味着限制斜率系数不超过 0.9
37      # Lasso Loss = L2_Loss + heavyside_step,
```

```
38    # 阶跃函数在 W < constant 时~ 0 ,否则 ~ 99
39    lasso_param = tf.constant(0.9)
40    heavyside_step = tf.truediv(1., tf.add(1., tf.exp(tf.multiply( - 50., tf.subtract(W,
      lasso_param)))))
41    regularization_param = tf.multiply(heavyside_step, 99.)
42    loss = tf.add(tf.reduce_mean(tf.square(y_target - model_output)), regularization_
  param)
43  elif regression_type == 'Ridge':
44    # 声明 L2 损失函数
45    # Ridge loss = L2_loss + L2 norm of slope
46    ridge_param = tf.constant(1.)
47    ridge_loss = tf.reduce_mean(tf.square(W))
48    loss = tf.expand_dims(tf.add(tf.reduce_mean(tf.square(y_target - model_output)),
      tf.multiply(ridge_param, ridge_loss)), 0)
49  else:
50    print('Invalid regression_type parameter value',file = sys.stderr)
51
52  # 声明优化器
53  my_opt = tf.train.GradientDescentOptimizer(0.001)
54  train_step = my_opt.minimize(loss)
55  # 初始化全部变量,执行回归函数
56  init = tf.global_variables_initializer()
57  sess.run(init)
58  # 遍历迭代
59  loss_vec = []
60  for i in range(1500):
61    rand_index = np.random.choice(len(x_vals), size = batch_size)
62    rand_x = np.transpose([x_vals[rand_index]])
63    rand_y = np.transpose([y_vals[rand_index]])
64    sess.run(train_step, feed_dict = {x_data: rand_x, y_target: rand_y})
65    temp_loss = sess.run(loss, feed_dict = {x_data: rand_x, y_target: rand_y})
66    loss_vec.append(temp_loss[0])
67    if (i + 1) % 300 == 0:
68       print('Step #' + str(i + 1) + 'W = ' + str(sess.run(W)) + 'b = ' + str(sess.run(b)))
69       print('Loss = ' + str(temp_loss))
70       print('\n')
71  # 提取结果
72  # 找到最优系数
73  [slope] = sess.run(W)
74  [y_intercept] = sess.run(b)
75  # 拟合最优曲线
76  best_fit = []
77  for i in x_vals:
78   best_fit.append(slope * i + y_intercept)
79  # 绘制结果
80  plt.plot(x_vals, y_vals, 'o', label = 'Data Points')
81  plt.plot(x_vals, best_fit, 'r - ', label = 'Best fit line', linewidth = 3)
82  plt.legend(loc = 'upper left')
83  plt.title('Sepal Length vs Pedal Width')
84  plt.xlabel('Pedal Width')
85  plt.ylabel('Sepal Length')
86  plt.show()
```

```
87  # 绘制随迭代次数改变的损失值
88  plt.plot(loss_vec, 'k-')
89  plt.title(regression_type + 'Loss per Generation')
90  plt.xlabel('Generation')
91  plt.ylabel('Loss')
92  plt.show()
```

当选择“LASSO”时输出结果如下所示。

```
Step #600 W = [[0.7590854]] b = [[3.2220633]]
Loss = [[3.0629203]]
Step #900 W = [[0.74843585]] b = [[3.9975822]]
Loss = [[1.2322046]]
Step #1200 W = [[0.73752165]] b = [[4.429741]]
Loss = [[0.57872057]]
Step #1500 W = [[0.7294267]] b = [[4.672531]]
Loss = [[0.40874988]]
```

通过 matplotlib 绘制的结果如图 4.14 和图 4.15 所示。

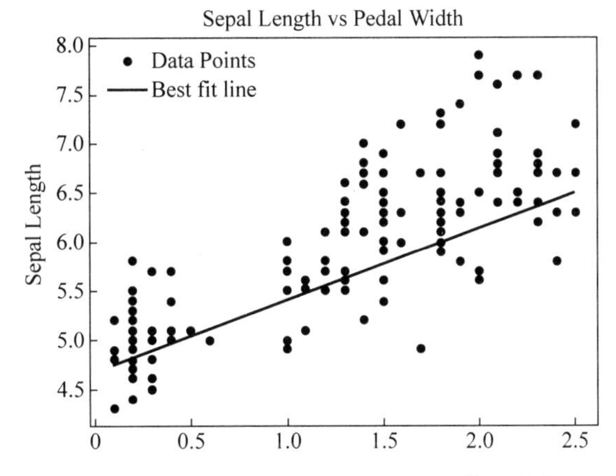

图 4.14　在 iris 数据集上 Lasso 回归算法的解

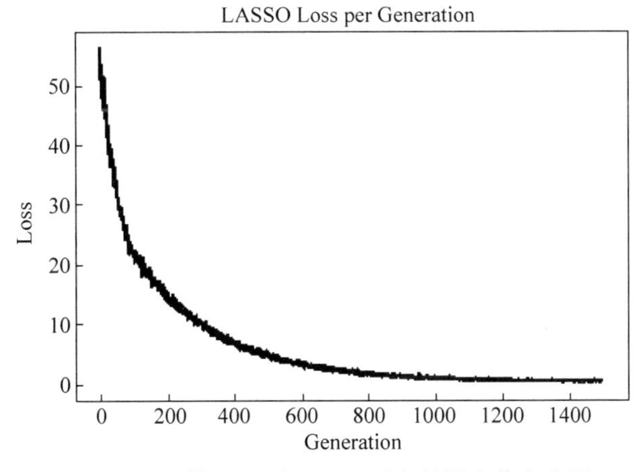

图 4.15　迭代 1500 次 Lasso 回归的损失值变化图

当选择 Ridge 时，输出结果如下所示。

```
Step #300 A = [[1.7059566]] b = [[1.5554185]]
Loss = [8.264853]
Step #600 A = [[1.6148878]] b = [[2.5674446]]
Loss = [4.7918854]
Step #900 A = [[1.3454272]] b = [[3.2485516]]
Loss = [3.0760345]
Step #1200 A = [[1.110869]] b = [[3.7625945]]
Loss = [2.0616245]
Step #1500 A = [[0.9326986]] b = [[4.1555676]]
Loss = [1.48734]
```

通过 matplotlib 绘制的结果如图 4.16 和图 4.17 所示。

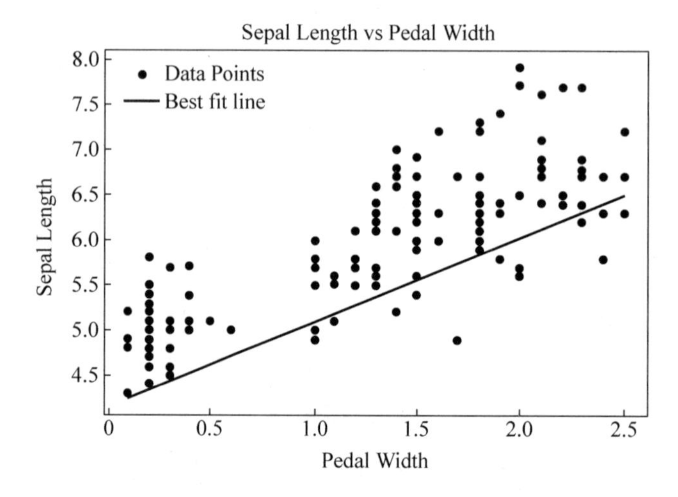

图 4.16　在 Iris 数据集上 Ridge 回归算法的解

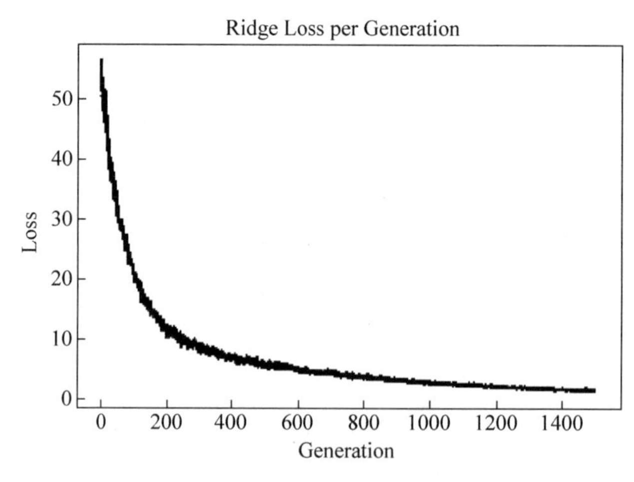

图 4.17　迭代 1500 次 Ridge 回归的损失值变化图

4.8 TensorFlow 实现逻辑回归

线性回归主要用于对具有连续值的结果进行预测，然而生活中存在一类结果非连续的分类问题。例如医生判断病人是否患有癌症，一个零件的质量是否合格。

线性回归是用来预测连续值结果的，那么是否可以通过对结果设定不同的阈值来用线性回归解决分类问题呢？需要注意的是，在大多数情况下分类数据的学习精度并不精确，因此阈值的设定通常并不能起到对类别进行区分的作用。为了处理分类问题，本书在此引入逻辑回归的概念。

逻辑回归算法(Logistic Regression)主要用于解决分类问题中的判别概率问题。逻辑回归的核心思想就是通过对线性回归的计算结果进行一个映射，使之输出的结果为0～1之间的概率值，常见于垃圾邮件筛选、电影或电商推荐系统、癌症预测等场景中。简单来说，通过该算法可以判断某件事情属于某个分类的概率，以此进行分类。

在一定程度上，逻辑回归可以被当作只有一层网络的前向神经网络，并且与参数连接的权重值是唯一的。公式为：y_predict＝logistic($X*W+b$)，其中 logistic 为激活函数，X 为输入数据，W 为输入数据与隐藏层之间的权重系数，b 为隐含层神经元的偏差值。逻辑回归算法的激活函数通常采用 Sigmoid 或者 tanh，y_predict 为最终预测结果。

逻辑回归是一种分类器模型，需要不断迭代从而优化参数，设目标函数为 y_predict，通过随机梯度下降算法来更新权重和偏差值，从而求解目标值与真实值 Y 之间的 L^2 距离。接下来，将通过 TensorFlow 实现一个简单的逻辑回归算法。

```
1   import tensorflow as tf
2   import matplotlib.pyplot as plt
3   import numpy as np
4   data = [ ]
5   label = [ ]
6   np.random.seed(0)
7   ##随机产生训练集
8   for i in range(150):
9       x1 = np.random.uniform( - 1,1)
10      x2 = np.random.uniform(0,2)
11      if x1 * * 2 +  x2 * * 2 <= 1:
12          data.append([np.random.normal(x1,0.1),np.random.normal(x2,0.1)])
13          label.append(0)
14      else:
15          data.append([np.random.normal(x1,0.1),np.random.normal(x2,0.1)])
16          label.append(1)
17  #  - 1 就是让系统根据元素数和已知行或列推算出剩下的行或者列，- 1 就是模糊控制
18  #( - 1,2)就是固定两列，行不知道
19  data = np.hstack(data).reshape( - 1,2)
20  label = np.hstack(label).reshape( - 1,1)
21  plt.scatter(data[ : ,0], data[ :, 1], c = label, cmap = "RdBu", vmin = - .2, vmax = 1.2,
    edgecolor = "white")
22  plt.show()
```

```
23  #知识点:
24  #tf.add_to_collection:把变量放入一个集合,把很多变量变成一个列表
25  #tf.get_collection:从一个结合中取出全部变量,是一个列表
26  #tf.add_n:把一个列表的东西都依次加起来
27  def get_weight(shape,lambda1):
28      var = tf.Variable(tf.random_normal(shape),dtype = tf.float32)
29      tf.add_to_collection('losses',tf.contrib.layers.l2_regularizer(lambda1)(var))
30      return var
31  x = tf.placeholder(tf.float32,shape = (None,2))
32  y_ = tf.placeholder(tf.float32,shape = (None,1))
33  sample_size = len(data)
34  #定义的神经结构每一层的节点个数
35  layer_dimension = [2,10,5,3,1]
36  n_layers = len(layer_dimension)
37  cur_layer = x
38  #输入层
39  in_dimension = layer_dimension[0]
40  #向前遍历
41  for i in range(1,n_layers):
42      out_dimension = layer_dimension[i]
43      weight = get_weight([in_dimension,out_dimension],0.03)
44      bias = tf.Variable(tf.constant(0.1,shape = [out_dimension]))
45      #tf.nn.elu 是激活函数
46      cur_layer = tf.nn.elu(tf.matmul(cur_layer,weight) + bias)
47      in_dimension = layer_dimension[i]
48  y = cur_layer
49  mse_loss = tf.reduce_sum(tf.pow(y_ - y,2))/sample_size
50  tf.add_to_collection('losses',mse_loss)
51  loss = tf.add_n(tf.get_collection('losses'))
52  train_op = tf.train.AdamOptimizer(0.001).minimize(mse_loss)
53  TRAINING_STEPS = 40000
54  with tf.Session() as sess:
55      tf.initialize_all_variables().run()
56      for i in range(TRAINING_STEPS):
57        sess.run(train_op,feed_dict = {x:data,y_:label})
58        if(i % 2000) == 0:
59            print("After %d steps, mse_loss: %f" % (i,sess.run(mse_loss,feed_dict = {x:
data,y_:label})))
60      #画出训练后的分割函数
61      #mgrid 函数产生两个 240×241 的数组:-1.2 到 1.2 每隔 0.01 取一个数共 240 个
62      xx,yy = np.mgrid[-1.2:1.2:.01, -0.2:2.2:.01]
63      ##np.c_应该是合并两个数组
64      grid = np.c_[xx.ravel(),yy.ravel()]
65      probs = sess.run(y,feed_dict = {x:grid})
66      probs = probs.reshape(xx.shape)
67  plt.scatter(data[:,0],data[:,1],c = label,cmap = "RdBu",vmin = -.2,vmax = 1.2,
edgecolors = "white")
68  plt.contour(xx,yy,probs,levels = [.5],cmap = "Greys",vmin = 0,vmax = .1)
69  plt.show()
```

```
70 """
71 #带正则化参数训练
72 train_op = tf.train.AdamOptimizer(0.001).minimize(loss)
73 TRAINING_STEPS = 40000
74 with tf.Session() as sess:
75     tf.initialize_all_variables().run()
76     for i in range(TRAINING_STEPS):
77       sess.run(train_op, feed_dict = {x:data, y_:label})
78       if i % 2000 == 0:
79           print("After %d steps, mse_loss: %f"(i, sess.run(loss, feed_dict = {x: data,
   y_: label})))
80     xx, yy = np.mgrid[-1.2:1.2:.01, -0.2:2.2:.01]
81     grid = np.c_[xx.ravel(), yy.ravel()]
82     probs = sess.run(y, feed_dict = {x: grid})
83     probs = probs.reshape(xx.shape)
84 plt.scatter(data[:, 0], data[:, 1], c = label, cmap = "RdBu", vmin = -.2, vmax = 1.2,
   edgecolors = "white")
85 plt.contour(xx, yy, probs, levels = [.5], cmap = "Greys", vmin = 0, vmax = .1)
86 plt.show()
```

输出如下所示。

```
Loss = 0.845124
Loss = 0.658061
Loss = 0.471852
Loss = 0.643469
Loss = 0.672077
```

通过 matplotlib 输出逻辑回归的交叉熵损失变化过程，如图 4.18 所示。

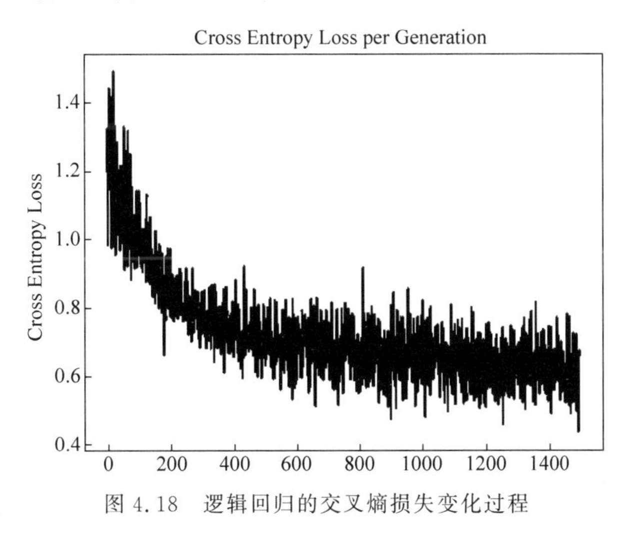

图 4.18　逻辑回归的交叉熵损失变化过程

迭代 1500 次时在训练数据集与测试数据集上的准确度变化如图 4.19 所示。

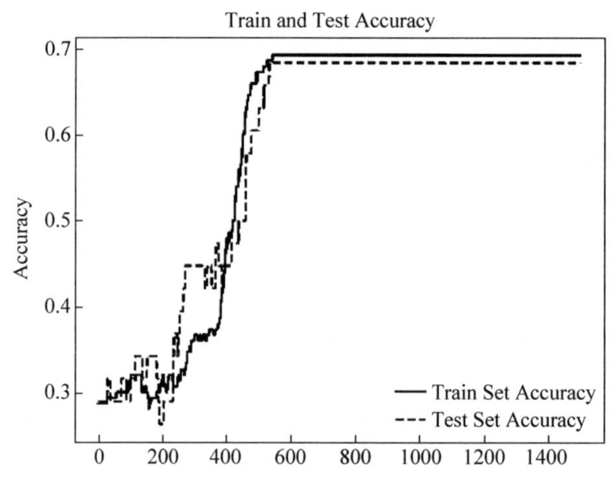

图 4.19　在训练数据集与测试数据集上预测准确度的变化

4.9 本章小结

本章主要对深度学习中常见的回归问题进行了讲解,希望大家以这些知识为基石,为后续在学习模型的讨论中理解更复杂的相关模型打下基础。

4.10 习　　题

1. 填空题

(1) 线性回归,是利用数理统计中的回归分析,来确定两种或两种以上变量间________的一种统计分析方法。

(2) 如果模型在对训练数据集的预测中准确度不断上升,但是对测试数据集的预测准确度开始不断下降,则说明模型可能已经出现________现象。

(3) 训练时所选择的的学习率过大,容易出现算法________的情况。

(4) Ridge 回归算法与线性回归算法的主要区别在于,它在公式中添加了________来限制斜率。

(5) 逻辑回归是一种________模型,需要不断迭代从而优化参数。

2. 选择题

(1) 使用 TensorFlow 内建的(　　)函数可以通过平方根法实现矩阵分解。

A. Cholesky()　　B. matmul()

C. transpose()　　D. matrix_solve()

(2) 在 TensorFlow 中通过线性回归拟合数据时,需要设置的内容不包括(　　)。

A. 迭代次数　　B. 正则项　　C. 学习率　　D. 损失函数

(3) 当学习率较小时,L^2 损失函数比 L^1 损失函数更(　　)靠近极值点;当学习率较大时,L^2 损失函数的收敛速度比 L^1 损失函数的收敛速度(　　)。

A. 容易,慢　　B. 难,快　　C. 难,慢　　D. 容易,快

(4) 已知直线的表达式为 $y=mx+b$，则点(x_0, y_0)到直线的距离公式为(　　)。

A. $\frac{|y_0+(mx_0+b)|}{\sqrt{m^2+1}}$　　B. $\frac{|y_0-(mx_0+b)|}{\sqrt{m^2-1}}$

C. $\frac{|y_0-(mx_0+b)|}{\sqrt{m^2+1}}$　　D. $\frac{|y_0+(mx_0+b)|}{\sqrt{m^2-1}}$

3. 思考题

请通过 TensorFlow 实现简单的线性回归并绘制出所拟合的曲线。

第5章 神经网络算法基础

本章学习目标

- 了解神经网络的基本概念；
- 掌握神经网络中激活函数的作用和用法；
- 通过 TensorFlow 实现单层神经网络；
- 了解通过 TensorFlow 实现神经网络常见层的方法。

神经网络算法在图像识别、语音识别、自动驾驶等领域的应用越来越深入，并取得了优秀的成果。深度学习的发展建立在单层神经网络的基础之上，它是一类通过多层非线性变换对高复杂性数据建模的算法的集合，由于深层神经网络常常被用于实现多层非线性变换，从某种程度上来说，“深度学习”可以被看作“深层神经网络”的代名词。本章介绍神经网络算法以及在 TensorFlow 中实现较为简单的神经网络算法的方法。

5.1 神经网络算法简介

人工神经网络是由大量具有适应性的神经元组成的广泛并行互联网络，它的组织能够模拟生物神经系统对真实世界物体所做出的的交互反应，是模拟人工智能的重要途径之一。通常提到的“神经网络”，实际上是指“神经网络学习”。人工神经网络的学习方法中的连接主义通过编写一个初始模型，然后通过数据训练，不断改善模型中的参数，直到输出的结果符合预期，便实现了“学习”。在网络层次上模拟人的思维过程中的某些神经元的层级组合，用人脑的并行处理模式，来表征认知过程。这种受神经科学启发的机器学习方法，被称为人工神经网络方法。

神经网络解决问题的步骤如下所示。

(1) 提取实际问题中数据的特征向量作为神经网络的输入数据。这意味着解决问题时，首先要对数据集实施特征工程，求得每个样本的特征维度，根据样本特征的维度来定义输入神经元的数量。

(2) 构建神经网络，定义神经网络中由输入得到输出的过程，即定义神经网络的输入层、隐藏层和输出层。

(3) 通过迭代训练数据来优化神经网络中的参数。这一过程往往需要通过定义模型的损失函数和参数优化方法来实现，如常见的交叉熵损失函数和梯度下降算法等。

(4) 评估训练好的模型，用训练好的模型预测未知的数据，通常根据预测的准确率来衡量模型的性能。

5.2 TensorFlow 实现激活函数

激活函数的主要作用是调节权重和误差。例如，在数字识别的神经网络中，图像"1"被误分为"7"时，通过细微的调整权重和偏差值对模型进行优化，使网络更准确地分类形状接近"1"的图像。但是，在一个网络的众多神经元当中，任何参数的细微调整，都可能会使输出发生巨大的变化。因此可能出现图像"1"虽然被正确分类，但是网络中的神经元无法学习到为其他数字的图像进行分类的"规则"，这也就使得网络中参数学习变得极其困难。

在神经网络中添加激活函数为其引入了非线性因素，使得权重和偏差的变化不再对输出产生过大的影响，以此达到微调网络的目的。这样神经网络就可以应用到众多的非线性模型中，更好地解决较为复杂的问题。如果没有激活函数，每一层输出都是上层输入的线性函数，无论神经网络有多少层，输出都是输入的线性组合。在 TensorFlow 中，激活函数是作用于张量上的非线性操作，本节将介绍几种常见的激活函数。

5.2.1 Sigmoid 函数

需要注意的是，判断激活函数是否适合所应用模型的主要标准为，该激活函数是否可以让优化整个深度神经网络的过程更加便捷。Sigmoid 函数是一种常见的激活函数，其工作原理如图 5.1 所示。

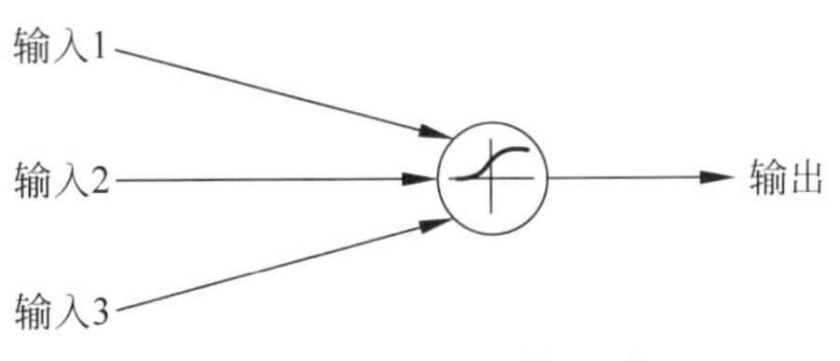

图 5.1　Sigmoid 神经元

通过微调权值(weight)和偏差(bias)让神经网络的输出结果产生相应的轻微改变。

Sigmoid 函数的输出区间为(0,1)，输入区间为($-\infty$,$+\infty$)，该函数的表达式如下所示。

$$\sigma(z)=\frac{1}{1+e^{-z}}$$

Sigmoid 函数的图像如图 5.2 所示。

Sigmoid 函数全程可导，它比阶跃函数更加平滑，阶跃函数如图 5.3 所示。

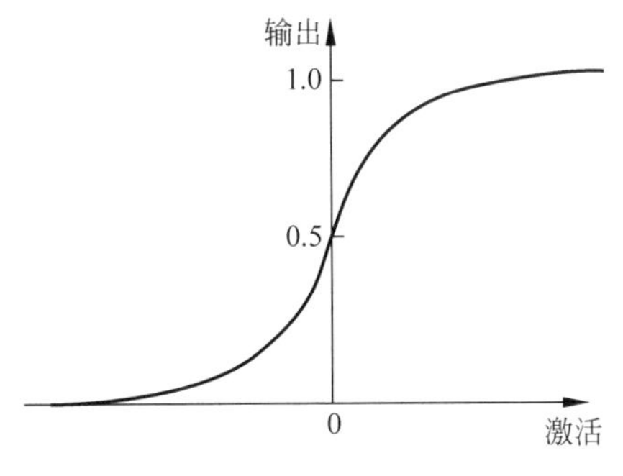

图 5.2　Sigmoid 函数

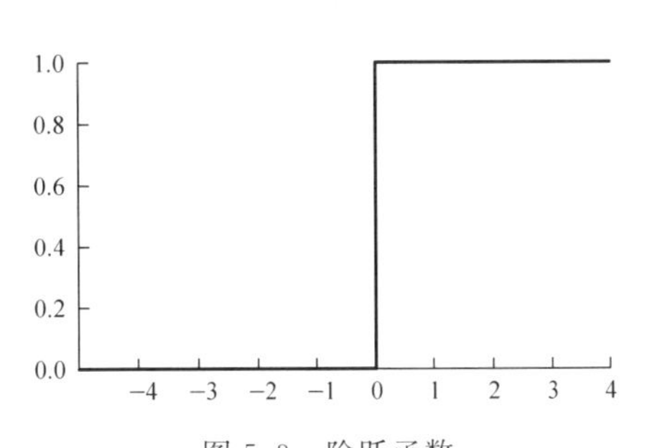

图 5.3　阶跃函数

Sigmoid 函数的在 TensorFlow 中的实现代码如下所示。

```
import tensorflow as tf
input_data = tf.Variable( [[0, 10, - 10],[1,2,3]] , dtype = tf.float32 )
output = tf.nn.sigmoid(input_data)
with tf.Session() as sess:
    init = tf.initialize_all_variables()
    sess.run(init)
    print(sess.run(output))
```

输出如下所示。

```
[[ 5.00000000e - 01 9.99954581e - 01 4.53978719e - 05]
 [ 7.31058598e - 01 8.80797029e - 01 9.52574134e - 01]]
```

然而，近年来 Sigmoid 函数由于其某些突出的缺点导致使用率不断下降，主要缺点如下所示。

（1）当出现极大或极小的输入数据时，Sigmoid 函数在输出接近 0 或 1 的区域时会饱和，函数在饱和区域的梯度变化非常平缓，接近于 0，这很容易造成梯度消失的问题。

（2）Sigmoid 函数的输出不是 0 均值的，这很可能导致在学习过程中，上一层的神经元的非 0 均值输出被作为输入传递给下一层神经元，在不断迭代中很容易放大误差。

（3）使用 Sigmoid 函数在处理含有大量数据的模型时收敛速度较慢，而深度学习往往需要处理海量的数据。

5.2.2 Tanh 函数

Tanh 函数是双曲正切函数，属于 Sigmoid 函数的变形，它是对 Sigmoid 函数的逼近或者近似，对 Sigmoid 因离散性而导致的难以优化的缺陷的弥补。与 Sigmoid 函数不同的是，Tanh 函数是 0 均值的，它的输出以 0 为中心，Tanh 函数将整个实数区间的输入值映射到区间(－1,1)中。因此，在输入数据的特征差异明显时，Tanh 函数会在循环过程中不断扩大特征差异，这种情况下 Tanh 函数具有比 Sigmoid 函数更好的收敛效果。由于 Tanh 函数存在软饱和性，因此 Tanh 函数依然存在梯度消失的问题。

Tanh 函数的数学公式为：

$$\mathrm{Tanh}(x) = \frac{\sinh(x)}{\cosh(x)}$$

在函数取值范围(－1,1)时函数图像如图 5.4 所示

Tanh 函数公式中 $\sinh(x)$数学表达式为：

$$\sinh(x) = \frac{\mathrm{e}^{x} - \mathrm{e}^{-x}}{2}$$

$\cosh(x)$的表达式为：

$$\cosh(x) = \frac{\mathrm{e}^{x} + \mathrm{e}^{-x}}{2}$$

Tanh 函数与 Sigmoid 函数的差别：

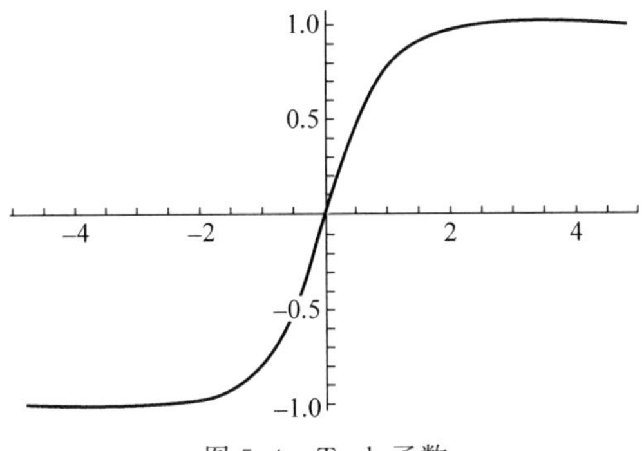

图 5.4　Tanh 函数

(1) 由于 Tanh 函数的导数值域为(0,1],而 Sigmoid 函数的导数值域为(0,0.25],可以看出 Tanh 函数的导数值域是大于 Sigmoid 函数的导数值域的,因此在反向传播的过程中,Tanh 函数比 Sigmoid 函数延迟了饱和期。

(2) 通过观察 Tanh 函数与 Sigmoid 函数的函数曲线可以看出,Tanh 函数的输入和输出能够保持非线性单调上升和下降关系,符合反向传播算法的梯度求解,容错性好,有界,渐近于 0、1,符合人脑神经饱和的规律。而 Sigmoid 函数在输入处于[−1,1]之间时,函数值变化敏感,一旦接近或者超出该段区间函数便会失去敏感性,趋于饱和状态,影响神经网络。

5.2.3　ReLU 数

ReLU 函数是目前最为常见的激活函数之一,全称为 Rectified Linear Units,称为线性修正单元。该函数的表达式为 $y=\max(0,x)$,当 $x>0$时 $f'(x)=1$,当 $x\leqslant 0$ 时,$f'(x)=0$。ReLU 函数可以看作是一个求最大值函数,具体如图 5.5 所示。

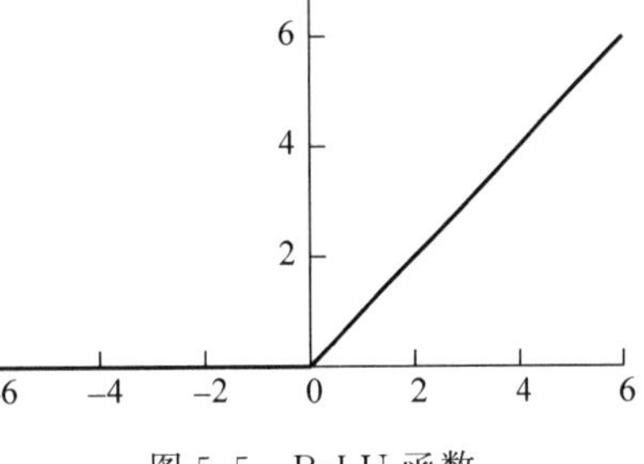

图 5.5　ReLU 函数

从图 5.5 中不难看出,ReLU 函数不是全区间可导的,它具有以下几点优势。

(1) 在正区间上解决了梯度消失问题。

(2) 单侧抑制,从图 5.5 中可以看到,在输入小于或等于 0 时,输出为 0,这表明神经元此时处于抑制状态;当输入大于 0 时,神经元处于激活状态。这使得 ReLU 函数只需要判断输出是否大于 0,因此极大地提高其了计算效率。

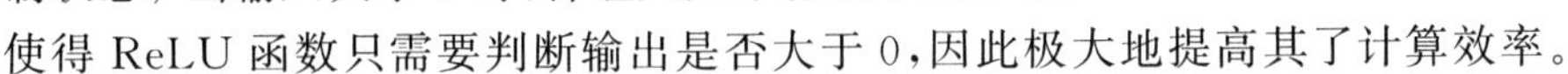

(3) ReLU 函数会将抑制状态的神经元置 0,这些被置 0 的神经元不会参与后续的计算,这大大提升了收敛速度,收敛速度快于 Sigmoid 函数和 Tanh 函数。

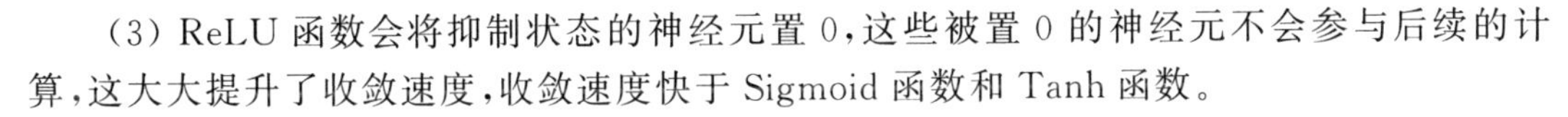

ReLU 函数的实现方法如下所示。

(1) 首先导入相关工具库,并创建会话。

```
import tensorflow as tf
sess = tf.InteractiveSession()
```

(2) 生成一个 ReLU 函数。

```
import tensorflow as tf
sess = tf.InteractiveSession()
```

```
# ReLU 函数处理负数
print("anwser 1:",tf.nn.relu(-2.9).eval())
# ReLU 函数处理正数
print("anwser 2:",tf.nn.relu(3.4).eval())
# 产生一个 4×4 的矩阵,满足均值为 0,标准差为 1 的正态分布
a = tf.Variable(tf.random_normal([4,4],mean=0.0, stddev=1.0))
# 对所有变量进行初始化,这里对 a 进行初始化
tf.global_variables_initializer().run()
# 输出原始的 a 的值
print("原始矩阵:\n",a.eval())
# 对 a 使用 Relu 函数进行激活处理,将结果保存到 b 中
b = tf.nn.relu(a)
# 输出处理后的 a,即 b 的值
print("ReLU 函数激活后的矩阵:\n",b.eval())
```

输出如下所示。

```
anwser 1: 0.0
anwser 2: 3.4
原始矩阵:
 [[-1.259318   -0.09126675  -2.454077    -1.376778 ]
 [-0.61337525  1.91146      0.92145157   0.45843443]
 [-1.6872858  -0.5119289    1.416437     1.146053 ]
 [ 0.22473626 -0.03396741   0.7743713    0.7691514 ]]
ReLU 函数激活后的矩阵:
 [[0.          0.          0.          0.        ]
 [0.          1.91146     0.92145157  0.45843443]
 [0.          0.          1.416437    1.146053 ]
 [0.22473626  0.          0.7743713   0.7691514 ]]
```

需要注意的是,ReLU 函数的输出不是 0 均值化的,并且某些神经元会因为 ReLU 函数的置 0 操作导致其永远不会被激活,这使得相应的参数永远无法被更新。

5.3 TensorFlow 实现单层神经网络

本章前两节对神经网络算法的基础应用方法进行了基本的介绍,接下来将通过一个较为具体的单层神经网络来进一步讲解全连接神经网络算法的矩阵乘法运算等内容。

以 iris 数据集为基础,通过单层神经网络来解决回归算法问题,在解决回归算法问题时,建议以均方误差作为损失函数。具体代码如下所示。

(1) 加载必要的工具库,创建计算图会话。

```
import matplotlib.pyplot as plt
import numpy as np
import tensorflow as tf
from sklearn import datasets
```

(2) 定义用于训练神经网络的训练数据集。定义一个范围在[-1,1]之间的等差数列数据 x_data,包含 300 个数据,以及 x_data 平方后加上偏差-0.5 和噪声的 y_data,这是训练神经网络用的原始数据集。

```
x_data = np.linspace(-1,1,300)[:,np.newaxis]
noise = np.random.normal(0,0.05,xdata.shape)
y_data = np.square(xdata) - 0.5 + noise
```

(3) 神经网络结构的定义可以分层实现，先分别定义各层，然后再组合起来，下面是一个定义神经网络层的函数。

```
def addlayer(inputdata,input_size,out_size,active = None):
    weights = tf.Variable(tf.random_normal([input_size,out_size]))
    bias = tf.Variable(tf.zeros([1,out_size]) + 0.1)
    wx_plus_b = tf.matmul(inputdata,weights) + bias
    if active == None:
        return wx_plus_b
    else:
        return active(wx_plus_b)
```

代码中 weights 表示权重值。前一层每个输出节点同本层所有节点构成的权值矩阵大小为 input_szie×out_size，即本层权值链接大小为 input_size×out_size。上述代码通过声明 weights 构造了一个初始值个数为 input_size×out_size，且权值符合标准正态分布的权值矩阵。

同理，每层的神经元个数对应于该层的输出个数，每个输出都必须有一个对应的偏差值，因此上述代码通过声明 bias，定义了初始值为 0.1 的偏差值，偏差值的个数等于 out_size。

在定义了权重和偏差以后，通过声明 wx_plus_b 来实现神经元的信息接收和偏差值的计算。最后判断是否设置了激活函数，如果已设置，则在返回中输出激活后的结果，否则，直接返回未被激活的输出。

(4) 定义输入数据。

```
xinput = tf.placeholder(tf.float32,[None,1])
youtput = tf.placeholder(tf.float32,[None,1])
```

(5) 接下来，定义一个单输入，单输出，具有单隐层(节点个数为 10)的神经的 3 层神经网络(含输入层)。

```
#建立训练用的数据
def addlayer(inputdata,input_size,out_size,active = None):
    weights = tf.Variable(tf.random_normal([input_size,out_size]))
    bias = tf.Variable(tf.zeros([1,out_size]) + 0.1)
    wx_plus_b = tf.matmul(inputdata,weights) + bias
    if active = = None:
        return wx_plus_b
    else:
        return active(wx_plus_b)
#构建一个含有单隐层的神经网络
layer1 = addlayer(xinput,1,10,tf.nn.relu)
output = addlayer(layer1,10,1,active = None)
```

(6) 定义神经网络的损失函数为均方误差损失函数。

```
loss = tf.reduce_mean(tf.reduce_sum(tf.square(youtput - output),reduction_indices = [1]))
```

(7）定义训练目标。

```
train = tf.train.GradientDescentOptimizer(0.05).minimize(loss)
```

通常用 Tensorflow 中默认的梯度下降的方法来最小化损失函数作为训练目标。

(8）初始化全局变量。

```
init = tf.initialize_all_variables()
```

(9）迭代训练神经网络。

```
with tf.Session() as sess:
    sess.run(init) #进行初始化变量
    for i in range(2000):
        sess.run(train,feed_dict = {xinput:xdata,youtput:ydata})
        if i % 100 == 0:
            print(i,sess.run(loss,feed_dict = {xinput:xdata,youtput:ydata}))
```

通过 Session 激活相应的操作，设置迭代次数为 2000 次，每 100 次迭代打印一次训练参数。输出如下所示。

```
0       0.683216
100     0.0152671
200     0.00892168
300     0.00744904
400     0.00715826
500     0.00674129
600     0.00639426
700     0.00612397
800     0.00572691
900     0.00564182
1000    0.00549631
1100    0.00536184
1200    0.00518188
1300    0.00506481
1400    0.00498346
1500    0.00484763
1600    0.00474545
1700    0.00465182
1800    0.00458013
1900    0.00453197
```

5.4 TensorFlow 实现神经网络常见层

5.3 节介绍了实现单层神经网络的方法，本节将在 5.3 节所学知识的基础上加入实现包括神经网络的卷积层和池化层的方法。有关卷积操作和池化操作的具体内容将在后续章节详细讲解。此处列出，只作为了解。

（1）首先，加载相关工具库并创建计算图会话。

```
import tensorflow as tf
import numpy as np
sess = tf.Session()
```

（2）初始化数据，这里输入数据规格大小为10×10。

```
data_size = [10,10]
data_2d = np.random.normal(size = data_size)
x_input_2d = tf.placeholder(tf.float32,shape = data_size)
```

（3）声明卷积层函数，这里采用 TensorFlow 内建函数 tf.nn.conv2d()，由于该函数需要输入4维数据（批量大小，宽度，高度，颜色通道），因此首先需要对输入数据进行扩维。tf.expand.dims 函数为扩维函数，其作用是在给定位置增加一维。例如输入数据 shape=[10,10]，则经过 tf.expand_dims(input_2d,0)操作后变成了[1,10,10]。

其次配置相应的滤波器、步长值以及填充值。滤波器选用外部输入滤波器参数 myfilter，两个方向的步长值均为2，设置填充值的参数为 VALID。采用 tf.squeeze()函数将卷积后的数据规格转换为二维。

```
def conv_layer_2d(input_2d , myfilter):
    # 将数据转化为4维
    input_3d = tf.expand_dims(input_2d,0) #shape = [1,10,10]
    input_4d = tf.expand_dims(input_3d,3) #shape = [1,10,10,1]
    # 卷积操作
    # 这里设置两个方向上的补偿,padding 选择 no padding,myfileter 采用 2*2,
    # 因此 10*10 ==>5*5
    conv_out = tf.nn.conv2d(input = input_4d,filter = myfilter,
                strides = [1,2,2,1],padding = 'VALID')
    #维度还原
    conv_out_2d = tf.squeeze(conv_out)
    return conv_out_2d
```

（4）定义卷积核的大小，经过上述创建的卷积层后，输出数据 shape 为[5,5]。

```
myfilter = tf.Variable(tf.random_normal(shape = [2,2,1,1]))
my_convolution_output = conv_layer_2d(x_input_2d,myfilter)
```

（5）声明激活函数，激活函数是针对逐个元素的，创建激活函数并初始化后将上述卷积层得到的数据通过激活函数激活。

```
def activation(input_2d):
    return tf.nn.relu(input_2d)
my_activation_output = activation(my_convolution_output)
```

(6) 声明一个池化层,输入为经激活函数后的数据,shape=[5,5]。池化层采用 TensorFlow 内建函数,其处理方式与卷积层类似,需要先扩维,然后通过 tf.nn.max_pool()函数进行池化操作,最后降维得到输出数据,这里池化层步长为 1,宽和高为 2×2,shape 变为[4,4]。

```
def max_pool(input_2d,width,height):
    #先将数据扩展为 4 维
    input_3d = tf.expand_dims(input_2d,0) #shape = [1,5,5]
    input_4d = tf.expand_dims(input_3d,3) #shape = [1,5,5,1]
    #池化操作
    pool_output = tf.nn.max_pool(input_4d,ksize = [1,height,width,1],
                        strides = [1,1,1,1],padding = 'VALID')
    #降维
    pool_output_2d = tf.squeeze(pool_output) #shape = [4,4]
    return pool_output_2d
my_maxpool_output = max_pool(my_activation_output,width = 2,height = 2)
```

(7) 设置全连接层,输入为经池化层后的数据,shape=[4,4]以及需要连接的神经元个数 num_outputs=5。为了保证所有数据均能够与神经元相连接,需要先将数据转化为一维向量,并计算 $y=wx+b$ 中权重值 w 和偏差值 b 的规格。输入数据的规格变为[16],通过 tf.shape()函数得到相应的 shape 规格,然后通过 tf.stack()函数将输入 shape 与神经元个数连接得到规格为[[16],[5]],最后通过 tf.squeeze()函数得到权重值 w 的 shape 为[16,5],偏差值 b 的 shape 为 5。最后由于 $y=wx+b$ 为矩阵运算,需要将数据扩维至二维数据,经计算后再通过降维还原回一维数据,这里输出为 5 个神经元的值。

```
def fully_connected(input_layer,num_outputs):
    #首先将数据转化为一维向量,以实现每项连接到每个输出
    flat_input = tf.reshape(input_layer,[-1])
    #创建 w 和 b
    #确定 w 和 b 的 shape
    #tf.shape 得到数据的大小,例如 4×4 的数据变为向量,则 shape = 16,
    #tf.stack 为矩阵拼接,设 num_outputs = 5,则其结果为[[16],[5]]
    #tf.squeeze 降维,使其结果为[16,5]满足 shape 输入格式要求
    weight_shape = tf.squeeze(tf.stack([tf.shape(flat_input),[num_outputs]]))
    weight = tf.random_normal(shape = weight_shape,stddev = 0.1)
    bias = tf.random_normal(shape = [num_outputs])
    #将数据转化为二维以完成矩阵乘法
    input_2d = tf.expand_dims(flat_input,0)
    #进行计算 y = wx + b
    fully_output = tf.add(tf.matmul(input_2d,weight),bias)
    #降维
    fully_output_result = tf.squeeze(fully_output)
    return fully_output_result
my_full_output = fully_connected(my_maxpool_output,num_outputs = 5)
```

(8) 初始化全局变量并写入计算图中,然后输出结果。

```
#初始化变量
init = tf.initialize_all_variables()
```

```
sess.run(init)
feed_dict = {x_input_2d:data_2d}
#打印各层
#卷积层
print('Input = [10 10] array')
print('Convolution [2,2], stride size = [2,2],
      results in the [5,5] array:')
print(sess.run(my_convolution_output, feed_dict = feed_dict))
#激活函数输出
print('Input = the above [5,5] array ')
print('ReLU element wise returns the [5,5] array ')
print(sess.run(my_activation_output, feed_dict = feed_dict))
#池化层输出
print('Input = the above [5,5] array ')
print('Maxpool, stride size = [1,1], results in the [4,4] array ')
print(sess.run(my_maxpool_output, feed_dict = feed_dict))
#全连接层输出
print('Input = the above [4,4] array ')
print('Fully connected layer on all four rows with five outputs:')
print(sess.run(my_full_output, feed_dict = feed_dict))
```

输出结果如下所示。

```
Input = [10 10] array
Convolution [2,2], stride size = [2,2], results in the [5,5] array:
[[ 1.32886136   -1.47333026   -1.44128537   -0.95050871   -1.80972886]
 [-2.82501674   -0.35346282   -0.06931959    1.9739815    -0.84173405]
 [ 0.5519557    -1.66942024    0.56509626   -2.68546128    0.71953934]
 [-3.13675737   -1.81401241    1.47897935   -0.1665355     0.05618015]
 [ 2.81271505   -4.40996552   -1.39324057    1.17697966   -2.26855183]]
Input = the above [5,5] array
ReLU element wise returns the [5,5] array
[[1.32886136  0.         0.           0.          0.          ]
 [ 0.         0.         0.           1.9739815   0.          ]
 [ 0.5519557  0.         0.56509626   0.          0.71953934]
 [ 0.         0.         1.47897935   0.          0.05618015]
 [ 2.81271505 0.         0.           1.17697966  0.          ]]
Input = the above [5,5] array
Maxpool, stride size = [1,1], results in the [4,4] array
[[1.32886136   0.           1.9739815    1.9739815 ]
 [ 0.5519557   0.56509626   1.9739815    1.9739815 ]
 [ 0.5519557   1.47897935   1.47897935   0.71953934]
 [ 2.81271505  1.47897935   1.47897935   1.17697966]]
Input = the above [4,4] array
Fully connected layer on all four rows with five outputs:
[-1.14044487   0.18718313   2.26356006   -0.60274446   0.6560365 ]
```

5.5 本章小结

通过本章的学习，大家可以初步掌握神经网络算法的相关基础，理解激活函数的意义和作用，并掌握其使用方法。掌握实现简单的单层神经网络的方法和实现其他常见网络结构的方法，为接下来的深入学习打好基础。

5.6 习　　题

1. 填空题

（1）激活函数的主要作用是调节________和________，它为神经网络引入了非线性因素。

（2）Sigmoid 函数的表达式为________。

（3）TensorFlow 的常见激活函数中，Tanh 函数为 0 均值函数，它的输出以________为中心。

2. 选择题

（1）下列选项中属于 ReLU 函数的特点是（　　）。

A. 单侧抑制　　B. 全区间可导
C. 0 均值　　D. 输出区间为(0,1)

（2）Sigmoid 函数的输出区间为（　　），输入区间为（　　）。

A. $(0,1),(0,+\infty)$　　B. $(-1,1),(-\infty,+\infty)$
C. $(0,1),(-\infty,+\infty)$　　D. $(-1,1),(0,+\infty)$

（3）下列激活函数中，在正区间上解决了梯度消失问题的函数是（　　）。

A. Sigmoid 函数　　B. Tanh 函数
C. ReLU 函数　　D. 以上选项皆错

3. 思考题

简述激活函数在神经网络模型构建中的意义。

第6章 数字识别问题

本章学习目标

- 了解 MNIST 手写体数字识别数据集；
- 掌握通过 TensorFlow 处理 MNIST 数据集的方法；
- 掌握神经网络结构设计和参数优化的方法；
- 掌握变量重用和变量命名空间的方法；
- 掌握模型持久化的方法。

经过前几章内容的学习，相信大家已经初步掌握了构建神经网络的方法。从本章开始，将通过实例与大家一起学习用 TensorFlow 解决实际问题的方法，以及构建神经网络的一些有用的进阶技巧。本章通过学习 MNIST 手写体数字识别数据集来演示解决数字识别问题的方法。

6.1 MNIST 数据处理

MNIST 是深度学习的经典入门数据集，许多相关教材都会将其作为第一个实践案例进行讲解，该数据集由包含 6 万张图片的训练数据集和包含 1 万张图片的测试数据集组成。每张图片都是黑白的(图片的黑白颜色实际是一个 0～1 的浮点数，数值越接近 1 表明越接近黑色，反之越接近白色)，规格为 28×28，如图 6.1 所示。MNIST 中的图片采集自不同人手写的从 0 到 9 的数字，TensorFlow 已经将这个数据集和相关工具库封装，接下来逐步解读深度学习处理 MNIST 数据的过程。

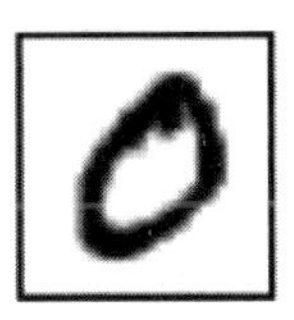

图 6.1 MNIST 图片

通常大家所接触的图片文件一般为.jpg 或者.png 格式的图片，MNIST 中的图片并非这两种常见的格式，因为这两种格式的图片往往含有诸多噪音(如数据块、长度等图片信息)，MNIST 中的图片被处理成了简易的二维数组。

在正式开始 MNIST 数据的处理之前，大家可能会对 MNIST 的这种保存图片的格式仍然存有疑惑，该数据集之所将这些黑白图片转换成二维数组是为了方便模型的图片的识别。计算机“视觉”与人类视觉存在着巨大差异。在现实中，让机器像人类一样识别图片，存在一种称作语义鸿沟的挑战：对人类来说，从图像中识别一个对象轻而易举；对计算机来说，图像识别却是一项极具挑战性的工作。因为在计算机的“视觉”中，图像是由一个大量的数组表示的，对于人来说一眼就能识别出图像中的对象，机器却需要将这大量数字映射到一个标记来完成对该图像的识别。同一个物体从不同角度和在不同光照下的图像变化，如图 6.2 所示。

图 6.2 不同的角度和光照下的同一件雕塑的照片

在图 6.2 中，通过左图和中图的对比可以看出，同一个对象由于拍摄的角度不同，在图像上的形状发生了巨大的变化，如何让机器知道不同的角度拍摄出的图像其实是同一个对象显然是一项巨大的挑战。左图和右图相比，虽然拍摄角度相同，但光影效果不同，而光照会使像素值的大小产生巨大的变化，而在机器学习中，如何处理光照对图像识别的巨大影响同样是一项艰巨的任务。由此可见机器的认知方式与人类存在着巨大的差异。

了解了计算机视觉与人类视觉的差异，接下来将继续介绍 MNIST 数据的处理方法。MINIST 数据集可以在其官网找到。通过如下代码可以从 MINIST 官网自动下载并读取数据集。

```
from tensorflow.examples.tutorials.mnist import input_data
mnist = input_data.read_data_sets("MNIST_data/", one_hot = True)
```

该数据集中包含了训练数据和测试数据两个部分。根据之前所学的有关人工智能的知识大家应该已经知道，在模型训练的过程中必须单独保留一份没有用于机器训练的数据作为验证的数据，通过这批验证数据来检测训练的模型的泛化能力和模型是否存在过拟合的问题。TensorFlow 提供了一个类来处理 MNIST 数据，它会自动下载并转化 MNIST 数据的格式，将数据从原始的数据包中解析成训练和测试神经网络时所使用的格式，该函数的具体使用方法如下所示。

(1) 加载相应工具库，获取 MNIST 的数据集。

```
from tensorflow.examples.tutorials.mnist import input_data
import tensorflow as tf
file = "./MNIST"
mnist = input_data.read_data_sets(file, one_hot = True)
```

(2) 创建图片特征值 x 的占位符，这里使用了一个行列数为 28×28=784 的数据来表示 MNIST 中的图片，每一个点都是这个图片的一个特征值，每一个点的大小可能有所不同，这表明这些点对图片的形状和表的含义的影响力的大小。

```
x = tf.placeholder(tf.float32, [None, 784])
```

(3) 创建 MNIST 图片每个特征值所对应的权重值 W、偏差值 b。

```
W = tf.Variable(tf.zeros([784, 10]))
b = tf.Variable(tf.zeros([10]))
```

(4) 单个样本被预测出来是哪个数字的概率 y。

```
y = tf.matmul(x, W) + b
```

(5) 来自 MNIST 的训练集，每一个图片所对应的真实值，例如，真实值是 2，则表示为：[0 0 1 0 0 0 0 0 0 0]，为声明实际值 Y 的占位符。

```
Y = tf.placeholder(tf.float32, [None, 10])
```

(6) 取 y 的最大概率对应的数组索引来与 Y 的数组索引对比，如果索引相同，则表示预测正确。

```
correct_prediction = tf.equal(tf.arg_max(y, 1), tf.arg_max(Y, 1))
accuracy = tf.reduce_mean(tf.cast(correct_prediction, tf.float32))
```

(7) 设定模型的损失函数为交叉熵损失函数，并通过梯度下降算法对模型进行优化，初始化全部变量。

```
cross_entropy = tf.reduce_mean(tf.nn.softmax_cross_entropy_with_logits(labels = Y, logits = y))
train_step = tf.train.GradientDescentOptimizer(0.5).minimize(cross_entropy)
sess = tf.InteractiveSession()
tf.global_variables_initializer().run()
```

(8) 通过迭代数据集调整权重和偏差值，每间隔 100 次迭代输出一次结果，逐步减小预测结果和真实结果之间的误差，最终完成模型的优化。

```
for i in range(1000):
    batch_xs, batch_ys = mnist.train.next_batch(100)
    sess.run(train_step, feed_dict = {x: batch_xs, Y: batch_ys})
    if i % 100 == 0:
        print(sess.run(accuracy, feed_dict = {x: mnist.test.images, Y:
mnist.test.labels}))
print ("优化完成")
print ("模型的准确率为", sess.run(accuracy, feed_dict = {x:mnist.test.images, Y: mnist.
test.labels}))
```

输出结果如下所示。

```
0.1728
0.8913
0.9031
0.9092
0.9107
0.9102
0.9153
0.9128
0.9158
0.9143
优化完成
模型的准确率为 0.9166
```

通过上述方法识别 MNIST 手写体数字的准确率只有不到 92%，相对来说准确率并不高，本章后续内容将会对训练方法进行优化，从而提高识别图片的准确率。

6.2 神经网络模型训练进阶

6.2.1 程序与数据的拆分

6.1 节中介绍的程序的可扩展性并不好，这些程序需要将全部变量传入到计算前向传播的函数中，当神经网络的结构较为复杂时其中含有巨量的参数，同时会在程序中遗留大量冗余代码。当程序退出时，已经训练好的模型将无法再次使用，这导致得到的模型无法被重用。遇到在训练模型过程中程序死机的情况也会浪费大量的时间和资源。因此，在训练过程中需要每隔一段时间保存一次模型训练的中间结果。

本节将通过重构的程序来解决 MNIST 程序可扩展性问题。重构之后的代码会拆分为 3 个程序。第一个是 mnist_inference. py，它定义了前向传播的过程以及神经网络中的参数。第二个是 mnist_train. py，它定义了神经网络的训练过程。第三个是 mnist_eval. py，它定义了测试过程。

首先，通过接下来的代码演示定义 mnist_inference. py 的具体方法。

(1) 导入相关工具库，定义神经网络相关参数：输入层节点数、输出层节点数、隐藏层节点数、batch 数、基础学习率、学习率衰减率、正则化项在损失函数中的系数、训练迭代次数和滑动平均衰减率。

```
import tensorflow as tf
INPUT_NODE = 784
OUTPUT_NODE = 10
LAYER1_NODE = 500
BATCH_SIZE = 100
LEARNING_RATE_BASE = 0.8
LEARNING_RATE_DECAY = 0.99
REGULARIZATION_RATE = 0.0001
TRAINING_STEPS = 30000
MOVING_AVERAGE_DECAY = 0.99
```

(2) 声明占位符和变量。通过 tf.get_variable 函数来获取变量。在训练神经网络时会创建这些变量；在测试时会通过保存的模型加载这些变量的取值，而且更加方便。

```
def get_weight_variable(shape, regularizer):
    weights = tf.get_variable(
        "weights", shape,
        initializer = tf.truncated_normal_initializer(stddev = 0.1))
```

(3) 当给出了正则化生成函数时，将当前变量的正则化损失值导入集合 losses 中。通过 tf.add_to_collection()函数将张量数据加入集合中。

```
if regularizer != None:
  tf.add_to_collection('losses', regularizer(weights))
return weights
```

(4) 定义第一层隐藏层中神经网络的前向传播过程。需要注意的是，在通过 tf.get_variable 或 tf.Variable 获取变量数据时，如果在同一个程序中多次调用这个函数，在首次调用后需要将 reuse 参数设置为 True。

```
def inference(input_tensor, regularizer):
    with tf.variable_scope('layer1'):
        weights = get_weight_variable(
            [INPUT_NODE, LAYER1_NODE], regularizer)
        biases = tf.get_variable(
            "biases", [LAYER1_NODE],
            initializer = tf.constant_initializer(0.0)
        )
        layer1 = tf.nn.relu(tf.matmul(input_tensor, weights) + biases)
```

(5) 声明第二层神经网络的变量并定义前向传播的过程。

```
with tf.variable_scope('layer2'):
    weights = get_weight_variable(
        [LAYER1_NODE, OUTPUT_NODE], regularizer
    )
    biases = tf.get_variable(
        "biases", [OUTPUT_NODE],
        initializer = tf.constant_initializer(0.0)
    )
    layer2 = tf.matmul(layer1, weights) + biases
```

(6) 返回前向传播的结果。

```
return layer2
```

上述代码定义了神经网络的前向传播算法，在训练或测试时可以直接调用这个 inference()函数，而不用在意具体的神经网络结构。

接下来，提取训练模型的模块，将训练模块命名为mnist_train.py。具体代码如下所示。

(1) 导入相关工具库，并加载mnist_inference.py中定义的常量和前向传播的函数。

```
import os
import tensorflow as tf
from tensorflow.examples.tutorials.mnist import input_data
import mnist_inference
tf.reset_default_graph()
```

(2) 设置神经网络参数。

```
BATCH_SIZE = 100
LEARNING_RATE_BASE = 0.8
LEARNING_RATE_DECAY = 0.99
REGULARIZATION_RATE = 0.0001
TRAINING_STEPS = 30000
MOVING_AVERAGE_DECAY = 0.99
```

(3) 设置文件名及保存路径。

```
MODEL_SAVE_PATH = "/path/to/model/"
MODEL_NAME = "model.ckpt"
```

(4) 开始训练。

```
def train(mnist):
    print("开始训练!")
    # 定义输入输出 placeholder.
    x = tf.placeholder(tf.float32, [None, mnist_inference.INPUT_NODE],
        name='x-input')
    y_ = tf.placeholder(tf.float32, [None, mnist_inference.OUTPUT_NODE], name='y-input')
    regularizer = tf.contrib.layers.l2_regularizer(REGULARIZATION_RATE)
    # 直接使用 mnist_inference.py 中定义的前向传播过程
    y = mnist_inference.inference(x, regularizer)
    global_step = tf.Variable(0, trainable=False)
    variable_averages = tf.train.ExponentialMovingAverage(
        MOVING_AVERAGE_DECAY, global_step
    )
    variable_averages_op = variable_averages.apply(
        tf.trainable_variables()
    )
    # 定义损失函数、学习率、滑动平均操作以及训练过程
    # 指定损失函数为 softmax 交叉熵损失函数
    cross_entropy = tf.nn.sparse_softmax_cross_entropy_with_logits(
        logits=y, labels=tf.argmax(y_, 1)
    )
    cross_entropy_mean = tf.reduce_mean(cross_entropy)
```

```
    loss = cross_entropy_mean + tf.add_n(tf.get_collection('losses'))
    learning_rate = tf.train.exponential_decay(
        LEARNING_RATE_BASE,
        global_step,
        mnist.train.num_examples / BATCH_SIZE,
        LEARNING_RATE_DECAY
    )
    train_step = tf.train.GradientDescentOptimizer(learning_rate)\
                 .minimize(loss, global_step = global_step)
    with tf.control_dependencies([train_step, variable_averages_op]):
        train_op = tf.no_op(name = 'train')
```

（5）初始化全部变量。

```
saver = tf.train.Saver()
with tf.Session() as sess:
    print("变量初始化!")
    tf.global_variables_initializer().run()
```

（6）开始迭代，并且每1000次迭代输出一次迭代结果。训练过程中不再测试模型在验证数据上的表现，验证和测试的过程将会由一个独立的程序来完成。

```
    for i in range(TRAINING_STEPS):
            xs, ys = mnist.train.next_batch(BATCH_SIZE)
            _, loss_value, step = sess.run([train_op, loss, global_step],
                                        feed_dict = {x: xs, y_: ys})
            # 每1000轮保存一次模型
            if i % 1000 == 0:
                print("After %d training step(s), loss on training "
                      "batch is %g." % (step, loss_value))
                saver.save(
                    sess, os.path.join(MODEL_SAVE_PATH, MODEL_NAME),
                    global_step = global_step
                )
def main(argv = None):
    print("进入主函数!")
    mnist = input_data.read_data_sets(r"D:\Anaconda123\Lib\site-
            packages\tensorboard\mnist", one_hot = True)
    print("准备训练!")
    train(mnist)
if __name__ == "__main__":
    tf.app.run()
```

输出结果如下所示。

```
进入主函数!
准备训练!
开始训练!
变量初始化!
```

```
After 1 training step(s), loss on training batch is 2.7922.
After 1001 training step(s), loss on training batch is 0.239352.
After 2001 training step(s), loss on training batch is 0.232776.
After 3001 training step(s), loss on training batch is 0.169643.
After 4001 training step(s), loss on training batch is 0.158006.
After 5001 training step(s), loss on training batch is 0.105614.
After 6001 training step(s), loss on training batch is 0.0940285.
.
.
.
After 28001 training step(s), loss on training batch is 0.032129.
After 29001 training step(s), loss on training batch is 0.0338264.
```

可以看到，在训练进行 1000 次后，模型在验证数据集上的表现便显著提升；从第 6000 次开始，直到第 30000 次，模型的损失值的下降便不再如之前那么明显，这说明模型从第 6000 次训练开始便已经接近极小值了，此时结束迭代便可得到较为理想的模型，并且可以节省计算资源。

与之前的 MNIST 数字识别程序不同，本节将测试部分分离出来，单独保存为 mnist_eval.py 文件。通过之前每 1000 次迭代保存一次的 mnist_train.py 文件来进行测试，这样可以更方便地在滑动平均模型上进行测试。具体方法如下所示。

(1) 导入相关工具库，并加载 mnist_inference.py 和 minist_train.py 中定义的常量和前向传播的函数。

```
import time
import tensorflow as tf
from tensorflow.examples.tutorials.mnist import input_data
import mnist_inference
import mnist_train
tf.reset_default_graph()
```

(2) 设置每 10s 加载一次更新的模型，并在测试数据上测试最新的模型准确率。

```
EVAL_INTERVAL_SECS = 10
def evaluate(mnist):
    with tf.Graph().as_default() as g:
        #定义输入与输出的格式
        x = tf.placeholder(tf.float32, [None, mnist_inference.INPUT_NODE], name='x-input')
        y_ = tf.placeholder(tf.float32, [None, mnist_inference.OUTPUT_NODE], name='y-input')
        validate_feed = {x: mnist.validation.images, y_: mnist.validation.labels}
        #直接调用封装好的函数来计算前向传播的结果
        y = mnist_inference.inference(x, None)
        #计算正确率
        correcgt_prediction = tf.equal(tf.argmax(y, 1), tf.argmax(y_, 1))
        accuracy = tf.reduce_mean(tf.cast(correcgt_prediction, tf.float32))
        #通过变量重命名的方式加载模型
        variable_averages = tf.train.ExponentialMovingAverage(minist_train.MOVING_AVERAGE_DECAY)
        variable_to_restore = variable_averages.variables_to_restore()
```

```
        saver = tf.train.Saver(variable_to_restore)
        # 每隔 10s 调用一次计算正确率的过程以检测训练过程中正确率的变化
        while True:
            with tf.Session() as sess:
                ckpt = tf.train.get_checkpoint_state(minist_train.MODEL_SAVE_PATH)
                if ckpt and ckpt.model_checkpoint_path:
                    # load the model
                    saver.restore(sess, ckpt.model_checkpoint_path)
                    global_step = ckpt.model_checkpoint_path.split('/')[-1].split('-')[-1]
                    accuracy_score = sess.run(accuracy, feed_dict=validate_feed)
                    print("After %s training steps, validation accuracy = %g" % (global_
step, accuracy_score))
                else:
                    print('No checkpoint file found')
                    return
            time.sleep(EVAL_INTERVAL_SECS)
```

（3）使用验证数据集判断模型效果。

```
def main(argv=None):
    mnist = input_data.read_data_sets(r"D:\Anaconda123\Lib\site-packages\tensorboard\
mnist", one_hot=True)
    evaluate(mnist)
if __name__ == '__main__':
    tf.app.run()
```

输出结果如下所示。

```
INFO:tensorflow:Restoring parameters from /path/to/model/model.ckpt-29001
After 29001 training steps, validation accuracy = 0.985
```

模型的准确度为 98.56%。上述程序会每 10s 输出一次当前最新保存的模型，并在 MNIST 验证数据集上计算模型的准确率，但是训练程序不一定每 10s 输出一个新的模型，因此 mnist_eval.py 可能会多次输出同样的结果。同时，在现实中，一般不需要这么频繁地进行测试。

在之前的内容中已经介绍了通过神经网络来拆分 MNIST 手写数字程序的方法，其中包含初始学习率、学习率衰减率、隐藏层节点数量、迭代次数等参数。这些参数的系数设置往往需要通过训练迭代后根据训练效果进行调整，从而达到一个较好的状态。虽然一个神经网络模型的效果最终是通过测试数据来评判的，但是在实际操作中往往无法通过测试数据来验证参数的设置是否合适。因为，模型的度量标准是对未知数据的预测准确率，需要保证测试数据在训练过程中对模型的不可见性，否则可能导致最终的模型出现过拟合的问题。为了测试训练模型中所用到的参数是否合适，往往会引入验证数据集。引入验证数据集就涉及将原始数据拆分成训练数据集、验证数据集和测试数据集的方法，接下来将介绍数据拆分的相关内容。

1. 数据量的拆分

本节中提到，需要把数据拆分成 3 份，在大数据时代尚未到来的时代，一种常见的拆分规则是将数据拆分成 8∶1∶1 的比例。验证数据集和测试数据集如果太小则很可能无法有效地验证和测试模型的训练效果。需要注意的是，这个规则是建立在数据集比较小的情况下的，例如只有几千条数据的数据集。如今，进入大数据时代后，数据集往往是百万级甚至兆级的，此时以往的拆分规则可能并不适用了，因此需要做一些调整。例如，对一个含有一百万条数据的数据集进行拆分，此时可能会将其按照训练数据集、验证数据集、测试数据集的顺序拆分成 98%∶1%∶1%的规则。之所以拆分比例发生如此巨大的变化，是因为在百万级的数据集中，1%的数据就有 10000 条信息，这个数据量对于评估模型来说已经较为充足。可以将更多的数据留作为训练数据集从而更好地训练模型。

2. 数据分布的拆分

在拆分数据集时除了需要注意拆分的数据量，往往还要考虑许多其他因素来保证模型的训练和评估效果。首先，验证数据集和测试数据集都是用来评估模型性能的，因此要保证验证数据集和测试数据集处于同一分布。例如，统计的是 3 个不同地区的人口分布情况与地形的关系，如果选择其中两个地区的数据作为验证数据集，然后将另外一个地区作为测试数据集显然是不可行的。这是因为这样拆分出的验证数据集和测试数据集处于不同的分布，两个数据集之间的评估效果不具有可比较性。如果以这样拆分的验证数据集为基础进行调参并训练模型，那么应用到测试数据集上时，极可能出现训练效果极差的情况。因此，在进行数据拆分时一定要确保验证数据集和测试数据集都处于同一分布上。正确的拆分例子应该是这样的，在抽取各地区人口分布与地形的关系数据时，应该从所有地区中平均地抽取数据。例如说每个地区有 100 份数据可以作为验证数据或测试数据，那么在拆分成验证数据和测试数据时，就应该尽可能地在每个地区中都分别随机抽取 50 份数据。

3. 训练数据的抽取

训练数据集的选择往往要根据数据的实际业务场景来确定。理论上训练数据集最好也跟验证数据集和测试数据集处于同一分布。但实际情况中可能无法确保这 3 个数据集都在同一分布上，例如在抽取具有时序性的数据时就很难确保这三者处于同一分布中。在预测某视频网站的视频点击率时，数据的时序性至关重要。因为热点新闻或视频的时效性较强，此时如果让训练数据集、验证数据集、测试数据集都处于同一分布就可能会出现用未来的数据预测过去数据的行为。实际上训练模型是为了用过去的数据预测未知的数据。此时，可以先按时间把数据分成两类——过去的数据和未来的数据，换句话说，将数据按某一个时间节点拆分成两种数据，处于这个时间点之前的数据作为训练数据集，处于这个时间点之后的数据再拆分成为验证数据和测试数据。这时候再按照前文提到的拆分规则，确保验证数据集和测试数据集处于同一分布就可以了。

除了上面提到的使用验证数据集，还可以使用交叉验证的方式来验证模型的效果，但是这种方法会花费大量的时间和计算资源，因此在海量数据的情况下，一般更多采用验证数据集来测评模型的训练效果。

6.2.2 变量管理

在 6.2.1 节中，神经网络的前向传播结果被转换成了函数的形式。这种方式可以在训练和测试中统一调用同一个函数来求解模型的前向传播结果。该函数中包含了大量的参数，然而伴随着网络的复杂化，参数会巨量增加，因此需要更加高效的方式来进行数据的传递和调整神经网络的参数。在 TensorFlow 中可以通过 tf. get_variable()和 tf. variable_scope()函数以变量名称来创建或获取变量,通过这种方式,在不同的函数中直接使用变量名称来调用变量,直接跳过将变量通过参数的形式进行传递的步骤。

在使用 tf. get_variable()函数创建变量时,它等价于之前所学习的 tf. Variable()函数。tf. get_variable()函数在调用时提供的维度信息是初始化方法的参数,这与和 tf. Variable()函数调用变量时提供的初始化过程中的参数是类似的。TensorFlow 中提供的初始化函数和随机数以及常量生成函数大部分是一一对应的。TensorFlow 提供了 7 种初始化函数,具体如下所示。

```
tf.constant_initializer()                #常量初始化
tf.ones_initializer()                    #全 1 初始化
tf.zeros_initializer()                   #全 0 初始化
tf.random_uniform_initializer()          #均匀分布初始化
tf.random_normal_initializer()           #正态分布初始化
tf.truncated_normal_initializer()        #截断正态分布初始化(如果随机出来的值
                                         #偏离超过 2 个标准差,则重新随机该数)
tf.uniform_unit_scaling_initializer()    #将变量初始化为满足平均分布但不影
                                         #响输出数量级的随机值
```

tf. get_variable()和 tf. Variable()函数的主要区别在于用来指定变量名称的参数。对于 tf. Variable()函数,变量名称为可选的参数,通过 name="v"的形式指定;而在 tf. get_variable()函数中,变量名称则是必选参数,tf. get_variable()函数会根据这个名称去创建或者获取变量。

通过 tf. variable_scope()函数可以控制 tf. get_variable()函数的语义。当 tf. variable_scope()函数的参数 reuse=True 生成上下文管理器时,该上下文管理器内的所有的 tf. get_variable()函数会直接获取已经创建的变量,如果变量不存在则会返回错误;当 tf. variable_scope()函数的参数 reuse=False 或者 None 时,此时所创建的上下文管理器中,tf. get_variable()函数将直接创建新的变量,若存在同名变量则返回错误。

值得注意的是,可以对 tf. variable_scope()函数进行嵌套。在该函数的嵌套中,如果某层上下文管理器未声明 reuse 的具体参数,则该层上下文管理器的 reuse 参数与其外层保持一致。

tf. variable_scope()函数提供了一个管理变量命名空间的方式。通过 tf. variable_scope()函数创建的变量,在变量名称. name 中,会在名称前加入命名空间的名称,并通过"/"来分隔命名空间的名称和变量的名称。tf. get_variable("foou/baru/u",[1]),可以通过带命名空间名称的变量名来获取其命名空间下的变量。接下来将演示如何通过 tf. variable_scope()函数来控制 tf. get_variable()函数获取已创建过的变量。

```
1   import tensorflow as tf
2   # 在名字为 foo 的命名空间内创建名字为 v 的变量
3   with tf.variable_scope("foo"):
4       v = tf.get_variable("v", [1], initializer = tf.constant_initializer(1.0))
5   '''
6   # 因为命名空间 foo 内已经存在变量 v,再次创建则报错
```

```
7   with tf.variable_scope("foo"):
8       v = tf.get_variable("v", [1])
9   # ValueError: Variable foo/v already exists, disallowed.
10  # Did you mean to set reuse = True in VarScope?
11  '''
12  # 将参数 reuse 参数设置为 True,则 tf.get_variable 可直接获取已声明的变量
13  with tf.variable_scope("foo", reuse = True):
14      v1 = tf.get_variable("v", [1])
15      print(v == v1) # True
16  '''
17  # 当 reuse = True 时,tf.get_variable 只能获取指定命名空间内的已创建的变量
18  with tf.variable_scope("bar", reuse = True):
19      v2 = tf.get_variable("v", [1])
20  # ValueError: Variable bar/v does not exist, or was not created with
21  # tf.get_variable(). Did you mean to set reuse = None in VarScope?
22  '''
23  with tf.variable_scope("root"):
24   # 通过 tf.get_variable_scope().reuse 函数获取当前上下文管理器内的 reuse 参数取值
25      print(tf.get_variable_scope().reuse) # False
26      with tf.variable_scope("foo1", reuse = True):
27          print(tf.get_variable_scope().reuse) # True
28          with tf.variable_scope("bar1"):
29              # 嵌套在上下文管理器 foo1 内的 bar1 未指定 reuse 参数,则保持与外层一致
30              print(tf.get_variable_scope().reuse) # True
31      print(tf.get_variable_scope().reuse) # False
32  # tf.variable_scope 函数提供了一个管理变量命名空间的方式
33  u1 = tf.get_variable("u", [1])
34  print(u1.name)
35  with tf.variable_scope("foou"):
36      u2 = tf.get_variable("u", [1])
37      print(u2.name)
38  with tf.variable_scope("foou"):
39      with tf.variable_scope("baru"):
40          u3 = tf.get_variable("u", [1])
41          print(u3.name)
42      u4 = tf.get_variable("u1", [1])
43      print(u4.name)
44  # 可直接通过带命名空间名称的变量名来获取其命名空间下的变量
45  with tf.variable_scope("", reuse = True):
46      u5 = tf.get_variable("foou/baru/u", [1])
47      print(u5.name)
48      print(u5 == u3)
49      u6 = tf.get_variable("foou/u1", [1])
50      print(u6.name)
51      print(u6 == u4)
```

输出结果如下所示。

```
True
False
True
True
```

```
False
u:0
foou/u:0
foou/baru/u:0
foou/u1:0
foou/baru/u:0
True
foou/u1:0
True
```

上述示例简要地说明了通过 tf. variable_scope()函数可以控制 tf. get_variable()函数的语义,以及 tf. variable_scope()函数的嵌套。通过上述方法便可以省去之前所讲的将所有变量都作为参数传递到不同函数中的一般性方法来进行模型的训练了。这种方法适用于网络结构复杂,参数众多的模型的训练,这种变量管理方法对提高程序的可读性大有助益。

6.3 TensorFlow 模型持久化

TensorFlow 主要通过构建不同的神经网络来解决相应问题,但是复杂神经网络的结构庞大且包含大量参数,这可能导致程序的可读性较差,并且程序中往往伴随着大量的冗余代码,这些冗余代码很可能影响编程效率。6.2.2 节已经对如何管理 TensorFlow 的变量进行了介绍,变量管理有助于优化程序,提升程序的可读性。在实际操作中,难免出现程序未保存意外退出的情况,训练网络往往需要花费大量的资源(时间和计算机性能等),此时,便需要用到模型持久化的相关技术。模型持久化主要有以下两个意义。

(1) 防止在训练复杂模型时训练意外终止造成的损失。通过模型持久化(保存为 CKPT 格式)来暂存训练过程中的临时数据。

(2) 在用模型进行离线预测时,只需要从前向传播的过程中获取预测值,此时可以通过模型持久化(保存为 PB 格式),只保存前向传播中需要的变量并将变量的值固定下来。这样,只需提供输入数据,便可以通过模型得到相应的输出。

6.3.1 TensorFlow 实现保存或加载模型

TensorFlow 提供了一个较为简单的方法来保存和还原一个神经网络模型——tf. train. Saver 类。保存 TensorFlow 计算图的具体方法如下所示。

```
import tensorflow as tf
# 声明两个变量并计算它们的和
v1 = tf.Variable(tf.constant(1.0,shape = [1]),name = 'v1')
v2 = tf.Variable(tf.constant(2.0,shape = [1]),name = 'v2')
result = v1 + v2
init_op = tf.global_variables_initializer()
# 声明 tf.train.Saver 类用于保存模型
saver  =  tf.train.Saver()
with tf.Session() as sess:
    sess.run(init_op)
    # 将模型保存到指定路径
    saver.save(sess," D:/Anaconda123/Lib/site - packages/tensorboard/log
            /model.ckpt")
```

上述代码较为简单地对 TensorFlow 模型进行了持久化操作，这段代码中，通过 saver.save 函数将 TensorFlow 模型保存到了“D:/Anaconda123/Lib/site-packages/tensorboard/log/model.ckpt”文件中。

（1）保存模型。

```
import tensorflow as tf
v1 = tf.Variable(tf.constant(1.0,shape = [1]),name = 'v1')
v2 = tf.Variable(tf.constant(2.0,shape = [1]),name = 'v2')
result = v1 + v2
init_op = tf.global_variables_initializer()
saver = tf.train.Saver()
with tf.Session() as sess:
    sess.run(init_op)
    saver.save(sess,'D:/Anaconda123/Lib/site-packages/tensorboard/log
              /model.ckpt ')
```

（2）加载所保存的模型。

```
import tensorflow as tf
tf.reset_default_graph()#重置计算图
v1 = tf.Variable(tf.constant(1.0,shape = [1]),name = 'v1')
v2 = tf.Variable(tf.constant(2.0,shape = [1]),name = 'v2')
result = v1 + v2
saver = tf.train.Saver()
with tf.Session() as sess:
      saver.restore(sess, "D:/Anaconda123/Lib/site-packages/tensorboard/log/model.ckpt")
      print(sess.run(result))
```

输出结果如下所示。

```
[3.]
```

在加载模型时，要先定义 TensorFlow 计算图上的所有运算，此时无须初始化变量，变量的值通过已经保存的模型进行加载。如果不希望重复定义图上的运算，也可以直接加载已经持久化的计算图。加载计算图的方法如下所示。

```
import tensorflow as tf
# 直接加载持久化的图
saver = tf.train.import_meta_graph('log/model.ckpt.meta')
with tf.Session() as sess:
    saver.restore(sess,'log/model.ckpt')
    # 通过张量的名称来获取张量
    print(sess.run(tf.get_default_graph().get_tensor_by_name('add:0')))
```

输出结果如下所示。

```
[3.]
```

上述程序默认保存和加载了 TensorFlow 计算图上定义的全部变量。但是有时需要保存或加载部分变量。此时就需要在声明 tf.train.Saver 类时提供一个列表来指定需要保存或加载的变量。例如通过如下命令可以只加载变量 v2。

```
saver = tf.train.Saver([v2])
```

6.3.2 TensorFlow 模型持久化的原理及数据格式

TensorFlow 是一个通过图的形式来表述计算的编程系统，TensorFlow 中所有的计算都会被表达成计算图上的节点。TensorFlow 通过元图(MetaGraph)来记录计算图中的信息，以及运行计算图中节点所需要的元数据。MetaGraphDef 类型的定义如下所示。

```
message MetaGraphDef{
   MeatInfoDef meta_info_def = 1;
   GraphDef graph_def = 2;
   SaverDef saver_def = 3;
   map<string,CollectionDef> collection_def = 4;
   map<string,SignatureDef> signature_def = 5;
   repeated AssetFileDef asset_file_def =6;
}
```

在 TensorFlow 中，通常以.meta 为后缀的文件保存 MetaGraphDef 信息，而 test.ckpt.meta 文件则保存的是元图的数据。这种文件通常以二进制的形式保存，这样方便调试。可以通过 TensorFlow 中的 export_meta_graph()函数以 json 格式导出元图。具体方法如下所示。

```
import tensorflow as tf
v1 = tf.Variable(tf.constant(1.0, shape=[1]), name ="v1")
v2 = tf.Variable(tf.constant(2.0, shape=[1]), name ="v2")
result1 = v1 + v2
saver = tf.train.Saver()
saver.export_meta_graph("test/test.ckpt.json", as_text=True)
```

上述代码通过 export_meta_graph()函数将元图数据以 json 的格式导出并保存在 test.ckpt.json 文件中。元数据主要包含计算图的版本号(meta_graph_version 属性)和用户指定的标签(tags 属性)，接下将与大家一起具体分析 TensorFlow 元图中所存储的信息。

1. meta_info_def 属性

TensorFlow 提供了通过 MetaInfoDef 定义 meta_info_def 属性的方法，meta_info_def 属性主要用于记录 TensorFlow 计算图中的元数据以及 TensorFlow 程序中所有使用到的运算方法的信息。如果没有在 saver 中明确指定相应信息，则通常情况下参数这些属性默认为空。MetaInfoDef 类型的定义如下所示。

```
message MetaInfoDef{
    string meta_graph_version = 1;
```

```
    OpList stripped_op_list = 2;
    google.protobuf.Any any_info = 3;
    repeated string tags = 4;
    string tensorflow_version = 5;
    string tensorflow_git_version = 6;
}
```

在 meta_info_def 属性里，只有 stripped_op_list 属性不能为空，该属性记录了 TensorFlow 计算图上使用的运算方法的信息，即使某一个运算在计算图中出现多次，但在该属性中只会出现一次，换句话说，该函数只记录运算信息，不记录运算次数。

OpList 类型是一个 OpDef 类型的列表，OpDef 类型的定义如下所示。

```
message opDef{
    string name = 1;                                #定义了运算的名称
    repeated ArgDef input_arg = 2;                  #定义了输入,属性是列表
    repeated ArgDef output_arg =3;                  #定义了输出,属性是列表
    repeated AttrDef attr = 4;                      #给出了其他运算的参数信息
    string summary = 5;
    string description = 6;
    OpDeprecation deprecation = 8;
    bool is_commutative = 18;
    bool is_aggregate = 16
    bool is_stateful = 17;
    bool allows_uninitialized_input = 19;
};
```

接下来，通过如下运算来分析 OpDef 的数据结构。

```
op {
   name: "Add"
   input_arg{
       name: "x"
       type_attr:"T"
   }
   input_arg{
       name: "y"
       type_attr:"T"
   }
   output_arg{
       name: "z"
       type_attr:"T"
   }
   attr{
       name:"T"
       type:"type"
       allow_values{
           list{
               type:DT_HALF
```

```
                type:DT_FLOAT
                ...
            }
        }
    }
}
```

上述代码展示了 Add 运算，该运算有两个输入数据和一个输出数据，输入数据和输出数据均被指定为 typr_attr 属性，值为 T。在 OpDef 的 attr 的属性中，必须要出现名称为 T 的属性。以上样例中，这个属性指定了运算中输入数据和输出数据所允许的参数类型。

2. graph_def 属性

graph_def 属性主要用于记录计算图中的节点信息，前文中曾讲到计算图中的每一个节点对应于一个运算。meta_info_def 属性中包含了所有运算的具体信息，graph_def 属性则关注于运算的连接结构。GraphDef 类型主要包含了一个 NodeDef 类型的列表。以下代码给出 GraphDef 和 NodeDef 类型中包含的信息：

```
message GraphDef{
    repeated NodeDef node = 1;
    VersionDef versions = 4;
};
message NodeDef{
    string name = 1;
    string op = 2;
    repeated string input = 3;
    string device = 4;
    map < string, AttrValue > attr = 5;
};
```

GraphDef 的主要信息存储在 node 属性中，该属性记录了 TensorFlow 计算图上所有的节点信息。各参数对应的含义如下所示。

- VersionDef versions 用于储存 TensorFlow 的版本号。
- NodeDef 类型中的名称属性 name 是每个节点所对应的的唯一标识符，在程序中，通过节点的名称来获得相应节点的信息。
- op 属性给出了该节点使用的 TensorFlow 运算方法的名称，通过对应的名称可以在元图的 meta_info_def 属性中找到该运算的具体信息。
- input 属性用于定义运算的输入数据，该属性为字符串列表，每个字符串的取值格式为 src_output。
- node 属性给出节点名称。
- src_output 表明该输入数据对应指定节点的第几个输出数据，当 src_output 的值为 0 时可以省略 src_output 部分。
- string device 用于指定了处理该运算的设备，属性为空时将自动选择运算设备。
- map < string, AttrValue > attr 用于指定和当前运算有关的配置信息。

接下来，通过 test. ckpt. meta. json 来演示 graph_def 属性的具体作用。

```
graph def {
    node {
        name: "v1"
        op: "Variable"
        attr {
            key:"_output_shapes"
            value {
                list{ shape { dim { size: 1 } } }
            }
        }
    }
    attr {
        key :"dtype"
        value {
            type: DT_FLOAT
            }
        }
        ...
    }
    node {
        name :"add"
        op :"Add"
        input :"v1/read"
        input: "v2/read"
        ...
    }
    node {
        name: "save/control_dependency"
        op:"Identity"
        ...
    }
    versions {
        producer :9
    }
}
```

上述代码中包含了 model.ckpt.meta.json 文件中 graph_def 属性里的数个重要节点，第一个节点制定了变量定义的运算。在 TensorFlow 中，变量的定义属于运算的范畴，该运算的名称为 v1(name: "v1")，运算名称为 Variable(op: "VariableV2")。

定义变量的运算可以有多个，在 NodeDef 类型的 node 属性中可以有多个变量定义的节点，但定义变量的运算方法是唯一的，在 MetaInfoDef 类型的 stripped_op_list 属性中只有一个名称为 VariableV2 的运算方法。除了指定计算图中节点的名称和运算方法，NodeDef 类型中还定义了运算相关的属性。在节点 v1 中，attr 属性指定了变量的所属类型及维度。

第二个节点是一个 Add 运算，它包含了两个输入数据(v1/read 和 v2/read)。其中 v1/read 代表的节点可以读取变量 v1 的值，由于 v1 的值是节点 v1/read 的第一个输出，因此可以省略后面的“: 0”。v2/read 代表了变量 v2 的取值。

save/control_dependency 节点是系统在完成 TensorFlow 模型持久化过程中自动生成的一个运算，属性 versions 给出了生成 model. ckpt. meta. json 文件时使用的 TensorFlow 版本号。

3. saver_def 属性

saver_def 属性中记录了持久化模型时需要使用的参数（保存时的文件名、保存频率、加载或保存的历史记录等）。saver_def 属性的类型为 SaverDef，saver_def 的定义如下所示。

```
message SaverDef {
    string filename_tensor_name = 1;
    string save_tensor_name = 2;
    string restore_op_name = 3;
    int32 max_to_keep = 4;
    bool sharded = 5;
    float keep_checkpoint_every_n_hours = 6;
    enum CheckpointFormatVersion {
        LEGACY = 0;
        V1 = 1;
        V2 = 2;
    }
    CheckpointFormatVersion version = 7;
}
```

在 test. ckpt. meta. json 文件中，saver_def 属性的内容如下所示。

```
saver_def {
    filename_tensor_name :"save/Const:0"
    #指定了保存文件的张量名,这个张量是节点 save/Const 的第一个输出
    save_tensor_name :"save/control_dependency: 0"
    #指定了持久化模型运算所对应的节点名称
    restore_op_name: "save/restore_all"
    #和持久性模型运算对应的是加载模型的运算的名称
    max_to_keep:10
    keep_checkpoint_every_n_hours :10.0
    #上面两个属性设定了 tf.train.Saver 类清理之前保存的模型的策略
    #当 max_to_keep 的值为 10 时,在第 11 次调用 saver.save 时删除第 1 次保存的模型
    #keep_checkpoint_every_n_hours 的值为 10 时
    #每 10 小时可以在 max_to_keep 的基础上保存一个模型
```

4. collection_def 属性

在 TensorFlow 的计算图中可以通过 collection_def 属性来维护不同的集合。collection_def 属性是一个集合名称到集合内容的映射。集合名称以字符串的形式保存，集合的内容为 CollectionDef Protocol Buffer。CollectionDef 类型的定义如下所示。

```
message CollectionDef {
    message Nodelist {
    #维护计算图上的节点集合
        repeated string value = 1;
    }
```

```
    message BytesList {
    # 维护字符串或者系列化之后的 Procotol Buffer 的集合
    # 例如张量是通过 Protocol Buffer 表示的，而张量的集合是通过 BytesList 维护的
        repeated bytes value = 1 ;
    }
    message Int64List {
        repeated int64 value = 1[packed = true];
    }
    message FloatList {
        repeated float value = 1[packed = true] ;
    }
    message AnyList {
        repeated google.protobuf.Any value = 1;
    }
    oneof kind {
        NodeList node_list = 1;
        BytesList bytes_lista = 2;
        Int64List int64_list = 3;
        Floatlist float_list = 4;
        AnyList any_list = 5;
    }
}
```

从上面代码可以看到，在 TensorFlow 的计算图上集合主要可以维护 4 类不同的集合。

Nodelist 集合：用于维护计算图上的节点集合。

BytesList 集合：用于维护字符串或系列化后的 Procotol Buffer 集合。

Int64List 集合：用于维护整数集合。

FloatList 集合：用于维护实数集合。

model.ckpt.meta.json 文件中的 collection_def 属性如下所示。

```
collection_def {
    # 可训练变量的集合
    key: "trainable_variables"
    value {
        bytes_list {
            value; "\n\004v1:0\022\tv1/Assign\032\tv1/read:0"
            value: "\n\004v2:0\022\tv2/Assign\032\cv2/read:0"
        }
    }
}
collection_def {
    # 所有变量的集合
    key: "variables"
    value {
        bytes_list {
            value:"\n\004v1:0\022\tv1/Assign\032\tv1/read:0"
            value:"\n\004v2:0\022\tv2/Assign\032\tv2/read:0"
        }
    }
}
```

可以看到，样例程序中对两个集合进行了维护：所有变量的集合(variables)和可训练变量的集合(trainable_variables)。这两个程序都是系统自动维护的。

6.4 本章小结

通过本章的学习，大家应熟练掌握MNIST数据集验证神经网络优化方法。本章给出了使用简单的神经网络解决MNIST问题的最佳实践样例程序，介绍了使用激活函数和隐藏层对优化神经网络的重要意义。通过对变量管理的学习，应掌握在应对复杂的含有巨量变量的神经网络时，通过变量名称来创建或获取变量，从而提升程序的可读性，通过模型的持久化提升程序的鲁棒性。

6.5 习　　题

1. 填空题

(1) 在MNIST数据集中，图片被处理成了简易的________。

(2) 为了保证模型对未知数据的预测准确率，需要保证测试数据在训练过程中对模型的________，否则可能导致最终的模型出现________的问题。

(3) 通过________和________函数以变量名称来创建或获取变量，可以直接跳过将变量通过参数的形式进行传递，使得数据的传递更加高效。

(4) 在模型持久化操作中，模型会被保存为________格式的文件。

(5) TensorFlow通过________来记录计算图中的信息，以及运行计算图中节点所需要的元数据。

2. 选择题

(1) MNIST数据集中的图片保存格式为(　　)。

A. .jpg　　B. .png

C. .bmp　　D. 简易的二维数组

(2) TensorFlow通过(　　)类来保存和还原一个神经网络模型。

A. tf.Saver　　B. tf.train.Saver

C. tf.train.saver　　D. 以上都错

(3) 在TensorFlow中可以通过(　　)函数以json格式导出元图。

A. export_meta_graph　　B. export _graph

C. MetaGraphDef　　D. MetaInfoDef

3. 思考题

简述程序与数据拆分在实际应用中的价值。

第7章 TensorFlow 实现卷积神经网络

本章学习目标

- 掌握实现简单的卷积神经网络的方法；
- 了解卷积神经网络使用的进阶技巧；
- 掌握通过卷积神经网络实现图片风格渲染的方法。

在第 6 章中，本书介绍了识别 MNIST 数据集中数字的方法，其中对比了不同神经网络结构对模型的预测准确性的影响。除了第 6 章所介绍的网络结构，深度学习中有一种更高效的神经网络结构——卷积神经网络（Convolutional Neural Networks，CNN）。CNN 常用于解决自然语言处理、图像识别等领域的问题。本章将重点讲解 CNN 在图像识别领域的应用，从实现最基本的 CNN 开始，逐步了解 CNN 的工作原理和实现 CNN 的方法。

7.1 卷积神经网络简介

卷积神经网络是一种非常适合图像、语音识别的神经网络结构。在近几年图像识别、语音识别领域的重要突破中都能看到卷积神经网络的影子，例如，谷歌主导开发的 GoogleNet 和微软主导开发的 ResNet 等。在围棋界击败众多世界冠军的 AlphaGo 也用到了这种神经网络。

在图像识别领域，卷积神经网络通过保留重要参数，删除无关或相关性较弱的参数，来简化复杂的输入数据，从而优化模型的学习效果，实现端到端地表示学习思想。可通过图 7.1 来更加直观地认识卷积神经网络。

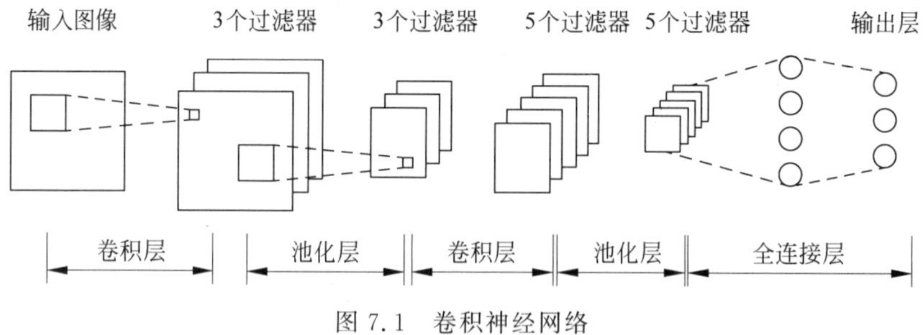

图 7.1 卷积神经网络

卷积神经网络与全连接神经网络的层结构有着较大区别。卷积神经网络由输入数据的输入层和图 7.1 所示的卷积层、池化层、全连接层组成。全连接神经网络的每层神经元是按照一维呈线性排列的；而卷积神经网络每层的神经元是按照三维排列的，排列类似于长方体，卷积神经网络的网络结构具有宽度、高度和深度。卷积神经网络通常由以下 5 种基本结构组成。

（1）输入层。用于数据的输入。在处理图像的卷积神经网络中，输入数据一般代表了一张图片的像素矩阵。

(2) 卷积层。通过局部感知和参数共享实现对高维输入数据的降维，与此同时对原始数据的优秀特征进行自动提取。

(3) 池化层。通过对输入数据的各个维度进行空间采样，进一步降低数据的规模，并且对输入数据具有局部线性转换的不变性。池化层可以增强网络的泛化处理能力。

(4) 全连接层。全连接层的输入数据在经过前面的卷积层和池化层处理后维度大幅下降，可以直接通过前馈网络来给出最后的分类结果。经过反复提炼后的信息具有更高的信息含量，比直接学习未经提取降维的原始数据的学习效果更好。

所谓卷积，从数学层面可以看作是一个函数在另外一个函数中的叠加。卷积的数学解释可能比较抽象，接下来以两个离散信号相乘来解释卷积操作的概念。

设两离散信号为 $x[n]=\{a,b,c\}$ 和 $y[n]=\{i,j,k\}$。其中 $x[0]=a$，$x[1]=b$，$x[2]=c$，$y[0]=i$，$y[1]=j$，$y[2]=k$，$x[n]$ 与 $y[n]$ 如图 7.2 所示。

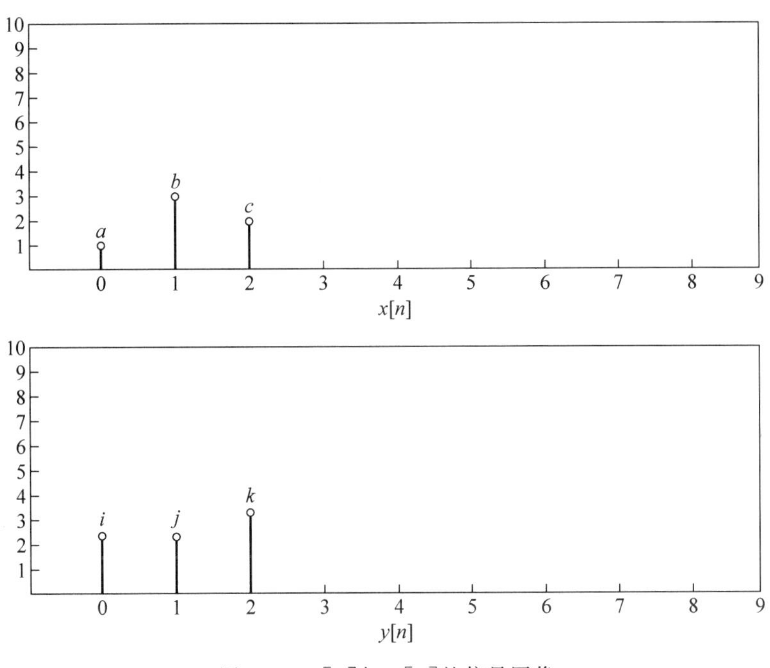

图 7.2 $x[n]$与 $y[n]$的信号图像

首先，将 $x[n]\times y[0]$后所得图像平移至起始位置为 0 处，如图 7.3 所示。

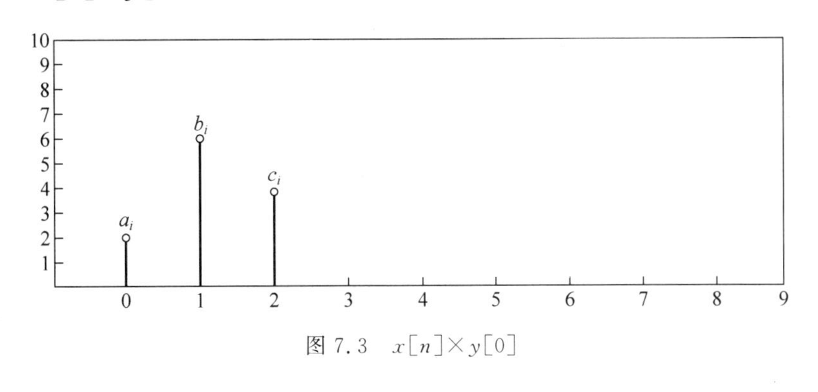

图 7.3 $x[n]\times y[0]$

其次，将 $x[n]\times y[1]$后所得图像平移至起始位置为 1 处，如图 7.4 所示。

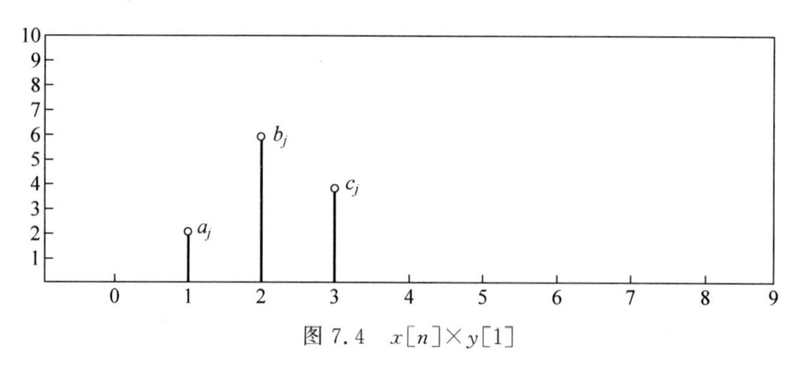

图 7.4　$x[n]\times y[1]$

再次，将 $x[n]\times y[2]$后所得图像平移至起始位置为 2 处，如图 7.5 所示。

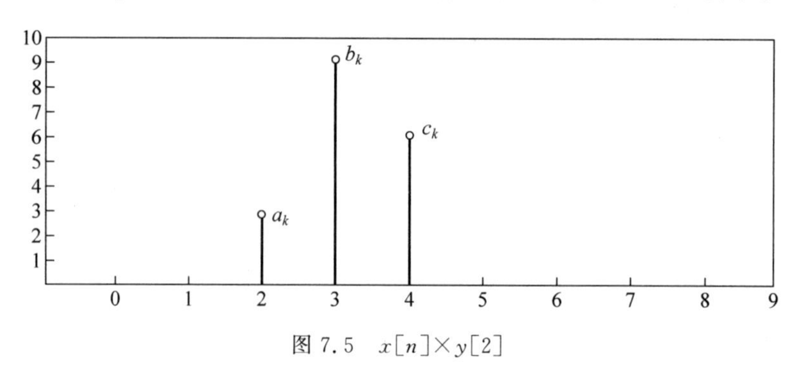

图 7.5　$x[n]\times y[2]$

最后，将上述 3 个步骤所得图像叠加便可以得出 $x[n]\times y[n]$的最终图像，如图 7.6 所示。

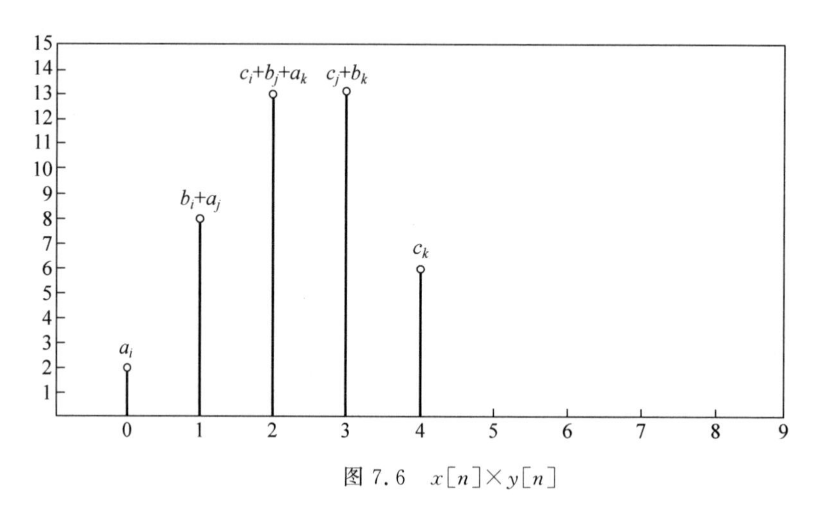

图 7.6　$x[n]\times y[n]$

从以上事例可以看到，卷积操作的物理意义是加权叠加，即一个函数在另一个函数上加权叠加。接下来通过在图像中应用矩阵乘法卷积核来演示图像卷积的过程。

假设有一个维度为 5×5 的图像，使用一个维度为 3×3 的卷积核进行卷积，令步长值为 1，通过卷积操作可以得到一个维度为 3×3 的特征图，如图 7.7 所示。

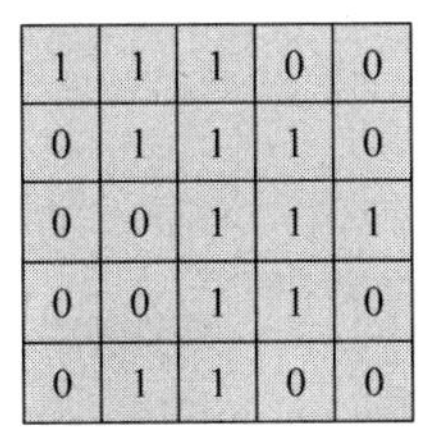

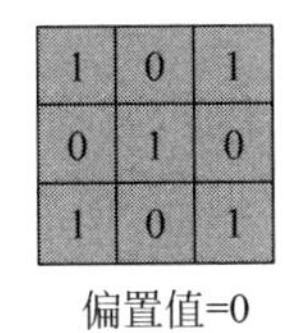

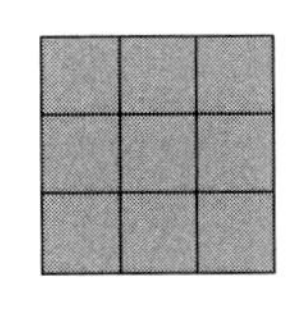

图 7.7　在图像中应用矩阵乘法卷积核

为了清楚地描述卷积计算过程，首先对图像的每个像素进行编号，用 $x_{i,j}$ 表示图像的第 i 行第 j 列元素；对卷积核的每个权重进行编号，用 $w_{m,n}$ 表示第 m 行第 n 列权重，用 b 表示卷积核的偏置项；对特征图的每个元素进行编号，用 $a_{i,j}$ 表示特征图的第 j 行第 j 列元素；用 f 表示激活函数(这个例子选择 ReLU 函数)。然后，使用下列公式计算卷积。

$$a_{i,j}=f\left(\sum_{m=0}^{2}\sum_{n=0}^{2}w_{m,n}x_{m+i,n+j}+w_b\right)$$

例如，对于特征图左上角元素来说，其卷积计算方法为：

$$a_{0,0}=f\left(\sum_{m=0}^{2}\sum_{n=0}^{2}w_{m,n}x_{m+0,n+0}+w_b\right)$$

计算结果如图 7.8 所示。

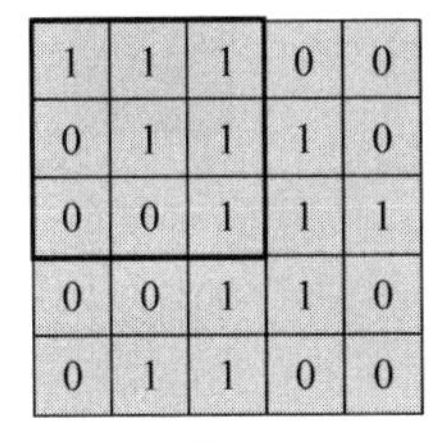

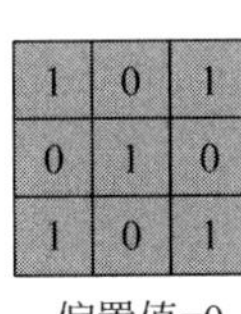

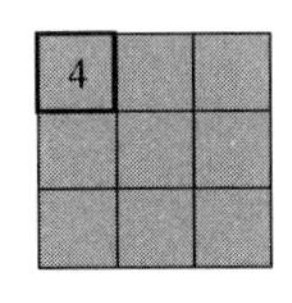

图 7.8　特征图中元素 $a_{0,0}$ 计算结果

接下来，特征图的元素 $a_{0,1}$ 的卷积计算方法如下所示。

$$a_{0,1}=f\left(\sum_{m=0}^{2}\sum_{n=0}^{2}w_{m,n}x_{m+0,n+1}+w_b\right)$$

计算结果如图 7.9 所示。

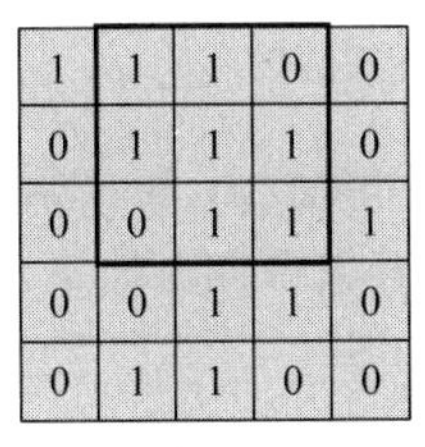

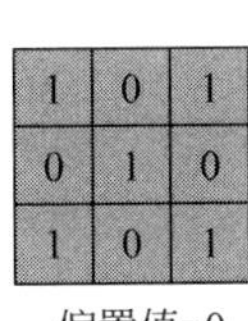

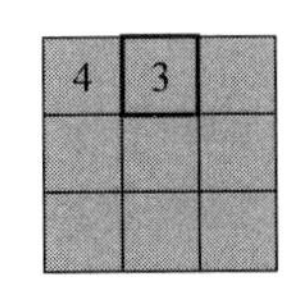

图 7.9　特征图中元素 $a_{0,1}$ 计算结果

上述计算的步幅(stride)为 1,当步幅为 2 时,特征图计算过程如图 7.10 所示,图 7.10(a)到图 7.10(d)分别对应依次移动一个步幅的后结果。

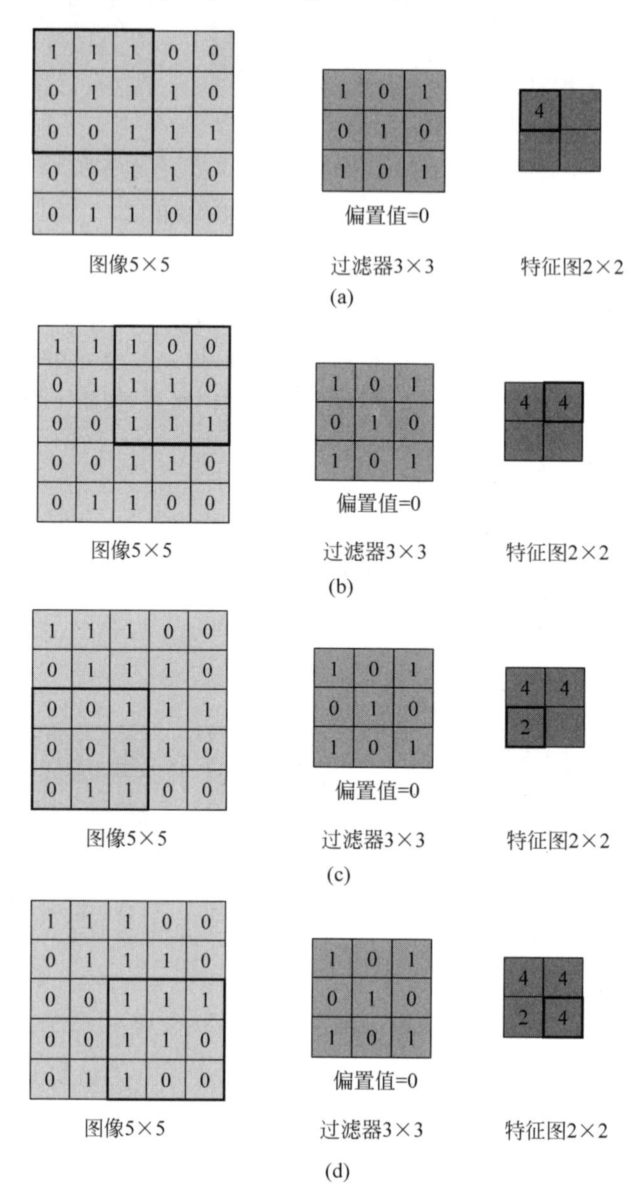

图 7.10 步幅为 2 时的计算结果

当步幅设置为 2 的时候,特征图缩小成 2×2。由步幅为 1 和步幅为 2 两种情况对比可以看出,图像大小、步幅和卷积后的特征图大小有关,其关系如下所示。

$$W_2 = (W_1 - F + 2P)/S + 1$$

$$H_2 = (H_1 - F + 2P)/S + 1$$

上述公式中,W_2 表示卷积后特征图的宽度;W_1 表示卷积前图像的宽度;F 表示卷积核的宽度;P 表示 0 填充的数量,0 填充是指在原始图像周围缺失部分通过补 0 的方式填充,如果 P 的值是 1,那么就补 1 圈 0;S 表示步幅;H_2 是卷积后特征图的高度;H_1 是卷积前图像的高度。上述两个表达式所表示的关系本质上是一样的。

以本节所介绍的图像卷积操作为例，计算经过卷积核后特征图的宽度，图像宽度 $W_1=5$，卷积核宽度 $F=3$，0 填充 $P=0$，步幅 $S=2$，则

$$\begin{aligned}W_2&=(W_1-F+2P)/S+1\\&=(5-3+0)/2+1\\&=2\end{aligned}$$

通过上述公式可以求得特征图的宽度为 2。用该公式同样可以计算出特征图的高度也为 2。

深度大于 1 时卷积层的计算方法与深度为 1 的卷积层的计算方法类似。如果卷积前的图像深度为 D，那么相应的卷积核的深度也必须为 D。深度大于 1 的卷积计算公式如下所示。

$$a_{i,j}=f\left(\sum_{d=0}^{D-1}\sum_{m=0}^{F-1}\sum_{n=0}^{F-1}w_{d,m,n}x_{d,m+i,n+j}+w_b\right)$$

在上述表达式中，D 表示图像深度，F 表示卷积核的大小（宽度或高度，两者相同）；$w_{d,m,n}$ 表示卷积核的第 d 层第 m 行第 n 列权重；$a_{d,i,j}$ 表示图像的第 d 层第 i 行第 j 列像素；其他的符号含义与之前深度为 1 的情况一致。

卷积神经网络中通常会引入非线性因素（例如 ReLU 函数）或者聚合参数（Maxpool 函数或者 Meanpool 函数）等。在卷积操作之后通常会进行池化操作，例如 Maxpool（最大池化）或者 Meanpool（平均池化）。最大池化方法实际上是在 $n\times n$ 的样本中取最大值，作为采样后的样本值。如图 7.11 所示是将一个 4×4 的数组经过窗口大小 2×2、步幅为 2 的最大池化的过程。

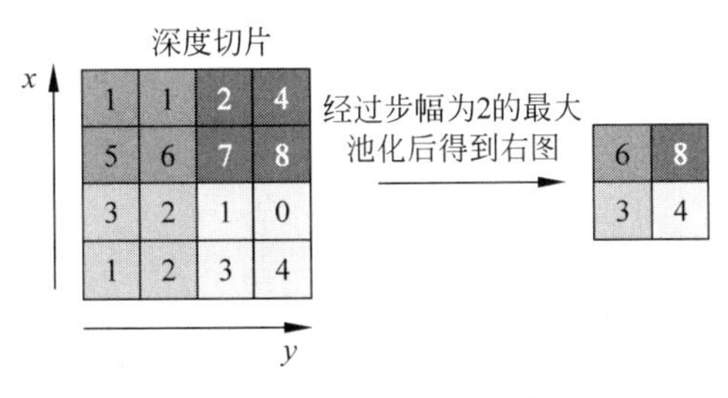

图 7.11　最大池化过程

平均池化过程与最大池化过程类似，该操作是在 $n\times n$ 的样本中取平均值，作为采样后的样本值，平均池化的过程如图 7.12 所示。

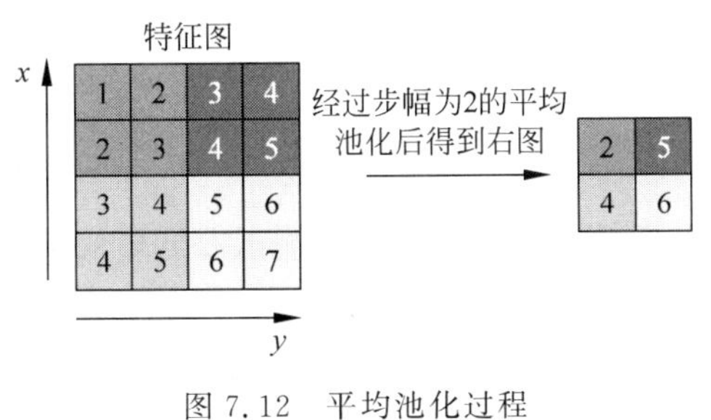

图 7.12　平均池化过程

7.2 TensorFlow 实现简单的 CNN

本节将通过构建一个含有 2 层卷积层和 2 层全连接层的卷积神经网络来提升第 6 章介绍过的 MNIST 数据集的预测准确度。

(1) 首先,加载相关工具库,创建计算图。

```
import matplotlib.pyplot as plt
import numpy as np
import tensorflow as tf
from tensorflow.examples.tutorials.mnist import input_data
from tensorflow.python.framework import ops
ops.reset_default_graph()
sess = tf.Session()
```

(2) 加载数据集,并将图像数据转换成 28×28 的数组。

```
data_dir = 'temp'
mnist = input_data.read_data_sets(data_dir, one_hot = False)
train_xdata = np.array([np.reshape(x, (28, 28)) for x in
                        mnist.train.images])
test_xdata = np.array([np.reshape(x, (28, 28)) for x in
                       mnist.test.images])
train_labels = mnist.train.labels
test_labels = mnist.test.labels
```

(3) 设置模型参数。

```
batch_size = 100
learning_rate = 0.001
evaluation_size = 500
image_width = train_xdata[0].shape[0]
image_height = train_xdata[0].shape[1]
target_size = np.max(train_labels) + 1
num_channels = 1
generations = 500
eval_every = 5
conv1_features = 25
conv2_features = 50
max_pool_size1 = 2
max_pool_size2 = 2
fully_connected_size1 = 100
```

(4) 声明模型占位符、训练数据集变量以及测试数据集变量。

```
x_input_shape = (batch_size, image_width, image_height, num_channels)
x_input = tf.placeholder(tf.float32, shape = x_input_shape)
y_target = tf.placeholder(tf.int32, shape = (batch_size))
```

```
eval_input_shape = (evaluation_size, image_width, image_height,
                    num_channels)
eval_input = tf.placeholder(tf.float32, shape = eval_input_shape)
eval_target = tf.placeholder(tf.int32, shape = (evaluation_size))
```

(5) 声明模型卷积层的权重参数和偏置值。

```
conv1_weight = tf.Variable(tf.truncated_normal(
               [4, 4, num_channels, conv1_features],
               stddev = 0.1, dtype = tf.float32))
conv1_bias = tf.Variable(tf.zeros([conv1_features], dtype = tf.float32))
conv2_weight = tf.Variable(tf.truncated_normal(
               [4, 4, conv1_features, conv2_features],
               stddev = 0.1, dtype = tf.float32))
conv2_bias = tf.Variable(tf.zeros([conv2_features], dtype = tf.float32))
```

(6) 声明模型全连接层的权重参数和偏置值。

```
resulting_width = image_width
resulting_height = image_height
full1_input_size = resulting_width * resulting_height * conv2_features
full1_weight = tf.Variable(tf.truncated_normal([full1_input_size,
                fully_connected_size1],
                stddev = 0.1, dtype = tf.float32))
full1_bias = tf.Variable(tf.truncated_normal([fully_connected_size1],
           stddev = 0.1, dtype = tf.float32))
full2_weight = tf.Variable(tf.truncated_normal([fully_connected_size1,
                target_size], stddev = 0.1, dtype = tf.float32))
full2_bias = tf.Variable(tf.truncated_normal([target_size], stddev = 0.1,
             dtype = tf.float32))
```

(7) 声明算法模型。创建模型函数 my_conv_net(),并初始化模型。

```
def my_conv_net(conv_input_data):
    # 第 1 层 Conv - ReLU - MaxPool 层
    conv1 = tf.nn.conv2d(conv_input_data, conv1_weight,
            strides = [1, 1, 1, 1], padding = 'SAME')
    relu1 = tf.nn.relu(tf.nn.bias_add(conv1, conv1_bias))
    max_pool1 = tf.nn.max_pool(relu1, ksize = [1, max_pool_size1,
                max_pool_size1, 1],
                strides = [1, max_pool_size1, max_pool_size1, 1],
                padding = 'SAME')
    # 第 2 层 Conv - ReLU - MaxPool 层
    conv2 = tf.nn.conv2d(max_pool1, conv2_weight, strides = [1, 1, 1, 1],
            padding = 'SAME')
    relu2 = tf.nn.relu(tf.nn.bias_add(conv2, conv2_bias))
    max_pool2 = tf.nn.max_pool(relu2, ksize = [1, max_pool_size2,
                max_pool_size2, 1],
                strides = [1, max_pool_size2, max_pool_size2, 1],
```

```
                padding = 'SAME')
    # 将输出数据转换成方便全连接层接收的 1 × N 形式
    final_conv_shape = max_pool2.get_shape().as_list()
    final_shape = final_conv_shape[1] * final_conv_shape[2] * final_conv_shape[3]
    flat_output = tf.reshape(max_pool2, [final_conv_shape[0],
                final_shape])
    # 第 1 个全连接层
    fully_connected1 = tf.nn.relu(tf.add(tf.matmul(flat_output,
                     full1_weight), full1_bias))
    # 第 2 个全连接层
    final_model_output = tf.add(tf.matmul(fully_connected1,
                      full2_weight), full2_bias)
    return final_model_output
```

(8) 声明训练模型。

```
model_output = my_conv_net(x_input)
test_model_output = my_conv_net(eval_input)
```

(9) 指定损失函数为 softmax 交叉熵损失函数。

```
loss = tf.reduce_mean(tf.nn.sparse_softmax_cross_entropy_with_logits(logits = model_
output, labels = y_target))
```

(10) 创建训练数据集和测试数据集的预测函数，以及准确度函数。

```
prediction = tf.nn.softmax(model_output)
test_prediction = tf.nn.softmax(test_model_output)
#创建准确度函数
def get_accuracy(logits, targets):
    batch_predictions = np.argmax(logits, axis = 1)
    num_correct = np.sum(np.equal(batch_predictions, targets))
    return 100. * num_correct/batch_predictions.shape[0]
```

(11) 指定优化器函数，声明步长值、初始化模型变量。

```
my_optimizer = tf.train.MomentumOptimizer(learning_rate, 0.9)
train_step = my_optimizer.minimize(loss)
init = tf.global_variables_initializer()
sess.run(init)
```

(12) 训练模型。

```
train_loss = []
train_acc = []
test_acc = []
for i in range(generations):
```

```
        rand_index = np.random.choice(len(train_xdata), size = batch_size)
        rand_x = train_xdata[rand_index]
        rand_x = np.expand_dims(rand_x, 3)
        rand_y = train_labels[rand_index]
        train_dict = {x_input: rand_x, y_target: rand_y}
        sess.run(train_step, feed_dict = train_dict)
        temp_train_loss, temp_train_preds = sess.run([loss, prediction], feed_dict = train_dict)
        temp_train_acc = get_accuracy(temp_train_preds, rand_y)
        if (i + 1) % eval_every == 0:
            eval_index = np.random.choice(len(test_xdata), size = evaluation_size)
            eval_x = test_xdata[eval_index]
            eval_x = np.expand_dims(eval_x, 3)
            eval_y = test_labels[eval_index]
            test_dict = {eval_input: eval_x, eval_target: eval_y}
            test_preds = sess.run(test_prediction, feed_dict = test_dict)
            temp_test_acc = get_accuracy(test_preds, eval_y)
            # 记录并打印结果
            train_loss.append(temp_train_loss)
            train_acc.append(temp_train_acc)
            test_acc.append(temp_test_acc)
            acc_and_loss = [(i + 1), temp_train_loss, temp_train_acc, temp_test_acc]
            acc_and_loss = [np.round(x, 2) for x in acc_and_loss]
            print('Generation # {}. Train Loss: {:.2f}. Train Acc (Test Acc): {:.2f} ({:.2f})'.
format( * acc_and_loss))
```

输出结果如下所示。

```
Extracting temp\train - images - idx3 - ubyte.gz
Extracting temp\train - labels - idx1 - ubyte.gz
Extracting temp\t10k - images - idx3 - ubyte.gz
Extracting temp\t10k - labels - idx1 - ubyte.gz
Generation # 5. Train Loss: 2.30. Train Acc (Test Acc): 15.00 (11.20)
Generation # 10. Train Loss: 2.28. Train Acc (Test Acc): 23.00 (22.60)
Generation # 15. Train Loss: 2.25. Train Acc (Test Acc): 32.00 (37.00)
Generation # 20. Train Loss: 2.07. Train Acc (Test Acc): 44.00 (42.40)
Generation # 50. Train Loss: 0.94. Train Acc (Test Acc): 73.00 (79.00)
Generation # 55. Train Loss: 0.66. Train Acc (Test Acc): 83.00 (81.00)
Generation # 460. Train Loss: 0.17. Train Acc (Test Acc): 96.00 (95.60)
Generation # 465. Train Loss: 0.10. Train Acc (Test Acc): 97.00 (96.40)
Generation # 470. Train Loss: 0.13. Train Acc (Test Acc): 96.00 (95.60)
Generation # 475. Train Loss: 0.23. Train Acc (Test Acc): 94.00 (96.40)
Generation # 495. Train Loss: 0.09. Train Acc (Test Acc): 98.00 (96.00)
Generation # 500. Train Loss: 0.11. Train Acc (Test Acc): 94.00 (97.40)
```

从上述结果可以看出模型的预测准确度提升巨大，准确率达到 98%。模型中前两层为卷积操作、ReLU 和最大池化的组合；后两层为全连接层。通过 matplotlib 绘制的损失值随迭代次数变化和准确度随迭代次数变化分别如图 7.13 和图 7.14 所示。

绘制的随机图片的预测值与实际值的对比如图 7.15 所示。

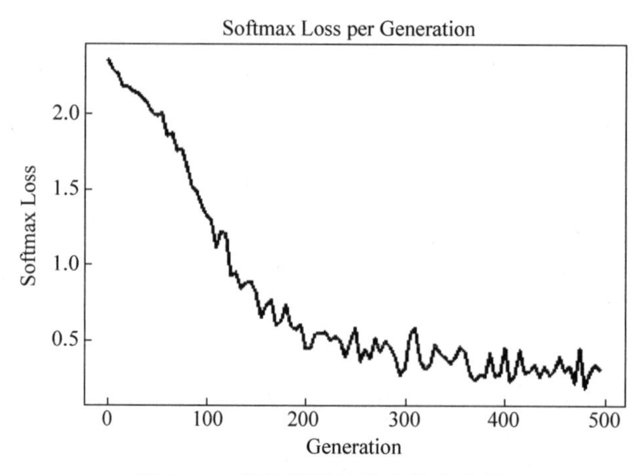

图 7.13　损失值随迭代次数变化图

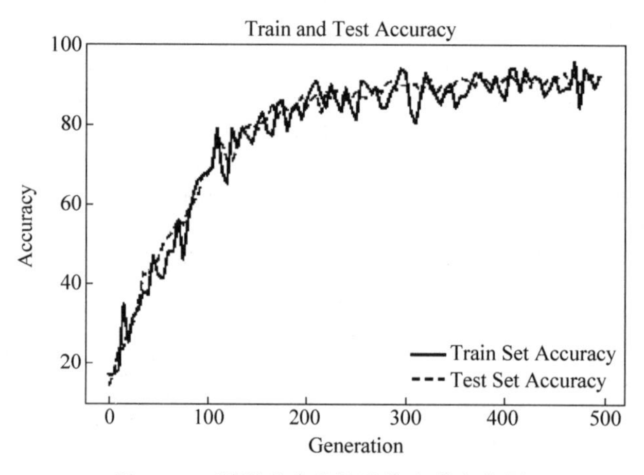

图 7.14　预测准确度随迭代次数变化图

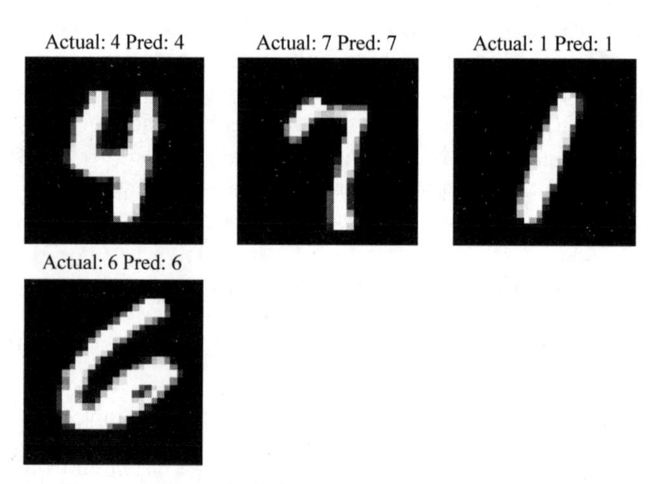

图 7.15　随机 4 幅数字图片的预测值与实际值对比图

7.3 TensorFlow 实现进阶 CNN

通过 7.2 节介绍的简单 CNN 网络，大家应该已经了解了 CNN 网络的基本构建方法。在数据集规模足够大的情况下，通过叠加卷积操作和池化操作等可以提高预测的准确度。由于该数据集中的图片过大，无法全部放入内存，TensorFlow 通过创建图像管道(Input Pipeline Performance Guide)的方式批量读取图像，高效地输入管道能够提升训练的效率。图像管道在当前训练步骤完成前，提前进行下一个步骤所需要的数据的准备，从而提升模型的训练效率。

对于图像数据识别模型的训练，通常会进行随机的剪裁、翻转和亮度调节，避免因为原数据集中的某些"规律"影响模型的最终效果。接下来，将演示用结构更加复杂的 CNN 网络实现对 CIFAR-10 数据集的识别准确度的提升。

(1) 导入相关工具库，创建计算图。

```
import os
import sys
import tarfile
import matplotlib.pyplot as plt
import numpy as np
import tensorflow as tf
from six.moves import urllib
from tensorflow.python.framework import ops
ops.reset_default_graph()
sess = tf.Session()
```

(2) 声明模型参数。

```
batch_size = 128
data_dir = 'temp'
output_every = 50
generations = 20000
eval_every = 500
image_height = 32
image_width = 32
crop_height = 24
crop_width = 24
num_channels = 3
num_targets = 10
extract_folder = 'cifar-10-batches-bin'
```

(3) 设置学习率。此处采用指数级减小学习率来更新学习率。具体方法如下所示。

```
learning_rate = 0.1
lr_decay = 0.1
num_gens_to_wait = 250.0
```

(4) 设置读取二进制 CIFAR-10 图片的参数。

```
image_vec_length = image_height * image_width * num_channels
record_length = 1 + image_vec_length # ( + 1 for the 0 - 9 label)
```

(5) 设置读取 CIFAR-10 图像数据集的目录。

```
data_dir = 'temp'
```

(6) 创建图片读取器。首先,声明一个读取固定字节长度的读取器,从图像队列中读取图片,抽取图片并标记。然后,使用 TensorFlow 内建的图像修改函数随机打乱图片。

```
def read_cifar_files(filename_queue, distort_images = True):
    reader = tf.FixedLengthRecordReader(record_bytes = record_length)
    key, record_string = reader.read(filename_queue)
    record_bytes = tf.decode_raw(record_string, tf.uint8)
    image_label = tf.cast(tf.slice(record_bytes, [0], [1]), tf.int32)
    # 读取图片
    image_extracted = tf.reshape(tf.slice(record_bytes, [1],
                      [image_vec_length]),
                      [num_channels, image_height, image_width])
    # 调整图片的规格
    image_uint8image = tf.transpose(image_extracted, [1, 2, 0])
    reshaped_image = tf.cast(image_uint8image, tf.float32)
    # 随机裁剪图片
    final_image = tf.image.resize_image_with_crop_or_pad(reshaped_image,
                  crop_width, crop_height)
    if distort_images:
        # 对图片进行随机的剪裁、翻转和亮度调节
        final_image = tf.image.random_flip_left_right(final_image)
        final_image = tf.image.random_brightness(final_image,max_delta = 63)
        final_image = tf.image.random_contrast(final_image,lower = 0.2, upper = 1.8)
    # 白化处理去除各观测信号之间的相关性
    final_image = tf.image.per_image_standardization(final_image)
    return(final_image, image_label)
```

(7) 声明批量处理使用的图像管道填充函数。首先,建立读取图片的列表,定义使用内建函数创建的 input producer 对象对应代码中的 string_input_producer()函数读取图片列表的方式。把 input producer 传入第(6)步创建的图片读取器 read_cifar_files()函数中。最后,创建图像队列的批量读取器。

```
def input_pipeline(batch_size, train_logical = True):
    if train_logical:
        files = [os.path.join(data_dir, extract_folder,
                'data_batch_{}.bin'.format(i)) for i in range(1,6)]
```

```
    else:
        files = [os.path.join(data_dir, extract_folder, 'test_batch.bin')]
    filename_queue = tf.train.string_input_producer(files)
    image, label = read_cifar_files(filename_queue)
    #通过 min_after_dequeue 参数设置抽样图片缓存最小值
    min_after_dequeue = 5000
    capacity = min_after_dequeue + 3 * batch_size
#tf.train.batch 表示样本和样本标签, batch_size 是返回的一个 batch 样本集的样本个数
#capacity 是队列中的容量.这主要是按顺序组合成一个 batch
example_batch, label_batch = tf.train.shuffle_batch([image, label],
    batch_size = batch_size, capacity = capacity,
                min_after_dequeue = min_after_dequeue)
    return(example_batch, label_batch)
```

值得注意的是，通过 min_after_dequeue 参数设置抽样图片缓存最小值时，数值一定要小于 capacity 参数的值。该参数表示，当队列中的元素大于它的时候就输出乱序的 batch，也就是说这个函数的输出结果是一个乱序的样本排列的 batch。较大的 min_after_dequeue 参数值会导致产生过多的 shuffle，需要消耗大量的内存。

(8) 声明模型函数。创建 2 个卷积层和 3 个全连接层。其中，2 个卷积层各有 64 个特征，第一个全连接层设置 384 个隐藏节点，第二个全连接层与第一个全连接层相连，隐藏节点数设置为 192 个。第三层全连接层将第二层全连接层的 192 个节点连接到 10 个输出分类中。

```
def cifar_cnn_model(input_images, batch_size, train_logical = True):
    def truncated_normal_var(name, shape, dtype):
        return(tf.get_variable(name = name, shape = shape, dtype = dtype, initializer = tf.
truncated_normal_initializer(stddev = 0.05)))
    def zero_var(name, shape, dtype):
        return(tf.get_variable(name = name, shape = shape, dtype = dtype, initializer = tf.
constant_initializer(0.0)))
    # 第一层卷积层
    with tf.variable_scope('conv1') as scope:
        # 卷积核尺寸为 5×5 对应 3 个色彩通道,创建 64 个特征
        conv1_kernel = truncated_normal_var(name = 'conv_kernel1', shape = [5, 5, 3, 64],
dtype = tf.float32)
        # 设定卷积操作的步长值为 1
        conv1 = tf.nn.conv2d(input_images, conv1_kernel, [1, 1, 1, 1], padding = 'SAME')
        # 初始化并添加偏置项
        conv1_bias = zero_var(name = 'conv_bias1', shape = [64], dtype = tf.float32)
        conv1_add_bias = tf.nn.bias_add(conv1, conv1_bias)
        # 指定激活函数为 ReLU 函数
        relu_conv1 = tf.nn.relu(conv1_add_bias)
    # 最大池化操作
    pool1 = tf.nn.max_pool(relu_conv1, ksize = [1, 3, 3, 1], strides = [1, 2, 2, 1],padding =
'SAME', name = 'pool_layer1')
```

```
    # 局部响应归一化
    norm1 = tf.nn.lrn(pool1, depth_radius = 5, bias = 2.0, alpha = 1e - 3, beta = 0.75, name =
'norm1')
    # 第二层卷积层
    with tf.variable_scope('conv2') as scope:
        # 卷积核规格为 5×5, 再次创建 64 个特征
        conv2_kernel = truncated_normal_var(name = 'conv_kernel2', shape = [5, 5, 64, 64],
dtype = tf.float32)
        # 指定卷积操作的步长值为 1
        conv2 = tf.nn.conv2d(norm1, conv2_kernel, [1, 1, 1, 1], padding = 'SAME')
        # 初始化参数并添加偏置项
        conv2_bias = zero_var(name = 'conv_bias2', shape = [64], dtype = tf.float32)
        conv2_add_bias = tf.nn.bias_add(conv2, conv2_bias)
        # 指定激活函数为 ReLU 函数
        relu_conv2 = tf.nn.relu(conv2_add_bias)
    # 最大池化
    pool2 = tf.nn.max_pool(relu_conv2, ksize = [1, 3, 3, 1], strides = [1, 2, 2, 1], padding =
'SAME', name = 'pool_layer2')
    # 局部响应归一化
    norm2 = tf.nn.lrn(pool2, depth_radius = 5, bias = 2.0, alpha = 1e - 3, beta = 0.75, name =
'norm2')
    # 调整输出数据的格式以适应全连接层
    reshaped_output = tf.reshape(norm2, [batch_size, - 1])
    reshaped_dim = reshaped_output.get_shape()[1].value
    # 第一层全连接层
    with tf.variable_scope('full1') as scope:
        # 指定 384 个节点
        full_weight1 = truncated_normal_var(name = 'full_mult1',
                          shape = [reshaped_dim, 384], dtype = tf.float32)
        full_bias1 = zero_var(name = 'full_bias1', shape = [384],
                        dtype = tf.float32)
        full_layer1 = tf.nn.relu(tf.add(tf.matmul(reshaped_output,
                          full_weight1), full_bias1))
    # 第二个全连接层
    with tf.variable_scope('full2') as scope:
        # 指定 192 个节点
        full_weight2 = truncated_normal_var(name = 'full_mult2',
                          shape = [384, 192], dtype = tf.float32)
        full_bias2 = zero_var(name = 'full_bias2', shape = [192],
                        dtype = tf.float32)
        full_layer2 = tf.nn.relu(tf.add(tf.matmul(full_layer1,
         full_weight2), full_bias2))
    # 第三层全连接层,将第二层全连接层的 192 个节点连接到 10 个输出分类
    with tf.variable_scope('full3') as scope:
        full_weight3 = truncated_normal_var(name = 'full_mult3', shape = [192, num_targets],
dtype = tf.float32)
        full_bias3 = zero_var(name = 'full_bias3',
```

```
                       shape = [num_targets], dtype = tf.float32)
        final_output = tf.add(tf.matmul(full_layer2,
                          full_weight3), full_bias3)
    return(final_output)
```

(9) 定义损失函数。指定损失函数为 Softmax 交叉熵损失函数。

```
def cifar_loss(logits, targets):
    # Get rid of extra dimensions and cast targets into integers
    targets = tf.squeeze(tf.cast(targets, tf.int32))
    # 计算评估值与目标值的 Softmax 交叉熵
    cross_entropy = tf.nn.sparse_softmax_cross_entropy_with_logits(
                    logits = logits, labels = targets)
    # 求解基于 batch_size 的平均损失值
    cross_entropy_mean = tf.reduce_mean(cross_entropy, name = 'cross_entropy')
    return(cross_entropy_mean)
```

(10) 定义训练步骤函数。随着训练的进行逐渐减小学习率，在不影响提升模型的准确度的同时避免花费过多的训练时间。

```
def train_step(loss_value, generation_num):
    model_learning_rate = tf.train.exponential_decay(learning_rate,
                          generation_num, num_gens_to_wait,
                          lr_decay, staircase = True)
    my_optimizer = tf.train.GradientDescentOptimizer(model_learning_rate)
    train_step = my_optimizer.minimize(loss_value)
    return(train_step)
```

(11) 定义批量图片的准确度函数。

```
def accuracy_of_batch(logits, targets):
    # 指定目标向量为整数型,并去除 extra dimensions
    targets = tf.squeeze(tf.cast(targets, tf.int32))
    # 获取 logits 回归最大的值作为预测值
    batch_predictions = tf.cast(tf.argmax(logits, 1), tf.int32)
    # 确保不同 batch 间的值相等
    predicted_correctly = tf.equal(batch_predictions, targets)
    # 计算准确度
    accuracy = tf.reduce_mean(tf.cast(predicted_correctly, tf.float32))
    return(accuracy)
```

(12) 初始化训练图像管道和测试图像管道。

```
# 初始化图像管道
images, targets = input_pipeline(batch_size, train_logical = True)
# 从图像管道获取测试图像和目标图像的 batch
test_images, test_targets = input_pipeline(batch_size,
                          train_logical = False)
```

(13) 初始化训练模型。通过 scope.reuse_variables()函数可以保存模型的参数,方便以后重用已经训练好的模型。

```
with tf.variable_scope('model_definition') as scope:
    # 声明训练网络模型
    model_output = cifar_cnn_model(images, batch_size)
    # 通过 scope.reuse_variables()保存模型的参数,方便以后重用
    scope.reuse_variables()
    test_output = cifar_cnn_model(test_images, batch_size)
```

(14) 初始化损失函数和准确度函数。声明迭代变量为非训练型变量,并将其传入训练函数,用来计算学习率的指数级衰减值。

```
#声明损失函数
loss = cifar_loss(model_output, targets)
#声明准确度函数
accuracy = accuracy_of_batch(test_output, test_targets)
#声明命迭代变量
generation_num = tf.Variable(0, trainable=False)
train_op = train_step(loss, generation_num)
```

(15) 初始化全局变量,通过 start_queue_runners()函数启动图像管道。图像管道通过赋值字典传入批量图片,在未启动图像管道时,由于内存序列为空,计算图会处于一直等待状态。

```
init = tf.global_variables_initializer()
sess.run(init)
tf.train.start_queue_runners(sess=sess)
```

(16) 开始训练,每隔 50 次迭代打印一次当前迭代次数和损失值,每 500 次迭代打印一次当前状况下模型的准确度。

```
train_loss = []
test_accuracy = []
for i in range(generations):
    _, loss_value = sess.run([train_op, loss])
    if (i+1) % output_every == 0:
        9train_loss.append(loss_value)
        output = 'Generation {}: Loss = {:.5f}'.format((i+1), loss_value)
        print(output)
    if (i+1) % eval_every == 0:
        [temp_accuracy] = sess.run([accuracy])
        test_accuracy.append(temp_accuracy)
        acc_output = ' --- Test Accuracy = {:.2f}%.'.format(100. * temp_accuracy)
        print(acc_output)
```

(17) 通过 matplotlib 绘制模型的损失函数和预测准确度的变化曲线。

```
eval_indices = range(0, generations, eval_every)
output_indices = range(0, generations, output_every)
plt.plot(output_indices, train_loss, 'k-')
```

```
plt.title('Softmax Loss per Generation')
plt.xlabel('Generation')
plt.ylabel('Softmax Loss')
plt.show()
plt.plot(eval_indices, test_accuracy, 'k-')
plt.title('Test Accuracy')
plt.xlabel('Generation')
plt.ylabel('Accuracy')
plt.show()
```

输出结果如下所示。

```
Generation 50: Loss = 2.16248
Generation 100: Loss = 2.15245
Generation 150: Loss = 2.11760
Generation 200: Loss = 2.05516
Generation 250: Loss = 2.12763
Generation 300: Loss = 2.04224
Generation 350: Loss = 2.10527
Generation 400: Loss = 2.03866
Generation 450: Loss = 2.11680
Generation 500: Loss = 2.04375
--- Test Accuracy = 24.09%.
⋮
Generation 19550: Loss = 0.03423
Generation 19600: Loss = 0.03777
Generation 19650: Loss = 0.07006
Generation 19700: Loss = 0.08620
Generation 19750: Loss = 0.06980
Generation 19800: Loss = 0.03064
Generation 19850: Loss = 0.09929
Generation 19900: Loss = 0.04731
Generation 19950: Loss = 0.01707
Generation 20000: Loss = 0.02881
--- Test Accuracy = 70.31%.
```

通过 matplotlib 绘制的模型损失函数和准确度变化图分别如图 7.16 和图 7.17 所示。

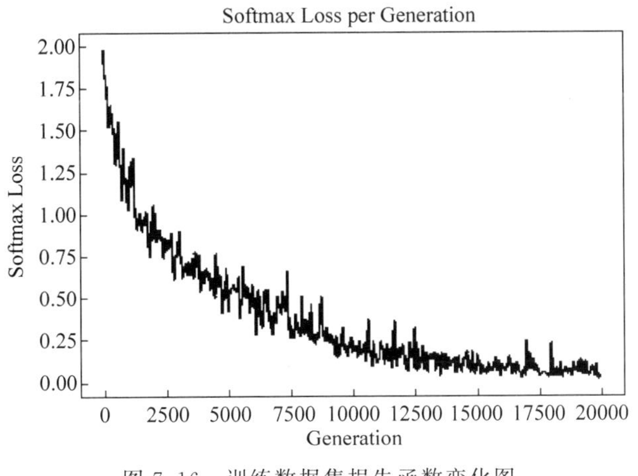

图 7.16 训练数据集损失函数变化图

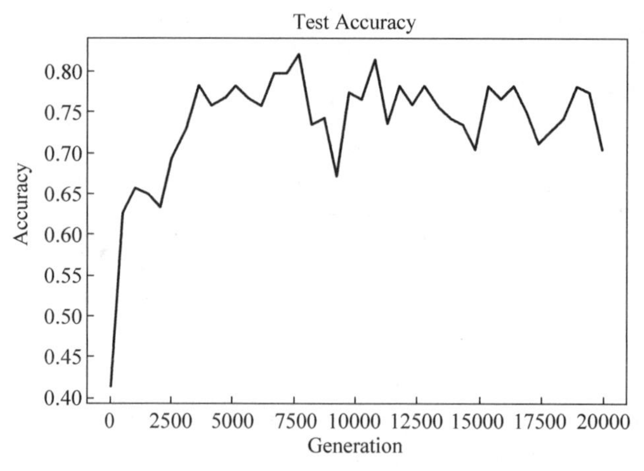

图 7.17　测试数据集准确度变化图

7.4　TensorFlow 实现图片风格渲染

1890 年 7 月 29 日，梵高在一片麦田里结束了自己年仅 37 岁的生命，他给全世界留下《星夜》《向日葵》《有乌鸦的麦田》等伟大的作品。本节将通过卷积神经网络对普通的图片进行梵高绘画风格的渲染。Stylenet 可以通过学习目标图像的风格，并将该风格应用到另一张图像上，被改变风格的图像将保留其原本的结构或内容。Stylenet 的实现基于强大的 VGG-19 网络，通过 VGG-19 网络对图片进行处理。VGG-19 是牛津大学计算机视觉组和 Google DeepMind 公司的研究员一起研发的卷积神经网络，感兴趣的读者可以自行搜索相关资料，进一步了解该网络的相关信息。图 7.18 为输入图片，后面会将其转化为《星夜》风格的图片。

图 7.18　待进行风格渲染的原图

作为风格图片的图像——梵高的《星夜》，如图 7.19 所示。

图 7.19　梵高的《星夜》

首先，需要从如下网址中下载 VGG-19 网络：

```
http: //www.vlfeat.org/matconvnet/models/beta16/imagenet - vgg - verydeep - 19.mat
```

将下载的 mat 文件保存在 Python 脚本同一文件夹下。将梵高的《星夜》与待模仿图片一起保存在 Python 脚本文件根目录下新建的 image 文件夹中，其中原图文件保存为 cover.jpg，梵高的《星夜》作为风格图片保存为 starry_night.jpg。具体方法如下所示。

```
1    import os
2    import scipy.io
3    import scipy.misc
4    import imageio
5    from skimage.transform import resize
6    from operator import mul
7    from functools import reduce
8    import numpy as np
9    import tensorflow as tf
10   from tensorflow.python.framework import ops
11   ops.reset_default_graph()
12   # 指定原始图片与风格图片的文件夹
13   original_image_file = 'images/cover.jpg'
14   style_image_file = 'images/starry_night.jpg'
15   # 设置模型参数
16   vgg_path = 'imagenet - vgg - verydeep - 19.mat'
17   original_image_weight = 5.0
18   style_image_weight = 500.0
19   regularization_weight = 100
20   learning_rate = 10
21   generations = 20000
22   output_generations = 25
```

```
23  beta1 = 0.9
24  beta2 = 0.999
25  # 读取图片
26  original_image = imageio.imread(original_image_file)
27  style_image = imageio.imread(style_image_file)
28  # 获取目标规格并使风格图像与之相同
29  target_shape = original_image.shape
30  style_image = resize(style_image, target_shape)
31  # 设置 VGG-19 Layer
32  vgg_layers = ['conv1_1', 'relu1_1',
33                'conv1_2', 'relu1_2', 'pool1',
34                'conv2_1', 'relu2_1',
35                'conv2_2', 'relu2_2', 'pool2',
36                'conv3_1', 'relu3_1',
37                'conv3_2', 'relu3_2',
38                'conv3_3', 'relu3_3',
39                'conv3_4', 'relu3_4', 'pool3',
40                'conv4_1', 'relu4_1',
41                'conv4_2', 'relu4_2',
42                'conv4_3', 'relu4_3',
43                'conv4_4', 'relu4_4', 'pool4',
44                'conv5_1', 'relu5_1',
45                'conv5_2', 'relu5_2',
46                'conv5_3', 'relu5_3',
47                'conv5_4', 'relu5_4']
48  # 提取权重和矩阵方法
49  def extract_net_info(path_to_params):
50      vgg_data = scipy.io.loadmat(path_to_params)
51      normalization_matrix = vgg_data['normalization'][0][0][0]
52      mat_mean = np.mean(normalization_matrix, axis = (0,1))
53      network_weights = vgg_data['layers'][0]
54      return mat_mean, network_weights
55  # 创建 VGG-19 神经网络
56  def vgg_network(network_weights, init_image):
57      network = {}
58      image = init_image
59      for i, layer in enumerate(vgg_layers):
60          if layer[0] == 'c':
61              weights, bias = network_weights[i][0][0][0][0]
62              weights = np.transpose(weights, (1, 0, 2, 3))
63              bias = bias.reshape(-1)
64              conv_layer = tf.nn.conv2d(image, tf.constant(weights), (1, 1, 1, 1), 'SAME')
65              image = tf.nn.bias_add(conv_layer, bias)
66          elif layer[0] == 'r':
67              image = tf.nn.relu(image)
68          else: # pooling
69              image = tf.nn.max_pool(image, (1, 2, 2, 1), (1, 2, 2, 1), 'SAME')
70          network[layer] = image
71      return network
```

```
72  # 定义将哪一层网络用于原始图片或风格图片
73  original_layers = ['relu4_2', 'relu5_2']
74  style_layers = ['relu1_1', 'relu2_1', 'relu3_1', 'relu4_1', 'relu5_1']
75  # 获取网络的参数
76  normalization_mean, network_weights = extract_net_info(vgg_path)
77  shape = (1,) + original_image.shape
78  style_shape = (1,) + style_image.shape
79  original_features = {}
80  style_features = {}
81  # 设置风格权重
82  style_weights = {l: 1./(len(style_layers)) for l in style_layers}
83  # 计算原始图片的特征值
84  g_original = tf.Graph()
85with g_original.as_default(), tf.Session() as sess1:
86      image = tf.placeholder('float', shape=shape)
87      vgg_net = vgg_network(network_weights, image)
88      original_minus_mean = original_image - normalization_mean
89      original_norm = np.array([original_minus_mean])
90      for layer in original_layers:
91          original_features[layer] = vgg_net[layer].eval(feed_dict={image: original_norm})
92  # 获取风格图片的网络层
93  g_style = tf.Graph()
94  with g_style.as_default(), tf.Session() as sess2:
95      image = tf.placeholder('float', shape=style_shape)
96      vgg_net = vgg_network(network_weights, image)
97      style_minus_mean = style_image - normalization_mean
98      style_norm = np.array([style_minus_mean])
99      for layer in style_layers:
100         features = vgg_net[layer].eval(feed_dict={image: style_norm})
101         features = np.reshape(features, (-1, features.shape[3]))
102         gram = np.matmul(features.T, features) / features.size
103         style_features[layer] = gram
104 # 根据损失值进行图片的合并
105 with tf.Graph().as_default():
106     # 获取网络参数
107     initial = tf.random_normal(shape) * 0.256
108     init_image = tf.Variable(initial)
109     vgg_net = vgg_network(network_weights, init_image)
110     # 原始图片的损失值
111     original_layers_w = {'relu4_2': 0.5, 'relu5_2': 0.5}
112     original_loss = 0
113     for o_layer in original_layers:
114         temp_original_loss = original_layers_w[o_layer] * original_image_weight * \
115                         (2 * tf.nn.l2_loss(vgg_net[o_layer] - original_features[o_
layer]))
116         original_loss += (temp_original_loss / original_features[o_layer].size)
117     # 风格图片的损失值
118     style_loss = 0
119     style_losses = []
```

```
120     for style_layer in style_layers:
121         layer = vgg_net[style_layer]
122         feats, height, width, channels = [x.value for x in layer.get_shape()]
123         size = height * width * channels
124         features = tf.reshape(layer, (-1, channels))
125         style_gram_matrix = tf.matmul(tf.transpose(features), features) / size
126         style_expected = style_features[style_layer]
127         style_losses.append(style_weights[style_layer] * 2 *
128                         tf.nn.l2_loss(style_gram_matrix - style_expected) /
129                         style_expected.size)
130     style_loss += style_image_weight * tf.reduce_sum(style_losses)
131     total_var_x = reduce(mul, init_image[:, 1:, :, :].get_shape().as_list(), 1)
132     total_var_y = reduce(mul, init_image[:, :, 1:, :].get_shape().as_list(), 1)
133     first_term = regularization_weight * 2
134     second_term_numerator = tf.nn.l2_loss(init_image[:, 1:, :, :] - init_image[:,
    :shape[1]-1, :, :])
135     second_term = second_term_numerator / total_var_y
136     third_term = (tf.nn.l2_loss(init_image[:, :, 1:, :] - init_image[:, :, :shape[2]-
    1, :]) / total_var_x)
137     total_variation_loss = first_term * (second_term + third_term)
138     # 合并后的损失值
139     loss = original_loss + style_loss + total_variation_loss
140     # 声明算法操作
141     optimizer = tf.train.AdamOptimizer(learning_rate, beta1, beta2)
142     train_step = optimizer.minimize(loss)
143     # 初始化全部变量并开始操作
144     with tf.Session() as sess:
145         tf.global_variables_initializer().run()
146         for i in range(generations):
147             train_step.run()
148             # 输出更新并保存最新的输出
149             if (i+1) % output_generations == 0:
150                 print('Generation {} out of {}, loss: {}'.format(i + 1, generations,
        sess.run(loss)))
151                 image_eval = init_image.eval()
152                 best_image_add_mean = image_eval.reshape(shape[1:]) + normalization
        _mean
153                 output_file = 'temp_output_{}.jpg'.format(i)
154                 imageio.imwrite(output_file, best_image_add_mean)
155         # 保存最终图片
156         image_eval = init_image.eval()
157         best_image_add_mean = image_eval.reshape(shape[1:]) + normalization_mean
158         output_file = 'final_output.jpg'
159         scipy.misc.imsave(output_file, best_image_add_mean)
```

由于输出结果较多,此处不再一一列出。仅抽取两张图片作为结果。第一张为前期训练的输出,第二张为最后一次输出结果,分别如图 7.20 和图 7.21 所示。

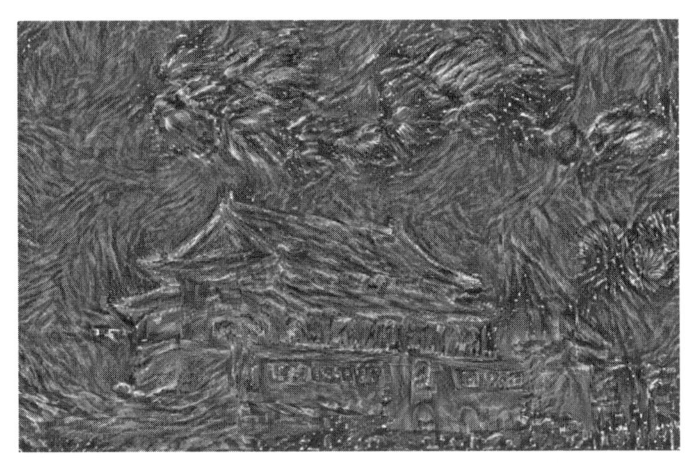

图 7.20　训练初期输出结果

图 7.21　经过 20000 次迭代后的输出结果

7.5　本章小结

卷积神经网络在图像识别领域具有重要影响力，它可以让图像识别问题的准确度大幅提升。本章介绍了通过卷积神经网络解决数字识别、图像识别、风格渲染等问题的解决方法。卷积神经网络中卷积层和池化层这两个网络结构具有重要意义，希望大家可以掌握这两种网络结构的意义和实现方法。

7.6　习　　题

1. 填空题

(1) 卷积神经网络由________层、________层、________层和________层组成。

(2) 在图像识别领域，卷积神经网络通过________以及________来简化复杂的输入数据。

(3) TensorFlow 通过创建________的方式将图像批量读取。

(4) 在图像数据识别任务中，通常会对训练数据进行随机的________、________或________处理，避免因为原数据集中的某些“规律”影响模型的最终训练效果。

(5) scope.reuse_variables()函数的作用是________。

2. 选择题

(1) 假设有一个维度为 25×25 的图像，卷积核的维度为 3×3 的，步长值为 2，则通过卷积操作可以得到一个维度为(　　)的输出。

A. 11×12　　B. 12×12　　C. 13×13　　D. 14×14

(2) 在调用 tf.train.shuffle_batch()函数表示样本和样本标签时，可以通过(　　)参数设置抽样图片缓存数值，较大的数值会导致生成过多的 shuffle。

A. batch_size　　B. capacity

C. max_delta　　D. min_after_dequeue

(3) 通过(　　)函数可以启动图像管道，图像管道通过赋值字典传入批量图片，供计算单元调用。

A. scope.reuse_variables　　B. train.Coordinator

C. start_queue_runners　　D. min_after_dequeue

(4) 假设 a= np.array([1,2,3,4,5,6])，那么 reshape(a,(3,-1))的结果为(　　)。

A. [[1 2]
[3 4]
[5 6]]

B. [[5 6]
[3 4]
[1 2]]

C. [[6 5]
[4 3]
[2 1]]

D. [6,5,4,3,2,1]

3. 思考题

请简述池化操作在卷积神经网络中的作用及缺点。

第8章 图像数据处理

本章学习目标

- 掌握 TFRecords 的基本概念；
- 掌握通过 TensorFlow 预处理图像数据的方法；
- 掌握多线程处理输入数据的方法；
- 了解数据集的使用方法。

在图像识别问题中，不同的光照条件、色彩对比度、拍摄物体的角度等因素会对图像识别的最终结果产生极大影响，这对计算机的图像识别造成了巨大的麻烦。本章介绍一些对数据进行预处理来降低数据中的干扰因素对网络模型的影响的方法。过于复杂的预训练数据的过程反而会增加训练效率下降的风险，为了尽可能地降低预训练数据对训练效率的负面影响，本章引入 TensorFlow 中多线程处理输入数据的解决方案。

8.1 TFRecords

TensorFlow 官方提供了一种数据格式化存储工具——TFRecords，它不仅规范了数据的读写方式，还大大地提高了输入/输出效率。TFRecords 内部使用了 Protocol Buffer 二进制数据编码方案，只要生成一次 TFRecords，之后的数据读取和加工处理的效率都会得到提高。TFRecords 可以将二进制数据和标签数据（训练的类别标签）存储在同一个文件中。

通过 TFRecords 可以将任意类型的数据转换为 TensorFlow 所支持的格式，以这种方法转换后的数据集更容易与各类神经网络框架相匹配。TFRecords 文件中的数据都是通过 tf. train. Example 协议内存块（Protocol Buffer）格式存储的，tf. train. Example 的定义如下所示。

```
message Example{
  Features features = 1;
};
message Features{
   map < string, Feature > feature = 1;
};
message Feature{
  oneof kind{
    BytesList bytes_list = 1;
    FloatList bytes_list = 2;
    Int64List bytes_list = 3;
  }
};
```

上述关于 tf. train. Example 的定义中,包含了一个从属性名称到取值的字典。其中,属性名称为字符串;属性取值为字符串(Bytes List)、实数列表(Float List)或整数列表(Int64List)。通过将数据填入 Example 协议内存块,将协议内存块序列化为一个字符串,并且通过 tf. python_io. TFRecordWriter class 写入 TFRecords 文件。

TFRecords 文件格式在图像识别中起到了重要的作用,它可以在模型进行训练之前通过预处理步骤将图像转换为 TFRecords 格式。TFRecords 格式将每幅输入图像和与之关联的标签放在同一个文件中,这将极大地提高训练效率。TFRecords 文件不会对数据进行压缩,所以可以被快速加载到内存中。TFRecords 的格式不支持随机访问,因此它不适用于快速分片或其他非连续存取。将 MNIST 数据集转换成 TFRecords 格式的具体方法如下所示。

```
1  import tensorflow as tf
2  from tensorflow.examples.tutorials.mnist import input_data
3  import numpy as np
4  # 将输入转化成 TFRecords 格式并保存
5  # 定义函数转化变量类型
6  def _int64_feature(value):
7      return tf.train.Feature(int64_list = tf.train.Int64List(value = [value]))
8  def _bytes_feature(value):
9      return tf.train.Feature(bytes_list = tf.train.BytesList(value = [value]))
10 # 读取 MNIST 数据
11 mnist = input_data.read_data_sets(r"D:/Anaconda123/Lib/site - packages/tensorflow/
   mnist", one_hot = True)
12 images = mnist.train.images
13 labels = mnist.train.labels
14 pixels = images.shape[1]
15 num_examples = mnist.train.num_examples
16 # 输出 TFRecords 文件的地址
17 filename = "D:/Anaconda123/Lib/site - packages/tensorflow/mnist/output.tfrecords"
                                                                # 需要存在 TFRecords 目录
18 writer = tf.python_io.TFRecordWriter(filename)
19 for index in range(num_examples):
20     image_raw = images[index].tostring()
21     example = tf.train.Example(features = tf.train.Features(feature = {
22         'pixels': _int64_feature(pixels),
23           'label': _int64_feature(np.argmax(labels[index])),
24           'image_raw': _bytes_feature(image_raw)
15     }))
16     writer.write(example.SerializeToString())
27 writer.close()
28 print("TFRecord 文件已保存.")
```

输出结果如下所示。

```
Extracting D:/Anaconda123/Lib/site - packages/tensorflow/mnist\train - images - idx3 -
ubyte.gz
```

```
Extracting D:/Anaconda123/Lib/site - packages/tensorflow/mnist \ train - labels - idx1 -
ubyte.gz
Extracting D:/Anaconda123/Lib/site - packages/tensorflow/mnist \ t10k - images - idx3 -
ubyte.gz
Extracting D:/Anaconda123/Lib/site - packages/tensorflow/mnist \ t10k - labels - idx1 -
ubyte.gz
TFRecord 文件已保存。
```

上述方法将 MNIST 数据集转换成了 TFRecords 格式。TensorFlow 支持从文件列表中读取数据，因此在数据量较大时，可以将数据写入多个 TFRecords 文件。接下来介绍如何读取 TFRecords 文件中的数据，具体方法如下所示。

```
1  import tensorflow as tf
2  reader = tf.TFRecordReader()
3  tfrecords_filename = "output.tfrecords"
4  filename_queue = tf.train.string_input_producer(["tfrecords_filename "],)
5  _,serialized_example = reader.read(filename_queue) #返回文件名和文件
6  # 解析读取的样例.
7  features = tf.parse_single_example(
8      serialized_example,
9      features = {
10         'image_raw':tf.FixedLenFeature([],tf.string),
11         'pixels':tf.FixedLenFeature([],tf.int64),
12         'label':tf.FixedLenFeature([],tf.int64)
13     }) #取出包含 image 和 label 的 feature 对象
14 images = tf.decode_raw(features['image_raw'],tf.uint8)
15 labels = tf.cast(features['label'],tf.int32)
16 pixels = tf.cast(features['pixels'],tf.int32)
17 sess = tf.Session()
18 # 启动多线程处理输入数据
19 coord = tf.train.Coordinator()
20 threads = tf.train.start_queue_runners(sess = sess,coord = coord)
21 for i in range(10):
22     image, label, pixel = sess.run([images, labels, pixels])
23 import tensorflow as tf
24 reader = tf.TFRecordReader()
25 filename_queue = tf.train.string_input_producer(["mnist/output.tfrecords"],)
26 _,serialized_example = reader.read(filename_queue)  #返回文件名和文件
27 # 解析读取的样例
28 features = tf.parse_single_example(
29     serialized_example,
30     features = {
31         'image_raw':tf.FixedLenFeature([],tf.string),
32         'pixels':tf.FixedLenFeature([],tf.int64),
33         'label':tf.FixedLenFeature([],tf.int64)
34     })                    #取出包含 image、pixels 和 label 的 feature 对象
35  images = tf.decode_raw(features['image_raw'],tf.uint8)
36  labels = tf.cast(features['label'],tf.int32)
37  pixels = tf.cast(features['pixels'],tf.int32)
```

```
38 #创建会话
39 sess = tf.Session()
40 # 启动多线程处理输入数据
41 coord = tf.train.Coordinator()
42 threads = tf.train.start_queue_runners(sess = sess,coord = coord)
43 for i in range(10):
44     image, label, pixel = sess.run([images, labels, pixels])
45 print("读取完成。")
```

输出结果如下所示。

```
读取完成。
```

8.2 图像数据的预处理

之前的章节已经多次用到了图像识别的相关数据集,不过在之前的应用中全都直接使用原始数据集进行相关操作。本节介绍对这些图像数据集进行预处理的方法。在实际应用中,数据集中的数据往往包含了许多与神经网络的训练目的不相符的冗余数据,通过预处理数据集可以剔除其中的大部分无关因素,从而提升神经网络的训练效率和模型的最终精度。

8.2.1 图像预处理方法简介

接下来逐一介绍 TensorFlow 中用来处理图像的相关函数的具体应用示例。本节所使用的原图为图 8.1 所示图片。

图 8.1 小狐狸图片

1. 处理图像编码

图像在存储时并不是直接记录像素矩阵中的数字,而是记录了压缩编码之后的结果,所以要将一张图像还原成一个三维矩阵,需要解码的过程。TensorFlow 提供了对 jpeg 和 png 格式图像的编码/解码函数。使用 TensorFlow 中对 jpeg 格式图像的编码/解码函数如下所示。

```
import matplotlib.pyplot as plt
import tensorflow as tf
# 读取图像的原始数据
image_raw_data = tf.gfile.FastGFile("E:\\Opencv
                Image\\anglababy.jpg",'rb').read()
with tf.Session() as sess:
    # 将图像使用的 jpeg 的格式解码从而得到图像对应的三维矩阵
    # TensorFlow 还提供了 tf.image.decode_png 函数对 png 格式的图像进行解码
    # 解码之后的结果为一个张量,在使用它的取值之前需要明确调用运行的过程
    img_data = tf.image.decode_jpeg(image_raw_data)
    print(img_data.eval())
    # 使用 pyplot 得到图像
    plt.imshow(img_data.eval())
    plt.show()
    # 将数据的类型转化成实数方便后续处理
    img_data = tf.image.convert_image_dtype(img_data,dtype = tf.uint8)
    # 将表示一张图像的三维矩阵重新按照 jpeg 个数编码并存到文件中
    # 打开该图,可以得到和原图一样的图像
    encode_image = tf.image.encode_jpeg(img_data)
    #输入必须为 uint8 形式的
    with tf.gfile.GFile("E:\\Opencv Image\\an.jpg",'wb') as f:
        f.write(encode_image.eval())
```

2. 图像大小调整

通常,收集的原始数据集中,图像大小不是固定的。然而,神经网络中的输入节点数量通常是固定的,这就对原始数据集中的图像规格提出了一定要求,此时就需要用到图像大小调整函数,将图像大小进行统一。

(1) 通过算法调整,使得到的新图像尽量保存原始图像的所有信息。为此,TensorFlow 提供了 4 种不同的算法,并将其封装到了 tf.image.resize_images()函数中。

```
tf.image.resize_images(images, new_height, new_width, method = 0)
# 通过指定的 method 算法来调整图片的高度和宽度
```

tf.image.resize_images()函数中 method 对应的取值如表 8-1 所示。

表 8-1　method 对应的取值和算法

method 取值	图像大小调整算法
0	双线性差值法(bilinear interpolation)
1	最近邻法(nearest neighbour interpolation)
2	双三次差值法(bicubic interpolation)
3	面积差值法(area interpolation)

具体实现方法如下所示。

```
1  import matplotlib.pyplot as plt
2  import tensorflow as tf
3  import numpy as np
```

```
4  # 读取图像的原始数据
5  image_raw_data = tf.gfile.FastGFile("D:\\Anaconda123\\Lib\\site - packages\\tensorboard\\
images\\fox.jpg",'rb').read()
6  with tf.Session() as sess:
7      # 将图像使用的 jpg 的格式解码从而得到图像对应的三维矩阵
8      # TensorFlow 还提供了 tf.image.decode_png 函数对 png 格式的图像进行解码
9      # 解码之后的结果为一个张量,在使用它的取值之前需要明确调用运行的过程
10     img_data = tf.image.decode_jpeg(image_raw_data)
11     print(img_data.eval())
12     # 使用 pyplot 得到图像
13     # plt.imshow(img_data.eval())
14     # plt.show()
15     # 将数据的类型转化成实数方便后续处理
16     img_data = tf.image.convert_image_dtype(img_data,dtype = tf.uint8)
17     # 将表示一张图像的三维矩阵重新按照 jpeg 个数编码并存到文件中
18     # 打开该图,可以得到和原图一样的图像
19     with tf.Session() as sess:
20         resized = tf.image.resize_images(img_data, [300, 300], method = 3)
21         print(img_data.get_shape())
22         # TensorFlow 的函数处理图片后存储的数据是 float32 格式的,需要转换成 uint8 才能
    正确打印图片
23         print( "Digital type: ", resized.dtype)
24         angelababy2 = np.asarray(resized.eval(), dtype = 'uint8')
25         # tf.image.convert_image_dtype(rgb_image, tf.float32)
26         plt.imshow(angelababy2)
27         plt.show()
```

输出结果如图 8.2 所示。

图 8.2　调整大小后的小狐狸图像

(2) 裁剪和填充。TensorFlow 支持对图像的裁剪、填充或者按照一定比例调整图片大小。tf.image.resize_image_with_crop_or_pad()函数的定义如下所示。

```
tf.image.resize_image_with_crop_or_pad(image, target_height, target_width)
```

其中参数 image 为原始图像。

参数 target_height，target_width 分别为目标图像的高度和宽度。

如果原始图像的尺寸大于目标图像：自动截取居中的部分。

如果原始图像的尺寸小于目标图像：四周全 0 填充。

上述代码介绍了图像裁剪和填充的定义。具体实现方法如下所示。

```
1  import matplotlib.pyplot as plt
2  import tensorflow as tf
3  # 读取图像的原始数据
4  image_raw_data = tf.gfile.FastGFile("E:\\Opencv Image\\anglababy.jpg",'rb').read()
5  with tf.Session() as sess:
6      img_data = tf.image.decode_jpeg(image_raw_data)
7      print(img_data.eval())
8      # 将数据的类型转化成实数方便后续处理
9      img_data = tf.image.convert_image_dtype(img_data,dtype = tf.uint8)
10 with tf.Session() as sess:
11     croped  =  tf.image.resize_image_with_crop_or_pad(img_data, 1000, 1000)
12     padded  =  tf.image.resize_image_with_crop_or_pad(img_data, 500, 500)
13     plt.imshow(croped.eval())
14     plt.show()
15     plt.imshow(padded.eval())
16     plt.show()
```

除了裁剪和填充，接下来介绍通过一定比例调整图像大小截取图片的定义，具体如下所示。

```
crop  =  tf.image.central_crop(image, central_fraction = 0.5)
```

其中参数 image 为原始图像；参数 central_fraction 为调整比例，值为(0,1]的实数。

具体实现方法如下所示。

```
1  import matplotlib.pyplot as plt
2  import tensorflow as tf
3  # 读取图像的原始数据
4  image_raw_data = tf.gfile.FastGFile("D:\\Anaconda123\\Lib\\site-packages\\tensorboard\\
   images\\fox.jpg",'rb').read()
5  with tf.Session() as sess:
6      img_data = tf.image.decode_jpeg(image_raw_data)
7      print(img_data.eval())
8      # 将数据的类型转化成实数方便后续处理
9      img_data = tf.image.convert_image_dtype(img_data,dtype = tf.uint8)
10 # 截取中间 50%的图片
11 with tf.Session() as sess:
12     central_cropped  =  tf.image.central_crop(img_data, 0.5)
13     plt.imshow(central_cropped.eval())
14     plt.show()
```

输出结果如图 8.3 所示。

图 8.3　截取中间 50%后的小狐狸图像

除了上面介绍的图像大小调整方法，TensorFlow 还提供了数种对图像中的指定区域进行剪裁或填充的函数，例如 tf.image.crop_to_bounding_box()函数和 tf.image.pad_to_bounding_box()函数。这两种函数都要求所设定的尺寸满足一定的要求，否则便会报错。以 tf.image.crop_to_bounding_box()函数为例，需要保证所提供的图像尺寸大于目标尺寸，即裁剪后的图像尺寸必须小于原始图像大小。

3. 图像翻转

在 TensorFlow 中，通过以下函数来实现图像的上下翻转、左右翻转及对角线翻转。

```
#对图像进行上下翻转调整
flipped = tf.image.flip_up_down(img_data)
#对图像进行左右翻转调整
flipped = tf.image.flip_left_right(img_data)
#对图像按对角线进行翻转调整
transposed = tf.image.transpose_image(img_data)
```

具体实现方法如下所示。

```
1  import matplotlib.pyplot as plt
2  import tensorflow as tf
3  # 读取图像的原始数据
4  image_raw_data = tf.gfile.FastGFile("D:\\Anaconda123\\Lib\\site-packages\\tensorboard\\
   images\\fox.jpg",'rb').read()
5  with tf.Session() as sess:
6      img_data = tf.image.decode_jpeg(image_raw_data)
7      print(img_data.eval())
8      # 将数据的类型转化成实数方便后续处理
9      img_data = tf.image.convert_image_dtype(img_data,dtype = tf.uint8)
10 # 翻转图片
11 with tf.Session() as sess:
12     # 上下翻转
13     # flipped1 = tf.image.flip_up_down(img_data)
```

```
14      # 左右翻转
15      # flipped2 = tf.image.flip_left_right(img_data)
16      # 对角线翻转
17      transposed = tf.image.transpose_image(img_data)
18      plt.imshow(transposed.eval())
19      plt.show()
20      # 以一定概率上下翻转图片
21      # flipped = tf.image.random_flip_up_down(img_data)
22      # 以一定概率左右翻转图片
23      # flipped = tf.image.random_flip_left_right(img_data)
```

输出结果如图 8.4 所示。

图 8.4　翻转操作后的小狐狸图片

4. 图像色彩调整

对图像的色彩进行调整通常并不会影响模型的识别结果，因此，在训练中可以对训练数据集中的图像的亮度、对比度、饱和度和色相进行随机调整，从而使训练得到的模型尽可能小地受到无关因素的影响。Tensorflow 中的相关 API 如下所示。

```
adjusted = tf.image.adjust_brightness(img_data, -0.5)
adjusted = tf.clip_by_value(adjusted, 0.0, 1.0)
adjusted = tf.image.adjust_brightness(image_data, 0.5)
adjusted = tf.image.random_brightness(image, max_delta)
```

(1) 对亮度进行调整的具体方法如下所示。

```
1  import matplotlib.pyplot as plt
2  import tensorflow as tf
3  # 读取图像的原始数据
4  image_raw_data = tf.gfile.FastGFile("D:\\Anaconda123\\Lib\\site-packages\\tensorboard\\
   images\\fox.jpg",'rb').read()
5  with tf.Session() as sess:
6      img_data = tf.image.decode_jpeg(image_raw_data)
7      print(img_data.eval())
```

```
8       # 将数据的类型转化成实数方便后续处理
9       img_data = tf.image.convert_image_dtype(img_data,dtype = tf.uint8)
10      plt.imshow(img_data.eval())
11      plt.show()
12      # 将图片的亮度 - 0.5
13      # adjusted = tf.image.adjust_brightness(img_data, - 0.5)
14      # 将图片的亮度 + 0.5
15      adjusted = tf.image.adjust_brightness(img_data, 0.5)
16      # 在[ - max_delta, max_delta)的范围随机调整图片的亮度.
17      # adjusted = tf.image.random_brightness(img_data, max_delta = 0.6)
18      plt.imshow(adjusted.eval())
19      plt.show()
```

输出结果如图 8.5 所示。

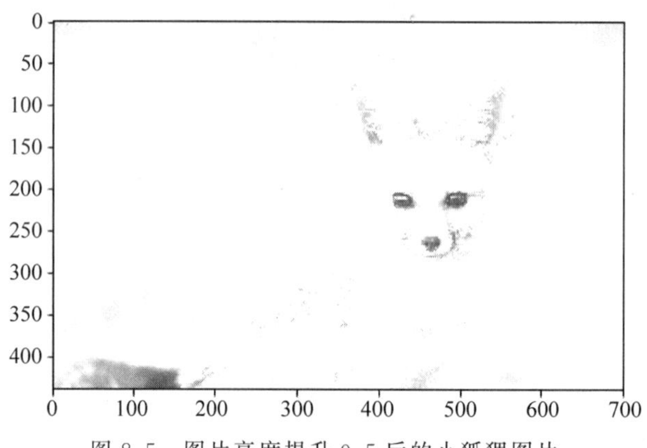

图 8.5　图片亮度提升 0.5 后的小狐狸图片

(2) 对对比度进行调整的具体方法如下所示。

```
1  import matplotlib.pyplot as plt
2  import tensorflow as tf
3  # 读取图像的原始数据
4  image_raw_data = tf.gfile.FastGFile("D:\\Anaconda123\\Lib\\site - packages\\tensorboard\\
   images\\fox.jpg",'rb').read()
5  with tf.Session() as sess:
6       img_data = tf.image.decode_jpeg(image_raw_data)
7       print(img_data.eval())
8       # 将数据的类型转化成实数方便后续处理
9       img_data = tf.image.convert_image_dtype(img_data,dtype = tf.uint8)
10      plt.imshow(img_data.eval())
11      plt.show()
12      # 将图片的对比度 - 5
13      # adjusted = tf.image.adjust_contrast(img_data, - 5)
14      # 将图片的对比度 + 5
15      adjusted = tf.image.adjust_contrast(img_data, 5)
16      # 在[lower, upper]的范围随机调整图的对比度
17      # adjusted = tf.image.random_contrast(img_data, lower, upper)
18      plt.imshow(adjusted.eval())
19      plt.show()
```

输出结果如图 8.6 所示。

图 8.6 图片对比度提升 5 后的小狐狸图片

(3) 对色相进行调整的具体方法如下所示。

```
1  import matplotlib.pyplot as plt
2  import tensorflow as tf
3  # 读取图像的原始数据
4  image_raw_data = tf.gfile.FastGFile("D:\\Anaconda123\\Lib\\site - packages\\tensorboard\\
   images\\fox.jpg",'rb').read()
5  with tf.Session() as sess:
6      img_data = tf.image.decode_jpeg(image_raw_data)
7      print(img_data.eval())
8      # 将数据的类型转化成实数,方便后续处理
9      img_data = tf.image.convert_image_dtype(img_data,dtype = tf.uint8)
10     adjusted = tf.image.adjust_hue(img_data, 0.1)
11     # adjusted = tf.image.adjust_hue(img_data, 0.3)
12     # adjusted = tf.image.adjust_hue(img_data, 0.6)
13     # adjusted = tf.image.adjust_hue(img_data, 0.9)
14     # 在[ - max_delta, max_delta]的范围随机调整图片的色相,max_delta 的取值在[0, 0.5]之间
15     # adjusted = tf.image.random_hue(image, max_delta)
16     plt.imshow(adjusted.eval())
17     plt.show()
```

输出结果如图 8.7 所示。

图 8.7 调整色相后的小狐狸图片

（4）对饱和度进行调整的具体方法如下所示。

```
1  import matplotlib.pyplot as plt
2  import tensorflow as tf
3  # 读取图像的原始数据
4  image_raw_data = tf.gfile.FastGFile("D:\\Anaconda123\\Lib\\site-packages\\tensorboard\\
   images\\fox.jpg",'rb').read()
5  with tf.Session() as sess:
6      img_data = tf.image.decode_jpeg(image_raw_data)
7      print(img_data.eval())
8      # 将数据的类型转化成实数方便后续处理
9      img_data = tf.image.convert_image_dtype(img_data,dtype = tf.uint8)
10     # 将图片的饱和度-5
11     adjusted = tf.image.adjust_saturation(img_data, -5)
12     # 将图片的饱和度+5
13     # adjusted = tf.image.adjust_saturation(img_data, 5)
14     # 在[lower, upper]的范围随机调整图的饱和度
15     # adjusted = tf.image.random_saturation(img_data, lower, upper)
16     # 将代表一张图片的三维矩阵中的数字均值变为0,方差变为1
17     # adjusted = tf.image.per_image_standardization(img_data)
18     plt.imshow(adjusted.eval())
19     plt.show()
```

输出结果如图8.8所示。

图8.8　色彩饱和度－5后的小狐狸图片

（5）对标注框进行调整。随机截取图像上有信息含量的部分是提高模型鲁棒性的一种方式，可以使训练得到的模型不受识别物体的大小的影响。

```
1  tf.image.sample_distorted_bounding_box(
2      image_size,
3      bounding_boxes,
4      seed = None,
5      seed2 = None,
```

```
6       min_object_covered = None,
7       aspect_ratio_range = None,
8       area_range = None,
9       max_attempts = None,
10      use_image_if_no_bounding_boxes = None,
11      name = None)
```

上述程序中各参数含义如下所示。

image_size：是包含［height，width，channels］3个值的一维数组。数值类型必须是uint8、int8、int16、int32、int64中的一种。

bounding_boxes：是一个shape为［batch,N,4］的三维数组，数据类型为float32，第一个batch表示函数是处理一组图片的，N表示描述与图像相关联的N个边界框的形状，而标注框由4个数字［y_min,x_min,y_max,x_max］表示出来。例如：tf.constant([[[0.05,0.05,0.9,0.7]，[0.35,0.47,0.5,0.56]]]）的shape为［1,2,4］，表示一张图片中的两个标注框；tf.constant([[[0. 0. 1. 1.]]]）的shape为［1,1,4］，表示一张图片中的一个标注框。

seed：（可选）数组类型为int，默认为0。如果任一个seed或seed2被设置为非零，随机数生成器由给定的种子生成。否则，由随机种子生成。

seed2：（可选）数组类型为int，默认为0。第二种子避免种子冲突。

min_object_covered：（可选）数组类型为float，默认为0.1。图像的裁剪区域必须包含所提供的任意一个边界框的至少min_object_covered的内容。该参数的值应为非负数，当为0时，裁剪区域不必与提供的任何边界框有重叠部分。

aspect_ratio_range：（可选）数组类型为floats的列表，默认为［0.75，1.33］。图像的裁剪区域的宽高比（宽高比＝宽/高）必须在这个范围内。

area_range：（可选）数组类型为floats的列表，默认为［0.05，1］。图像的裁剪区域必须包含这个范围内的图像的一部分。

max_attempts：（可选）数组类型为int，默认为100。尝试生成图像指定约束的裁剪区域的次数。经过max_attempts次失败后，将返回整个图像。

use_image_if_no_bounding_boxes：（可选）数组类型为bool，默认为False。如果没有提供边框，则用它来控制行为。如果为True，则假设有一个覆盖整个输入的隐含边界框。如果为False，就报错。

name：操作的名称（可选）。

具体实现方法如下所示。

```
1  import matplotlib.pyplot as plt
2  import tensorflow as tf
3  # 读取图像的原始数据
4  image_raw_data = tf.gfile.FastGFile("D:\\Anaconda123\\Lib\\site-packages\\tensorboard\\
   images\\fox.jpg", 'rb').read()
5  with tf.Session() as sess:
6      img_data = tf.image.decode_jpeg(image_raw_data)
```

```
7       print(img_data.eval())
8       img_data = tf.image.resize_images(img_data, (330, 200), method=1)
9       boxes = tf.constant([[[0.01, 0.2, 0.5, 0.7], [0.25, 0.4, 0.32, 0.55]]])
10      # 随机图像截取
11      begin, size, bbox_for_draw = tf.image.sample_distorted_bounding_box(
12          tf.shape(img_data), bounding_boxes=boxes,min_object_covered=0.1)
13      batched = tf.expand_dims(tf.image.convert_image_dtype(img_data, tf.float32), 0)
14      image_with_box = tf.image.draw_bounding_boxes(batched, bbox_for_draw)
15      distorted_image = tf.slice(img_data, begin, size)
16      plt.imshow(distorted_image.eval())
17      plt.show()
```

输出结果如图 8.9 所示。

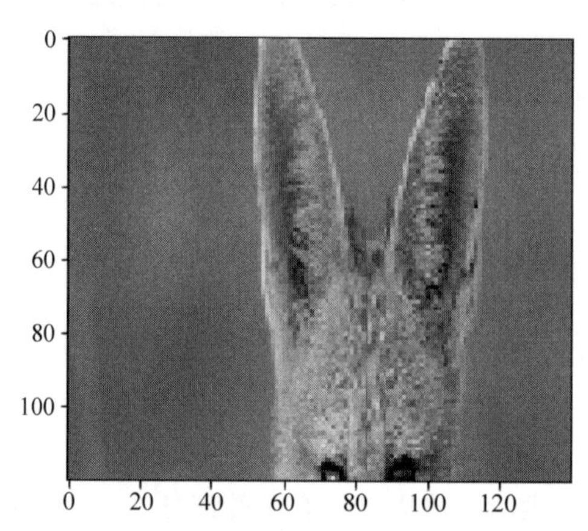

图 8.9　随机截取图像上有信息含量部分后的小狐狸图片

8.2.2　图像预处理实例

8.2.1 节介绍了 TensorFlow 中主要的图像处理函数。在实际问题中,往往会同时使用其中的多种方法。本节将演示同时使用多种图像处理函数对原始数据集进行预处理的实际应用方法。以下程序演示了图片截取、图片大小调整、图像翻转调整以及图像色彩调整的一系列步骤。

本节继续采用图 8.1 作为输入,具体方法如下所示。

```
1  import tensorflow as tf
2  import numpy as np
3  import matplotlib.pyplot as plt
4  # 1. 随机调整图片的色彩,定义两种顺序
5  def distort_color(image, color_ordering=0):
6      if color_ordering == 0:
7          image = tf.image.random_brightness(image, max_delta=32./255.)
8          image = tf.image.random_saturation(image, lower=0.5, upper=1.5)
9          image = tf.image.random_hue(image, max_delta=0.2)
10         image = tf.image.random_contrast(image, lower=0.5, upper=1.5)
11     else:
```

```
12          image = tf.image.random_saturation(image, lower = 0.5, upper = 1.5)
13          image = tf.image.random_brightness(image, max_delta = 32./255.)
14          image = tf.image.random_contrast(image, lower = 0.5, upper = 1.5)
15          image = tf.image.random_hue(image, max_delta = 0.2)
16      return tf.clip_by_value(image, 0.0, 1.0)
17  # 2. 对图片进行预处理,将图片转化成神经网络的输入层数据
18  # 给定一张解码的图像、目标尺寸及图像上的标注图,此函数可以对给出的图像进行预处理
19  # 输入:原始训练图像
20  # 输出:神经网络模型的输入层
21  # 注意:此处只处理模型的训练数据集,对预测数据集无须进行随机变换
22  def preprocess_for_train(image, height, width, bbox):
23      # 查看是否存在标注框,如果没有标注框,则认为图像就是整个需要关注的部分
24      if bbox is None:
25          bbox = tf.constant([0.0, 0.0, 1.0, 1.0], dtype = tf.float32, shape = [1, 1, 4])
26      # 转换图像的张量类型
27      if image.dtype != tf.float32:
28          image = tf.image.convert_image_dtype(image, dtype = tf.float32)
29      # 随机截取图片中一个块,减小物体大小对图像识别算法的影响
30      bbox_begin, bbox_size, _ = tf.image.sample_distorted_bounding_box(
31          tf.shape(image), bounding_boxes = bbox, min_object_covered = 0.1)
32      bbox_begin, bbox_size, _ = tf.image.sample_distorted_bounding_box(
33          tf.shape(image), bounding_boxes = bbox, min_object_covered = 0.1)
34      distorted_image = tf.slice(image, bbox_begin, bbox_size)
35      # 将随机截取的图片调整为神经网络输入层的大小,大小调整的算法是随机选择的
36      distorted_image = tf.image.resize_images(distorted_image, [height, width], method =
    np.random.randint(4))
37      # 随机左右翻转图像
38      distorted_image = tf.image.random_flip_left_right(distorted_image)
39      # 使用一种随机的顺序调整图像的色彩
40      distorted_image = distort_color(distorted_image, np.random.randint(2))
41      return distorted_image
42  # 3. 从指定位置读取图片
43  image_raw_data = tf.gfile.FastGFile("D:\\Anaconda123\\Lib\\site-packages\\tensorboard\\
    images\\fox.jpg", "rb").read()
44  with tf.Session() as sess:
45      img_data = tf.image.decode_jpeg(image_raw_data)
46      boxes = tf.constant([[[0.05, 0.05, 0.9, 0.7], [0.35, 0.47, 0.5, 0.56]]])
47      # 运行 6 次获得 6 种不同的图像
48      for i in range(6):
49          result = preprocess_for_train(img_data, 299, 299, boxes)
50          plt.imshow(result.eval())
51          plt.show()
```

运行上述程序后得到如图 8.10 所示的 6 幅不同的小狐狸图片。通过预训练图像预处理训练出来的模型将具备更好的在不同大小、位置、光亮度等差异因素影响下的识别能力。

图 8.10　6 次图像预处理所得的不同图片

8.3　多线程输入数据处理框架

8.2 节中的预处理方法可以减小无关因素对图像识别模型效果的影响，但这些复杂的操作会减慢整个训练过程，为了降低预处理对数据的不良影响，TensorFlow 提供了多线程处理输入数据的框架。

8.3.1　队列与多线程

TensorFlow 中的队列与变量相似，是计算图上有状态的节点，其他的计算节点可以修改这些队列的状态。通过赋值可以修改相应变量的值，通过 EnqueueMany（队列的初始化）、Dequeue（出队）和 Enqueue（入队）可以对队列的状态进行修改。对队列进行操作的具体方法如下所示。

```
1  import tensorflow as tf
2  #创建一个先进先出队列,指定队列中可以保存两个元素,并指定类型为整型
3  q = tf.FIFOQueue(2,"int32")
4  #使用 enqueue_many 函数来初始化队列中的元素
5  #和变量初始化类似,在使用队列之前需要明确调用这个初始化过程
6  init = q.enqueue_many(([0,10],))
7  #使用 Dequeue 函数将队列中的第一个元素出队列,该元素的值将被存在变量 x 中
8  x = q.dequeue()
9  #将得到的值加 1
```

```
10 y = x + 1
11 #将加 1 后的值重新加入队列
12 q_inc = q.enqueue([y])
13 with tf.Session() as sess:
14     #运行初始化队列操作
15     init.run()
16     for _ in range(5):
17         # 运行 q_inc 将执行数据出队列、出队的元素 + 1、重新加入队列的整个过程
18         v,_ = sess.run([x,q_inc])
19         # 打印出队元素的取值
20         print(v)
```

上述代码演示了在 TensorFlow 中操作 FIFOQueue 队列的方法，该类型的队列属于先进先出队列。除了 FIFOQueue，TensorFlow 还提供了 RandomShuffleQueue 队列，这种类型的队列会随机打乱队列中的元素，在出队操作时，每次得到的是从当前队列所有元素中随机选择的一个。RandomShuffleQueue 队列的这种随机出队的特性更加适用于神经网络的训练。

对于队列来说，EnqueueMany、Dequeue、Enqueue 操作需要获取队列的指针，而不是普通的值，只有获取相应的指针才能修改队列内容，在 python API 中，它们就是队列的方法，例如 q. enqueue()。

在 TensorFlow 中，队列不仅是一种数据结构，还是异步计算张量取值的重要机制。例如，多线程同时向一个队列中写入元素或同时从一个队列中读取元素。

TensorFlow 提供了 tf. Coordinator 和 tf. QueueRunner 两个类来完成多线程协同的功能。tf. Coordinator 主要用于协同多个线程一起停止，并提供了 should_stop()、request_stop()和 join() 3 种函数。

tf. Coordinato 的工作过程如下所示。

(1) 声明一个 tf. Coordinator 的类，并将该类传入每一个创建的线程中。

(2) 启动的线程要一直查询 should_stop()函数，为 True 时当前线程需要退出。

(3) 每一个启动的线程都可以通过调用 request_stop()函数来通知其他线程退出。当一个线程调用 request_stop()函数时，should_stop()函数就会被设置为 True，这样其他线程就可以同时终止。

tf. Coordinator 的具体使用方法如下所示。

```
1  import tensorflow as tf
2  import numpy as np
3  import threading
4  import time
5  # 线程中运行的程序，这个程序每隔 1s 判断是否需要停止并打印自己的 ID
6  def MyLoop(coord,worker_id):
7      # 使用 tf.Coordinator 类提供的协同工具判断当前线程是否需要停止
8      while not coord.should_stop():
9          # 随机停止所有线程
10         if np.random.rand()< 0.1:
```

```
11                print("stop from id: % d\n" % worker_id)
12                # 调用 coord.request_stop()函数来通知其他线程停止
13                coord.request_stop()
14            else:
15                # 打印当前线程的 ID
16                print("working on id: % d" % worker_id)
17            # 暂停 1s
18            time.sleep(1)
19  # 声明一个 tf.train.Coordinator 类来协同多个线程
20  coord = tf.train.Coordinator()
21  # 声明创建 5 个线程
22  threads = [threading.Thread(target = MyLoop,args = (coord,i,)) for i in range(5)]
23  #启动所有的线程
24  for t in threads:t.start()
25  #等待所有线程退出
26  coord.join(threads)
```

输出结果如下所示。

```
working on id: 0
working on id: 1
working on id: 2
working on id: 3
working on id: 4
working on id: 1
working on id: 0
working on id: 2
working on id: 3
working on id: 4
stop from id: 4
working on id: 1
```

当所有线程启动后，每个线程会打印各自的 ID，于是前 4 行打印了它们的 ID，暂停 1s 之后，所有的线程将会第二遍打印 ID。此时，有一个线程满足了退出条件，因此调用了 coord.request_stop()函数来停止所有其他线程。但是，在打印 stop from id：4 之后，可以看到仍然有线程在继续输出。这是因为这些线程已经完成执行 coord.should_stop()函数的判断，于是仍会继续执行输出自己的 ID 的命令。但在下一轮判断是否需要停止时将会退出线程。所以，再打印一次 ID 之后便不会再有输出了。

tf.QueueRunner 主要用于启动多个线程来操作同一个队列。启动的所有线程可以通过 tf.Coordinator 类来统一管理，下列代码展示了管理多线程队列操作的具体方法。

```
1  import tensorflow as tf
2  # 声明一个先进先出的队列，队列中最多 100 个元素，类型为实数
3  queue = tf.FIFOQueue(100,"float")
4  # 定义队列的入队操作
5  enqueue_op = queue.enqueue([tf.random_normal([1])])
6  # 使用 tf.train.QueueRunner 来创建多个线程运行队列的入队操作
```

```
7  # tf.train.QueueRunner 的第一个参数给出了被操作的队列
8  # [enqueue_op] * 5 表示需要启动 5 个线程,每个线程中运行的是 enqueue_op 的操作
9  qr = tf.train.QueueRunner(queue, [enqueue_op] * 5)
10 # 将定义过的 QueueRunner 加入 TensorFlow 计算图上指定的集合
11 # tf.train.QueueRunner 函数没有指定集合,则加入默认集合 tf.GraphKeys.QUEUE_RUNNERS
12 # 下面的函数就是刚刚定义的 qr 加入默认的集合 tf.GraphKeys.QUEUE_RUNNERS
13 tf.train.add_queue_runner(qr)
14 # 定义出队操作
15 out_tensor = queue.dequeue()
16 with tf.Session() as sess:
17     # 使用 tf.train.Coordinator 来协同启动线程
18     coord = tf.train.Coordinator()
19     # 使用 tf.train.QueueRunner()时,需要明确调用 tf.train.start_queue_runners 来启动所
   有线程
20     # 否则因为没有线程运行入队操作
21     # 当调用出队操作时,程序会一直等待入队操作被运行
22     # tf.train.start_queue_runners 函数会默认启动 tf.GraphKeys.QUEUE_RUNNERS 集合中所
   有的 QueueRunner
23     # 因为该函数只支持启动指定集合中的 QueueRunner
24     # 所以一般来说 tf.train.add_queue_runner 函数和
25     # tf.train.start_queue_runners 函数会指定同一个集合
26     threads = tf.train.start_queue_runners(sess = sess, coord = coord)
27     # 获取队列中的取值
28     for _ in range(3):
29         print(sess.run(out_tensor)[0])
30     # 停止所有线程
31     coord.request_stop()
32     coord.join(threads)
```

输出结果如下所示。

```
-0.574549
1.83348
-0.67578
```

在上述程序中,启动了 5 个线程来执行队列入队操作,其中每个线程都是将随机数写入队列,于是在每次运行出队操作时,可以得到一个随机数。

8.3.2 输入文件队列

本节介绍如何使用 TensorFlow 中的队列管理输入文件列表。一个 TFRecords 文件可以存储多个训练样本,在训练数据量较大时,可以通过将数据拆分成多个 TFRecords 文件来提高处理效率。在 TensorFlow 中,可以通过 tf.train.match_filenames_once()函数来获取符合一个正则表达式的所有文件,得到的文件列表可以通过 tf.train.string_input_producer()函数进行管理。

tf.train.string_input_producer()函数会使用初始化时提供的文件列表创建一个输入队列,输入队列中的原始元素为文件列表中的所有文件。创建好的输入队列可以作为文件

读取函数的参数，每次调用文件读取函数时，该函数会优先判断当前是否已有打开的文件可读，如果没有或者打开的文件已经完成读取，该函数会从输入队列中出队一个文件并从这个文件中读取数据。

通过设置 shuffle 参数的值，tf. train. string_input_producer()函数支持随机打乱文件列表中文件出队的顺序：当值为 True 时，文件在加入队列之前，其中元素会被随机打乱，需要注意的是，此时出队顺序也是随机的。通过 tf. train. string_input_producer()函数生成的输入队列可以同时被多个文件读取线程操作，而且输入队列会将队列中的文件均匀地分给不同的线程，避免出现部分文件被重复处理多次、另一部分文件漏处理的情况。

当一个输入队列中的所有文件都被处理完毕后，它会将初始化时提供的文件列表中的文件全部重新加入队列。tf. train. string_input_producer()函数可以通过设置 num_epochs 参数来限制加载出示文件列表的最大轮数。当所有文件都已经被使用了规定的轮数后，如果尝试继续读取新的文件，输入队列会返回 OutOfRange 的错误。在测试神经网络模型时，因为所有测试数据只需要使用一次，所以可以将 num_epochs 参数设置为 1，这样经过一轮的迭代后程序将自动停止。

接下来通过一个简单的程序来生成样例数据。

```
import tensorflow as tf
# 创建 TFRecords 帮助函数
def _int64_feature(value):
    return tf.train.Feature(int64_list = tf.train.Int64List(value = [value]))
# 模拟海量数据 CIA,将数据写入不同的文件
# num_shards 定义了总共写入多少个文件
# instances_per_shard 定义了每个文件中有多少个数据
num_shards = 2
instances_per_shard = 2
for i in range(num_shards):
    # 将数据分为多个文件时,可以将不同文件以类似 0000n - of - 0000m 的后缀区分
    # m: 表示数据总共被存在了多少个文件中
    # n: 表示当前文件的编号
    # 式样的方式既方便了通过正则表达式获取文件列表,又在文件名中加入了更多的信息
    filename = (" D:\\Anaconda123\\Lib\\site - packages\\tensorboard\\images\\data.
tfrecords - %.5d - of - %.5d" % (i,num_shards))
    writer = tf.python_io.TFRecordWriter(filename)
    # 将数据封装改成 example 结构并写入 TFRecords 文件
    for j in range(instances_per_shard):
        # example 结构仅包含当前样例属于第几个文件以及是当前文件的第几个样本
        example = tf.train.Example(features = tf.train.Features(feature = {
            'i':_int64_feature(i),
            'j':_int64_feature(j)}))
        writer.write(example.SerializeToString())
    writer.close()
```

上述程序运行完毕之后，将会在所指定的目录下生成两个文件 data. tfrecords-00000-of-00002 和 data. tfrecords-00001-of-00002，每一个文件中存储了两个样例。在生成了样例数据之后，可以通过 tf. train. match_filenames_once()函数和 tf. train. string_input_producer()

函数来操作文件，具体方法如下所示。

```
1  import tensorflow as tf
2  # 通过 tf.train.match_filenames_once 函数获取文件列表
3  files = tf.train.match_filenames_once("D:\\Anaconda123\\Lib\\site-packages\\
   tensorboard\\images\\data.tfrecords-*")
4  filename_queue = tf.train.string_input_producer(files, shuffle=False)
5  reader = tf.TFRecordReader()
6  _, serialized_example = reader.read(filename_queue)
7  features = tf.parse_single_example(
8        serialized_example,
9        features={
10           'i': tf.FixedLenFeature([], tf.int64),
11           'j': tf.FixedLenFeature([], tf.int64),
12       })
13 with tf.Session() as sess:
14     # # tf.global_variables_initializer().run()          #报错
15     sess.run([tf.global_variables_initializer(),tf.local_variables_initializer()])
16     print(sess.run(files))
17     # 声明 tf.train.Coordinator 类来协同不同线程，并启动线程
18     coord = tf.train.Coordinator()
19     threads = tf.train.start_queue_runners(sess=sess, coord=coord)
20     # 多次执行获取数据的操作
21     for i in range(6):
22         print(sess.run([features['i'], features['j']]))
23     coord.request_stop()
24     coord.join(threads)
```

输出结果如下所示。

```
[b'D:\\Anaconda123\\Lib\\site-packages\\tensorboard\\images\\data.tfrecords-00000-of-
00002'
b'D:\\Anaconda123\\Lib\\site-packages\\tensorboard\\images\\data.tfrecords-00001-of-
00002']
[0, 0]
[0, 1]
[1, 0]
[1, 1]
[0, 0]
[0, 1]
```

在不打乱文件列表的情况下，会依次读出样例数据中的每一个样例。而且，当所有样例读取完成后，程序会自动从头开始。

8.3.3 组合训练数据

通过将多个输入样本组合成一个 batch 可以提升训练模型的效率。具体原因有以下 3 点。

(1) 组合 batch 提升了内存利用率，大矩阵乘法的并行化效率提高。

(2) 完成学习 epoch(全数据集)所需的迭代次数降低,对于相同数据量的处理速度进一步加快。

(3) 一般情况下, batch_size 越大,模型的下降方向越准确,引起训练震荡越小。将多个输入样例组织成一个 batch 可以提高模型训练的效率,所以在得到单个样例的预处理结果之后,还需要将其组织成 batch,再提供给神经网络的输入层。

由于组合训练数据具有以上优点,因此在得到单个样例的预处理结果后,通常会将这些单个样例组合成 batch,然后再输入神经网络的输入层。

在 TensorFlow 中,提供了 tf. train. batch()函数和 tf. train. shuffle_batch()函数来将单个样例组合成 batch。

(1) tf. train. batch()函数:可以将样例组织成 batch,会生成一队列,队列的入队操作是生成单个样例的方法,每次出队会得到一个样例。

(2) tf. train. shuffle_batch()函数:可以将样例组织成 batch,会生成一队列,队列的入队操作是生成单个样例的方法,每次出队会得到一个样例,但是 tf. train. shuffle_batch()函数会将数据顺序打乱。

tf. train. batch()函数代码示例如下。

```
1  import tensorflow as tf
2  # 获取文件列表
3  files = tf.train.match_filenames_once("D:\\Anaconda123\\Lib\\site-packages\\
   tensorboard\\images\\data.tfrecords-*")
4  # 创建文件输入队列
5  filename_queue = tf.train.string_input_producer(files, shuffle=False)
6  # 读取并解析 example
7  reader = tf.TFRecordReader()
8  _, serialized_example = reader.read(filename_queue)
9  features = tf.parse_single_example(
10     serialized_example,
11     features={
12         'i': tf.FixedLenFeature([], tf.int64),
13         'j': tf.FixedLenFeature([], tf.int64)
14     })
15 # i 代表特征向量,j 代表标签
16 example, label = features['i'], features['j']
17 # 一个 batch 中的样例数
18 batch_size = 3
19 # 文件队列中最多可以存储的样例个数
20 capacity = 1000 + 3 * batch_size
21 # 组合样例
22 example_batch, label_batch = tf.train.batch(
23     [example, label], batch_size=batch_size, capacity=capacity)
24 with tf.Session() as sess:
25     # 使用 match_filenames_once 需要用 local_variables_initializer 初始化一些变量
26     sess.run(
27         [tf.global_variables_initializer(),
28         tf.local_variables_initializer()])
29     # 用 Coordinator 协同线程,并启动线程
```

```
30      coord = tf.train.Coordinator()
31      threads = tf.train.start_queue_runners(coord=coord)
32      # 获取并打印组合之后的样例.真实问题中一般作为神经网路的输入
33      for i in range(2):
34          cur_example_batch, cur_label_batch = sess.run(
35              [example_batch, label_batch])
36          print(cur_example_batch, cur_label_batch)
37      coord.request_stop()
38      coord.join(threads)
```

输出结果如下所示。

```
[0 0 1] [0 1 0]
[1 0 0] [1 0 1]
```

tf.train.batch()函数可以将单个的数据组织成 3 个一组的 batch，在 example、lable 中读到的数据依次为：

example：0，lable：0；

example：0，lable：1；

example：1；

lable：0；

example：1，lable：1。

由于函数不会随机打乱顺序，组合之后的数据组合成了上面给出的输出。

tf.train.batch()函数和 tf.train.shuffle_batch()函数除了可以将单个数据整理成输入 batch，也能够并行化处理输入数据。上述这两种函数在处理并行问题中的方法基本一致，本节在此以 tf.train.shuffle_batch()函数为例，通过设置其中的 num_threads 参数，来指定多个线程同时执行入队操作。

tf.train.shuffle_batch()函数的入队操作就是数据读取以及预处理的过程。当 num_threads 参数大于 1 时，多个线程会同时读取一个文件中的不同样例并进行预处理。在需要多个线程处理不同文件中的样例时，可以使用 tf.train.shuffle_batch_join()函数，此函数会从输入文件队列中获取不同的文件分配给不同的线程。一般输入文件队列是通过 tf.train.string_input_producer()函数生成的，该函数会平均分配文件以保证不同文件中的数据会被尽量平均地使用。

8.4 数据集的使用方法

在 TensorFlow 中除提供了使用队列进行多线程输入的方法，还提供了另一种更高层的数据处理框架。TensorFlow 从 1.3 版本开始，推荐编程者使用数据集作为输入数据的首选框架，从 1.4 版本开始数据集框架从 tf.contrib.data 迁移至 tf.data，成为 TensorFlow 的核心组件。使用数据集作为输入数据的框架，可以保证 GPU 在工作时无须等待新的数据输入，从而提升模型的训练效率。本节将介绍如何创建和使用数据集以及如何高效地向模型输入数据。

在 TensorFlow 中，可以通过以下三个步骤来应用 Dataset。

(1) 加载数据：为数据创建一个Dataset实例。

(2) 创建一个迭代器(Iterator)：使用创建的数据集来构造一个迭代器从而对数据集进行遍历操作。

(3) 将数据输入模型：通过上一步创建的迭代器从数据集中获取数据元素，将这些获取的元素输入模型。

接下来，将对上述三个步骤的具体操作方法分别进行介绍。

1. 加载数据

将数据加载到数据集。通常会从numpy中加载数据，在此，将一个numpy数组，加载到TensorFlow中，示例代码如下所示。

```
x = np.random.sample((50,3))
dataset = tf.data.Dataset.from_tensor_slices(x)
```

处理被划分为特征和标签的数据的代码如下所示。

```
features, labels = (np.random.sample((50,3)),np.random.sample((50,3)))
dataset = tf.data.Dataset.from_tensor_slices((features,labels))
```

除了从numpy中加载数据，TensorFlow还提供了通过tensors、placeholder、generator等方式进行数据加载的途径。接下来对通过这几种方式进行数据加载的代码分别进行介绍。

(1) 通过tensors加载数据。

```
dataset = tf.data.Dataset.from_tensor_slices(tf.random_uniform([50, 3]))
```

(2) 通过placeholder加载数据。

```
x = tf.placeholder(tf.float32, shape = [None,2])
dataset = tf.data.Dataset.from_tensor_slices(x)
```

这种加载方式可以允许对Dataset中的数据进行动态修改。

(3) 通过generator加载数据。

```
sequence = np.array([[1],[2,3],[3,4]])
def generator():
    for el in sequence:
        yield el
dataset = tf.data.Dataset().from_generator(generator,
                                           output_types = tf.float32,
                                          output_shapes = [tf.float32])
```

当处理的数组中元素长度不统一时，可以通过上述方法从generator中初始化一个Dataset。在这种情况下，需要指定初始化后的数据类型和大小才能创建正确的张量。

2. 创建迭代器

创建好数据集以后需要通过迭代器来遍历数据集，并重新得到数据真实值。

TensorFlow 中有 4 种常用的迭代器：One-shot 迭代器、可初始化迭代器、可重新初始化迭代器以及 Feedable 迭代器。

(1) One-shot 迭代器。它属于最简单迭代器类型，创建 One-shot 迭代器的具体方法如下所示。

```
x = np.random.sample((100,2))
# 通过 numpy 加载数据
dataset = tf.data.Dataset.from_tensor_slices(x)
# 创建一个 One shot 迭代器
iter = dataset.make_one_shot_iterator()
#调用 get_next()来获得所加载数据中的张量
el = iter.get_next()
```

可以通过 el 来查看这些张量的值。

```
with tf.Session() as sess:
    print(sess.run(el))
```

(2) 可初始化迭代器。通过 placeholder 加载的数据集支持在运行中动态地改变数据源，通过常见的 feed_dict 机制可以对 placeholder 进行初始化操作。可初始化迭代器的创建方法如下所示。

```
# 通过 placeholder 加载数据
x = tf.placeholder(tf.float32, shape=[None,2])
dataset = tf.data.Dataset.from_tensor_slices(x)
data = np.random.sample((50,3))
# 创建迭代器
iter = dataset.make_initializable_iterator()
el = iter.get_next()
with tf.Session() as sess:
    # 初始化 placeholder
    sess.run(iter.initializer, feed_dict={ x: data })
    print(sess.run(el))
```

通过调用 make_initializable_iterator，可以在 sess 中进行初始化操作传递数据，通过这种方法传递的数据是随机的 numpy 数组。

假设有如下代码所示的训练集和测试集：

```
train_data = (np.random.sample((50,2)), np.random.sample((50,1)))
test_data = (np.array([[1,2]]), np.array([[0]]))
```

想要进行模型训练，并在测试数据集上对其进行测试，就需要通过训练后对迭代器再次进行初始化来实现，具体方法如下所示。

```
EPOCHS = 10
x, y = tf.placeholder(tf.float32, shape=[None,2]),
```

```
                        tf.placeholder(tf.float32, shape=[None,1])
dataset = tf.data.Dataset.from_tensor_slices((x, y))
train_data = (np.random.sample((100,2)), np.random.sample((100,1)))
test_data = (np.array([[1,2]]), np.array([[0]]))
iter = dataset.make_initializable_iterator()
features, labels = iter.get_next()
with tf.Session() as sess:
    #将输入迭代器的训练数据初始化
    sess.run(iter.initializer, feed_dict={ x: train_data[0],
                                            y: train_data[1]})
    for _ in range(EPOCHS):
        sess.run([features, labels])
    #在测试数据集上对其进行测试
    sess.run(iter.initializer, feed_dict={ x: test_data[0], y: test_data[1]})
    print(sess.run([features, labels]))
```

（3）可重新初始化迭代器。通过这种迭代器可以动态地进行数据间的切换而不需要把新的数据加载到相同的数据集中。假设有以下训练集和测试集。

```
#通过numpy加载数据
train_data = (np.random.sample((50,2)), np.random.sample((50,1)))
test_data = (np.random.sample((20,2)), np.random.sample((20,1)))
```

通过以下代码创建两个Dataset。

```
train_dataset = tf.data.Dataset.from_tensor_slices(train_data)
test_dataset = tf.data.Dataset.from_tensor_slices(test_data)
```

创建一个通用的Iterator。

```
iter = tf.data.Iterator.from_structure(train_dataset.output_types,
                                       train_dataset.output_shapes)
```

初始化数据集。

```
train_init_op = iter.make_initializer(train_dataset)
test_init_op = iter.make_initializer(test_dataset)
```

获取下一个元素的值。

```
features, labels = iter.get_next()
```

通过Session执行数据集的初始化操作。完整代码如下所示。

```
1  EPOCHS = 10
2  train_data = (np.random.sample((100,2)), np.random.sample((100,1)))
3  test_data = (np.random.sample((10,2)), np.random.sample((10,1)))
```

```
4  train_dataset = tf.data.Dataset.from_tensor_slices(train_data)
5  test_dataset = tf.data.Dataset.from_tensor_slices(test_data)
6  iter = tf.data.Iterator.from_structure(train_dataset.output_types,
7                                         train_dataset.output_shapes)
8  features, labels = iter.get_next()
9  train_init_op = iter.make_initializer(train_dataset)
10 test_init_op = iter.make_initializer(test_dataset)
11 with tf.Session() as sess:
12     sess.run(train_init_op)
13     for _ in range(EPOCHS):
14         sess.run([features, labels])
15     sess.run(test_init_op)
16     print(sess.run([features, labels]))
```

(4) Feedable 迭代器。与之前介绍的迭代器不同，这类迭代器支持在迭代器之间转换，而不是在数据集间转换，如在来自 make_one_shot_iterator()函数的一个迭代器和来自 make_initializable_iterator()函数的一个迭代器之间进行转换。

3. 将数据输入模型

在之前的例子中都是通过 Session 来打印 Dataset 中元素的值。现在，在向模型传递数据时只需要传递 get_next()产生的张量。

假设有一个含有两个 numpy 数组的数据集。

```
features, labels = (np.array([np.random.sample((100,2))]),
                    np.array([np.random.sample((100,1))]))
dataset = tf.data.Dataset.from_tensor_slices((features,labels)).repeat()
            .batch(BATCH_SIZE)
```

上述代码将 np.random.sample()函数封装到了另外一个 numpy 数组中，这步操作会增加数据集的维度。

接下来，创建一个迭代器。

```
iter = dataset.make_one_shot_iterator()
x, y = iter.get_next()
```

建立一个简单的神经网络模型。

```
net = tf.layers.dense(x, 8) # pass the first value from iter.get_next()
      as input
net = tf.layers.dense(net, 8)
prediction = tf.layers.dense(net, 1)
loss = tf.losses.mean_squared_error(prediction, y) # pass the second
       value from iter.get_net() as label
train_op = tf.train.AdamOptimizer().minimize(loss)
```

使用来自 iter.get_next()的张量作为神经网络第一层的输入和损失函数的标签。将数据输入模型的完整代码如下所示。

```
1  EPOCHS = 10
2  BATCH_SIZE = 16
3  # 假设有一个含有两个 numpy 数组的数据集
4  features, labels = (np.array([np.random.sample((100,2))]),
5                      np.array([np.random.sample((100,1))]))
6  dataset = tf.data.Dataset.from_tensor_slices((features,labels)).repeat().batch(BATCH_SIZE)
7  iter = dataset.make_one_shot_iterator()
8  x, y = iter.get_next()
9  # 建立一个简单的神经网络模型
10 net = tf.layers.dense(x, 8, activation = tf.tanh) # pass the first value from iter.get_
   next() as input
11 net = tf.layers.dense(net, 8, activation = tf.tanh)
12 prediction = tf.layers.dense(net, 1, activation = tf.tanh)
13 loss = tf.losses.mean_squared_error(prediction, y) # pass the second value from iter.get_
   net() as label
14 train_op = tf.train.AdamOptimizer().minimize(loss)
15 with tf.Session() as sess:
16     sess.run(tf.global_variables_initializer())
17     for i in range(EPOCHS):
18         _, loss_value = sess.run([train_op, loss])
19         print("Iter: {}, Loss: {:.4f}".format(i, loss_value))
```

输出结果如下所示。

```
Iter: 0, Loss: 0.1328
Iter: 1, Loss: 0.1312
Iter: 2, Loss: 0.1296
Iter: 3, Loss: 0.1281
Iter: 4, Loss: 0.1267
Iter: 5, Loss: 0.1254
Iter: 6, Loss: 0.1242
Iter: 7, Loss: 0.1231
Iter: 8, Loss: 0.1220
Iter: 9, Loss: 0.1210
```

8.5 本章小结

本章通过实际案例介绍了常见的数据预处理方法，通过数据预处理可以降低数据中干扰因素对网络的影响。采用多线程的方法来处理输入数据框架可以降低预处理数据带来的不利因素。TensorFlow 鼓励用户使用数据集作为输入数据的框架，尤其在使用 GPU 进行模型训练时，可以无须等待新的数据输入，从而提升模型的训练效率。

8.6 习题

1. 填空题

(1) TFRecords 内部使用了________作为编码方案，只要生成一次 TFRecords，之后的数据读取和加工处理的效率都会得到提高。

(2) 图像在存储时并不是直接记录像素矩阵中的数字,而是记录了________之后的结果。

(3) 一个 TFRecords 文件可以存储多个训练样本,在训练数据量较大时,可以通过________将数据________来提高处理效率。

(4) 在 TensorFlow 中,提供了________函数和________函数来将单个样例组合成 batch。

(5) 创建好数据集以后需要通过________来遍历数据集并重新得到数据真实值。

2. 选择题

(1) 由于 TFRecords 格式的文件不支持随机访问,因此它不适用于(　　)任务。

A. 非连续存取　　B. 大规模连续存取

C. 小规模连续存取　　D. 以上都错

(2) 图像预处理操作包括(　　)操作。

A. 处理图像编码　　B. 图像大小调整

C. 图像翻转　　D. 以上都对

(3) FIFOQueue 队列属于(　　)队列。

A. 先进先出　　B. 先进后出　　C. 后进先出　　D. 后进后出

(4) tf.train.string_input_producer()函数可以通过设置(　　)参数来限制加载出示文件列表的最大轮数。

A. shuffle　　B. num_epochs　　C. shape　　D. size_epochs

(5) 一般情况下,输入数据集中 batch_size 越大,模型的下降方向越(　　),引起训练震荡(　　)。

A. 准确,越小　　B. 准确,越大

C. 不准确,越小　　D. 不准确,越大

3. 思考题

简述图像预处理对模型训练的意义和作用。

第9章 TensorFlow实现循环神经网络

本章学习目标

- 掌握循环神经网络的概念；
- 掌握用TensorFlow进行垃圾短信预测的方法；
- 掌握长短期记忆网络模型的相关概念；
- 掌握用TensorFlow实现多层长短期记忆网络模型的方法。

循环神经网络(Recurrent Neural Network,RNN)是一类用于处理序列数据(即一个序列当前的输出与之前的输出存在关联性)的神经网络,它源于Saratha Sathasivam在1982年提出的霍普菲尔德网络。本章将对循环神经网络的相关知识进行讲解,并通过TensorFlow实现预测垃圾短信,构建多层长短期记忆网络(Long Shot Term Memory,LSTM)。

9.1 循环神经网络简介

在传统的神经网络中,输入层中神经元的数量往往保持不变,从输入层到隐含层再到输出层,层与层之间是全连接的,每层之间的节点是无连接的。这种结构难以用于准确预测某段文字中下一个可能出现的单词这类情景,因为一个句子中前后单词并不是相互独立的,此时就需要用到循环神经网络。循环神经网络是一种对序列数据建模的神经网络,网络中一个序列当前的输出与之前的输出存在关联,可以将之前输出的信息应用于当前输出结果的计算中。循环神经网络的隐藏层之间的节点不再是无连接的,并且隐藏层的输入不仅包括输入层的输出,还包括上一时刻隐藏层的输出。

循环神经网络通过将长度不定的输入进行等长度分割后依次输入网络的方法实现了神经网络对长度可变输入的处理。循环神经网络具有以下两个特点。

(1) 前后数据间存在关联性。循环神经网络在处理时间序列信息时,当前时间节点的输出结果会受到过去节点的输出结果的影响。

(2) 循环神经网络可以保留序列的信息。在序列式个性化推荐场景中,为了当前时刻给用户选择合适的推送数据,需要保留用户过去的操作。或者在处理一句自然语言时,一句话可以被当作由多个词组构成的序列,然后,每次向循环神经网络输入一个词组,循环此操作直到一句话被输入完毕。循环神经网络将根据输入产生对应的输出,具体如图9.1所示。

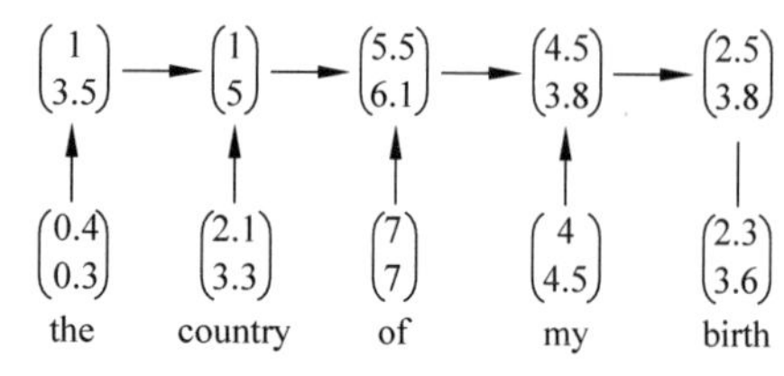

图9.1 循环语句处理一段自然语言

然而,在处理具体语句时,不同的语法解析树对应着不同的意思,仅仅按顺序对词组的序列进行解析可能会出现歧义。例如,在处理"全国14个计算机学院的学员找到了理想的工作"时,可以理解成"全国/14个/计算机学院/的学员找到了理想的工作",即某培训机构在全国设立的14个分院中的学员找到了理想的工作;另一种理解方式是"全国/14个/计算机学院的学员/找到了理想的工作",即14个来自计算机学院的学员找到了理想的工作。此时,循环神经网络通过树结构来处理信息,从而让模型可以区分出语句的不同意思。循环神经网络主要适用于可以按照树或图结构处理信息的情况。

对于任意长度的序列,利用反向传播算法训练创建长时间依赖的梯度。这样会出现梯度消失或者梯度爆炸的问题。本章后续部分,将介绍一种循环神经网络的变形——长短期记忆神经网络,以解决该问题。

9.2 通过 TensorFlow 实现垃圾短信预测

经过9.1节的学习,对循环神经网络已经有了初步的了解,本节将通过一个预测垃圾短信的程序来更加具体地了解循环神经网络的原理。本例使用了加利福尼西大学欧文分校的机器学习仓库中的SMS垃圾短信数据集。该程序选择了嵌套文本中的输入RNN序列作为预测架构,取最后一个RNN输出作为是否为垃圾短信的预测。

(1) 加载相关工具库。

```
import os
import re
import io
import requests
import numpy as np
import matplotlib.pyplot as plt
import tensorflow as tf
from zipfile import ZipFile
from tensorflow.python.framework import ops
```

(2) 创建会话,设置相关参数。其中,训练数据为20个epochs,批量大小为250。短信最大长度为25个单词(超出长度的部分会被截取,不足25个的部分由0填充)。该模型由10个单元组成。本节在此选择只处理词频超过5的单词,每个单词会嵌套在长度为50的词向量中。dropout概率为占位符。具体代码如下所示。

```
epochs = 20
batch_size = 250
max_sequence_length = 25
rnn_size = 10
embedding_size = 50
min_word_frequency = 10
learning_rate = 0.0005
dropout_keep_prob = tf.placeholder(tf.float32)
```

(3) 获取 SMS 数据集。通过 if 语句检测本地是否存有已下载的文本数据集,如果已有,则直接从文件中读取,否则从指定的网址下载该垃圾短信数据集。

```
data_dir = 'temp'
data_file = 'text_data.txt'
if not os.path.exists(data_dir):
    os.makedirs(data_dir)
if not os.path.isfile(os.path.join(data_dir, data_file)):
    zip_url = 'http://archive.ics. uci. edu/ml/machine - learning - databases/00228/
smsspamcollection.zip'
    r = requests.get(zip_url)
    z = ZipFile(io.BytesIO(r.content))
    file = z.read('SMSSpamCollection')
    text_data = file.decode()
    text_data = text_data.encode('ascii', errors = 'ignore')
    text_data = text_data.decode().split('\n')
    with open(os.path.join(data_dir, data_file), 'w') as file_conn:
        for text in text_data:
            file_conn.write("{}\n".format(text))
else:
    text_data = []
    with open(os.path.join(data_dir, data_file), 'r') as file_conn:
        for row in file_conn:
            text_data.append(row)
    text_data = text_data[:-1]
text_data = [x.split('\t') for x in text_data if len(x) >= 1]
[text_data_target, text_data_train] = [list(x) for x in zip( * text_data)]
```

(4) 清洗文本数据集,移除数据集中的特殊字符,并将所有数据的大小写格式转为小写,以空格提取单词。

```
def clean_text(text_string):
    text_string = re.sub(r'([^\s\w]|_|[0-9]) + ', '', text_string)
    text_string = " ".join(text_string.split())
    text_string = text_string.lower()
    return text_string
text_data_train = [clean_text(x) for x in text_data_train]
```

(5) 使用 TensorFlow 内建的词汇将文本转换为索引列表,具体方法如下所示。

```
vocab_processor = tf.contrib.learn.preprocessing.VocabularyProcessor
                  (max_sequence_length, min_frequency = min_word_frequency)
text_processed = np.array(list(vocab_processor.fit_transform
                 (text_data_train)))
```

(6) 随机 shuffle 文本数据集。

```
text_processed = np.array(text_processed)
text_data_target = np.array([1 if x == 'ham' else 0 for x in
```

```
                    text_data_target])
shuffled_ix = np.random.permutation(np.arange(len(text_data_target)))
x_shuffled = text_processed[shuffled_ix]
y_shuffled = text_data_target[shuffled_ix]
```

(7) 将数据集进行分割,按照 8∶2 的比例拆分成训练数据集和测试数据集。

```
ix_cutoff = int(len(y_shuffled) * 0.80)
x_train, x_test = x_shuffled[:ix_cutoff], x_shuffled[ix_cutoff:]
y_train, y_test = y_shuffled[:ix_cutoff], y_shuffled[ix_cutoff:]
vocab_size = len(vocab_processor.vocabulary_)
print("Vocabulary Size: {:d}".format(vocab_size))
print("80 - 20 Train Test split: {:d} -- {:d}".format(len(y_train), len(y_test)))
```

(8) 声明占位符。输入数据 x_data 是形状为[None,max_sequence_length]的占位符,批量大小等于最大允许短信长度。输出数据 y_output 的占位符为整数 0 或者 1,0 表示正常短信,1 表示垃圾短信。

```
x_data = tf.placeholder(tf.int32, [None, max_sequence_length])
y_output = tf.placeholder(tf.int32, [None])
```

(9) 创建输入数据 x_data 的嵌套矩阵和嵌套查找操作。

```
embedding_mat = tf.Variable(tf.random_uniform([vocab_size, embedding_size], -1.0, 1.0))
embedding_output = tf.nn.embedding_lookup(embedding_mat, x_data)
```

(10) 声明算法模型。初始化网络单元的类型,共有 10 个单元。然后通过动态 RNN 函数 tf.nn.dynamic_rnn()创建序列。加入 dropout 操作,预防过拟合。

```
if tf.__version__[0] >= '1':
    cell = tf.contrib.rnn.BasicRNNCell(num_units = rnn_size)
else:
    cell = tf.nn.rnn_cell.BasicRNNCell(num_units = rnn_size)
output, state = tf.nn.dynamic_rnn(cell, embedding_output, dtype = tf.float32)
output = tf.nn.dropout(output, dropout_keep_prob)
```

(11) 转置并重新排列 RNN 的输出结果,剪切输出结果。

```
output = tf.transpose(output, [1, 0, 2])
last = tf.gather(output, int(output.get_shape()[0]) - 1)
```

(12) 通过全连接层将 rnn_size 大小的输出转换为二分类输出。

```
weight = tf.Variable(tf.truncated_normal([rnn_size, 2], stddev = 0.1))
bias = tf.Variable(tf.constant(0.1, shape = [2]))
logits_out = tf.matmul(last, weight) + bias
```

(13) 声明损失函数。本节在此采用 sparse_softmax 损失函数，目标值是 int 型索引，logits 是 float 型。

```
losses = tf.nn.sparse_softmax_cross_entropy_with_logits(logits = logits_out, labels = y_
output)
loss = tf.reduce_mean(losses)
```

(14) 创建准确度函数，比较训练集和测试集的训练结果。

```
accuracy = tf.reduce_mean(tf.cast(tf.equal(tf.argmax(logits_out, 1),
            tf.cast(y_output, tf.int64)), tf.float32))
```

(15) 创建优化器函数，初始化模型变量。

```
optimizer = tf.train.RMSPropOptimizer(learning_rate)
train_step = optimizer.minimize(loss)
init = tf.global_variables_initializer()
sess.run(init)
```

(16) 开始遍历迭代训练模型(每次迭代都需要先将数据随机打乱以防止模型出现过拟合问题)。

```
train_loss = []
test_loss = []
train_accuracy = []
test_accuracy = []
# 开始迭代
for epoch in range(epochs):
    shuffled_ix = np.random.permutation(np.arange(len(x_train)))
    x_train = x_train[shuffled_ix]
    y_train = y_train[shuffled_ix]
    num_batches = int(len(x_train)/batch_size) + 1
    for i in range(num_batches):
        # 选择训练数据
        min_ix = i * batch_size
        max_ix = np.min([len(x_train), ((i+1) * batch_size)])
        x_train_batch = x_train[min_ix:max_ix]
        y_train_batch = y_train[min_ix:max_ix]
        # 执行训练操作
        train_dict = {x_data: x_train_batch, y_output: y_train_batch, dropout_keep_prob:0.5}
        sess.run(train_step, feed_dict = train_dict)
    # 计算在训练数据集上的损失值和准确度
    temp_train_loss, temp_train_acc = sess.run([loss, accuracy], feed_dict = train_dict)
    train_loss.append(temp_train_loss)
    train_accuracy.append(temp_train_acc)
        # 执行测试操作
    test_dict = {x_data: x_test, y_output: y_test, dropout_keep_prob:1.0}
    temp_test_loss, temp_test_acc = sess.run([loss, accuracy], feed_dict = test_dict)
```

```
    test_loss.append(temp_test_loss)
    test_accuracy.append(temp_test_acc)
    print('Epoch: {}, Test Loss: {:.2}, Test Acc: {:.2}'.format(epoch + 1, temp_test_loss,
temp_test_acc))
```

绘制训练集、测试集损失和准确度的代码如下。

```
epoch_seq = np.arange(1, epochs + 1)
plt.plot(epoch_seq, train_loss, 'k--', label = 'Train Set')
plt.plot(epoch_seq, test_loss, 'r-', label = 'Test Set')
plt.title('Softmax Loss')
plt.xlabel('Epochs')
plt.ylabel('Softmax Loss')
plt.legend(loc = 'upper left')
plt.show()
# 绘制准确度随迭代次数变化图
plt.plot(epoch_seq, train_accuracy, 'k--', label = 'Train Set')
plt.plot(epoch_seq, test_accuracy, 'r-', label = 'Test Set')
plt.title('Test Accuracy')
plt.xlabel('Epochs')
plt.ylabel('Accuracy')
plt.legend(loc = 'upper left')
plt.show()
```

输出结果如下所示。

```
Epoch: 1, Test Loss: 0.63, Test Acc: 0.82
Epoch: 2, Test Loss: 0.61, Test Acc: 0.82
Epoch: 3, Test Loss: 0.58, Test Acc: 0.83
Epoch: 4, Test Loss: 0.55, Test Acc: 0.83
Epoch: 5, Test Loss: 0.51, Test Acc: 0.83
Epoch: 6, Test Loss: 0.47, Test Acc: 0.83
Epoch: 7, Test Loss: 0.45, Test Acc: 0.84
Epoch: 8, Test Loss: 0.43, Test Acc: 0.84
Epoch: 9, Test Loss: 0.43, Test Acc: 0.85
Epoch: 10, Test Loss: 0.42, Test Acc: 0.85
Epoch: 11, Test Loss: 0.42, Test Acc: 0.85
Epoch: 12, Test Loss: 0.41, Test Acc: 0.85
Epoch: 13, Test Loss: 0.41, Test Acc: 0.86
Epoch: 14, Test Loss: 0.41, Test Acc: 0.86
Epoch: 15, Test Loss: 0.41, Test Acc: 0.86
Epoch: 16, Test Loss: 0.4, Test Acc: 0.86
Epoch: 17, Test Loss: 0.4, Test Acc: 0.86
Epoch: 18, Test Loss: 0.39, Test Acc: 0.86
Epoch: 19, Test Loss: 0.37, Test Acc: 0.86
Epoch: 20, Test Loss: 0.34, Test Acc: 0.87
```

通过上述代码创建了一个用来预测短信文本是否为垃圾短信的 RNN 分类模型。本例在测试集上的训练准确度达到了 87%。测试集和训练集的损失值随迭代次数的变化如

图 9.2 所示。

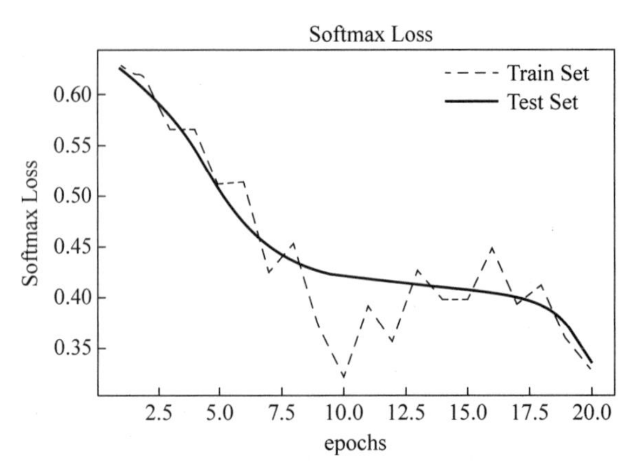

图 9.2　测试集和训练集的损失值随迭代次数变化图

测试集和训练集的准确度随迭代次数的变化如图 9.3 所示。

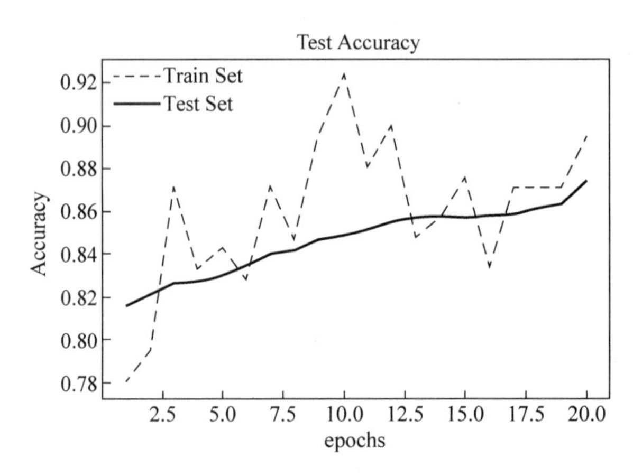

图 9.3　测试集和训练集的准确度随迭代次数变化图

9.3　通过 TensorFlow 实现 LSTM 模型

长短期记忆网络属于时间循环神经网络的一种变型。在 1997 年，Hochreiter 和 Schmidhuber 引入了自循环的巧妙构思来产生梯度长时间持续流动的路径，这是长短期记忆网络发展初期的核心贡献之一，目前被广泛应用于自然语言处理领域。其中 LSTM 的结构与循环神经网络类似，核心设计是添加了记忆体(Cell State)。记忆体是一种信息流，可以把记忆信息从序列的初始位置传递到序列的末端，并通过 4 个交互的门限来控制每一个时间步长对记忆信息值的修改，它可以使自循环的权重视上下文而定，而不再是固定的值。在这种情况下，即使是具有固定参数的 LSTM，累积的时间尺度也可以因输入序列而改变，因为时间常数是模型本身的输出。LSTM 目前被广泛应用于机器翻译、语音识别等自然语言处理以及图像识别中。

本节通过引入 LSTM 单元，将 RNN 模型扩展为可以处理长序列的模型。

(1) 加载相关工具库。

```
import os
import re
import string
import requests
import numpy as np
import collections
import random
import pickle
import matplotlib.pyplot as plt
import tensorflow as tf
from tensorflow.python.framework import ops
ops.reset_default_graph()
```

(2) 开始计算图会话,设置模型相关参数。

```
sess = tf.Session()
min_word_freq = 5
rnn_size = 128
epochs = 10
batch_size = 100
learning_rate = 0.001
training_seq_len = 50
embedding_size = rnn_size
save_every = 500
eval_every = 50
prime_texts = ['thou art more', 'to be or not to', 'wherefore art thou']
```

(3) 定义数据和模型的文件夹和文件名。在此保留文档中常用来组合单词和音节的符号。

```
data_dir = 'temp'
data_file = 'shakespeare.txt'
model_path = 'shakespeare_model'
full_model_dir = os.path.join(data_dir, model_path)
punctuation = string.punctuation
punctuation = ''.join([x for x in punctuation if x not in ['-', "'"]])
```

(4) 下载文本数据集。如果该数据集存在,将直接加载数据;如果不存在,将下载该文本数据集,并保存。

```
if not os.path.exists(data_dir):
    os.makedirs(data_dir)
print('Loading Shakespeare Data')
if not os.path.isfile(os.path.join(data_dir, data_file)):
    print('Not found, downloading Shakespeare texts from www.gutenberg.org')
    shakespeare_url = 'http://www.gutenberg.org/cache/epub/100/pg100.txt'
    response = requests.get(shakespeare_url)
```

```
        shakespeare_file = response.content
        s_text = shakespeare_file.decode('utf-8')
        s_text = s_text[7675:]
        s_text = s_text.replace('\r\n', '')
        s_text = s_text.replace('\n', '')
        with open(os.path.join(data_dir, data_file), 'w') as out_conn:
            out_conn.write(s_text)
else:
    with open(os.path.join(data_dir, data_file), 'r') as file_conn:
        s_text = file_conn.read().replace('\n', '')
```

（5）清洗莎士比亚文本，移除标点符号和多余的空格。

```
print('Cleaning Text')
s_text = re.sub(r'[{}]'.format(punctuation), ' ', s_text)
s_text = re.sub('\s+', ' ', s_text).strip().lower()
```

（6）创建莎士比亚词汇表。创建 build_vocab()函数返回两个单词字典(单词到索引的映射和索引到单词的映射)，其中出现的单词要符合频次要求。

```
def build_vocab(text, min_freq):
    word_counts = collections.Counter(text.split(' '))
    word_counts = {key: val for key, val in word_counts.items() if val > min_freq}
    words = word_counts.keys()
    vocab_to_ix_dict = {key: (i_x+1) for i_x, key in enumerate(words)}
    vocab_to_ix_dict['unknown'] = 0
    ix_to_vocab_dict = {val: key for key, val in vocab_to_ix_dict.items()}
    return ix_to_vocab_dict, vocab_to_ix_dict
print('Building Shakespeare Vocab')
ix2vocab, vocab2ix = build_vocab(s_text, min_word_freq)
vocab_size = len(ix2vocab) + 1
print('Vocabulary Length = {}'.format(vocab_size))
assert(len(ix2vocab) == len(vocab2ix))
```

（7）根据单次词汇表，将莎士比亚文本转换成索引数组。

```
s_text_words = s_text.split(' ')
s_text_ix = []
for ix, x in enumerate(s_text_words):
    try:
        s_text_ix.append(vocab2ix[x])
    except KeyError:
        s_text_ix.append(0)
s_text_ix = np.array(s_text_ix)
```

（8）接下来通过用 class 对象创建算法模型，使用相同的模型(相同模型参数)来训练批量数据和抽样生成的文本。如果没有 class 对象，将很难用抽样方法训练相同的模型。该 class 代码单独保存在一个 Python 文件中，它可以在脚本起始位置导入。

```
class LSTM_Model():
    def __init__(self, embedding_size, rnn_size, batch_size, learning_rate,
                     training_seq_len, vocab_size, infer_sample=False):
        self.embedding_size = embedding_size
        self.rnn_size = rnn_size
        self.vocab_size = vocab_size
        self.infer_sample = infer_sample
        self.learning_rate = learning_rate
        if infer_sample:
            self.batch_size = 1
            self.training_seq_len = 1
        else:
            self.batch_size = batch_size
            self.training_seq_len = training_seq_len
        self.lstm_cell = tf.contrib.rnn.BasicLSTMCell(self.rnn_size)
        self.initial_state = self.lstm_cell.zero_state(self.batch_size, tf.float32)
        self.x_data = tf.placeholder(tf.int32, [self.batch_size, self.training_seq_len])
        self.y_output = tf.placeholder(tf.int32, [self.batch_size, self.training_seq_len])
        with tf.variable_scope('lstm_vars'):
            # Softmax 输出权重
            W = tf.get_variable('W', [self.rnn_size, self.vocab_size], tf.float32, tf.
random_normal_initializer())
            b = tf.get_variable('b', [self.vocab_size], tf.float32, tf.constant_initializer(0.0))
            # 定义嵌入层
            embedding_mat = tf.get_variable('embedding_mat', [self.vocab_size, self.
embedding_size],
                                            tf.float32, tf.random_normal_initializer())
            embedding_output = tf.nn.embedding_lookup(embedding_mat, self.x_data)
            rnn_inputs = tf.split(axis=1, num_or_size_splits=self.training_seq_len,
value=embedding_output)
            rnn_inputs_trimmed = [tf.squeeze(x, [1]) for x in rnn_inputs]
        # 定义如何从第 i 个输出中获取第 i+1 个输入的方法
        def inferred_loop(prev):
            prev_transformed = tf.matmul(prev, W) + b
            prev_symbol = tf.stop_gradient(tf.argmax(prev_transformed, 1))
            out = tf.nn.embedding_lookup(embedding_mat, prev_symbol)
            return out
decoder = tf.contrib.legacy_seq2seq.rnn_decoder
        outputs, last_state = decoder(rnn_inputs_trimmed,
                                      self.initial_state,
                                      self.lstm_cell,
                                      loop_function=inferred_loop if infer_sample else None)
        output = tf.reshape(tf.concat(axis=1, values=outputs), [-1, self.rnn_size])
        self.logit_output = tf.matmul(output, W) + b
        self.model_output = tf.nn.softmax(self.logit_output)
        loss_fun = tf.contrib.legacy_seq2seq.sequence_loss_by_example
        loss = loss_fun([self.logit_output], [tf.reshape(self.y_output, [-1])],
                        [tf.ones([self.batch_size * self.training_seq_len])])
        self.cost = tf.reduce_sum(loss) / (self.batch_size * self.training_seq_len)
```

```
        self.final_state = last_state
        gradients, _ = tf.clip_by_global_norm(tf.gradients(self.cost, tf.trainable_
variables()), 4.5)
        optimizer = tf.train.AdamOptimizer(self.learning_rate)
        self.train_op = optimizer.apply_gradients(zip(gradients, tf.trainable_variables()))
    def sample(self, sess, words = ix2vocab, vocab = vocab2ix, num = 10, prime_text = 'thou art'):
        state = sess.run(self.lstm_cell.zero_state(1, tf.float32))
        word_list = prime_text.split()
        for word in word_list[:-1]:
            x = np.zeros((1, 1))
            x[0, 0] = vocab[word]
            feed_dict = {self.x_data: x, self.initial_state: state}
            [state] = sess.run([self.final_state], feed_dict = feed_dict)
        out_sentence = prime_text
        word = word_list[-1]
        for n in range(num):
            x = np.zeros((1, 1))
            x[0, 0] = vocab[word]
            feed_dict = {self.x_data: x, self.initial_state: state}
            [model_output, state] = sess.run([self.model_output, self.final_state], feed_
dict = feed_dict)
            sample = np.argmax(model_output[0])
            if sample == 0:
                break
            word = words[sample]
            out_sentence = out_sentence + ' ' + word
        return out_sentence
```

(9) 声明 LSTM 模型及其测试模型。使用 tf.variable_scope 管理模型变量,使得测试 LSTM 模型可以重用训练 LSTM 模型相同的参数。

```
lstm_model = LSTM_Model(embedding_size, rnn_size, batch_size, learning_rate,training_seq_
len, vocab_size)
with tf.variable_scope(tf.get_variable_scope(), reuse = True):
    test_lstm_model = LSTM_Model(embedding_size, rnn_size, batch_size, learning_rate,
training_seq_len, vocab_size, infer_sample = True)
```

(10) 创建 saver 操作,并分割输入文本为相同的批量大小的块,然后初始化模型变量。

```
saver = tf.train.Saver(tf.global_variables())
num_batches = int(len(s_text_ix)/(batch_size * training_seq_len)) + 1
batches = np.array_split(s_text_ix, num_batches)
batches = [np.resize(x, [batch_size, training_seq_len]) for x in batches]
init = tf.global_variables_initializer()
sess.run(init)
```

(11) 开始迭代,在每次迭代前将数据随机打乱。虽然文本数据是相同的,但是会用 numpy.roll()函数改变顺序。

```
train_loss = []
iteration_count = 1
for epoch in range(epochs):
    random.shuffle(batches)
    targets = [np.roll(x, -1, axis=1) for x in batches]
    print('Starting Epoch #{} of {}.'.format(epoch+1, epochs))
    state = sess.run(lstm_model.initial_state)
    for ix, batch in enumerate(batches):
        training_dict = {lstm_model.x_data: batch, lstm_model.y_output: targets[ix]}
        c, h = lstm_model.initial_state
        training_dict[c] = state.c
        training_dict[h] = state.h
        temp_loss, state, _ = sess.run([lstm_model.cost, lstm_model.final_state, lstm_
model.train_op],feed_dict=training_dict)
        train_loss.append(temp_loss)
        # 每隔10次迭代打印一次输出
        if iteration_count % 10 == 0:
            summary_nums = (iteration_count, epoch+1, ix+1, num_batches+1, temp_loss)
            print('Iteration: {}, Epoch: {}, Batch: {} out of {}, Loss: {:.2f}'.format(*
summary_nums))
        # 保存模型和词汇
        if iteration_count % save_every == 0:
            # 保存模型
            model_file_name = os.path.join(full_model_dir, 'model')
            saver.save(sess, model_file_name, global_step=iteration_count)
            print('Model Saved To: {}'.format(model_file_name))
            # 保存词汇
            dictionary_file = os.path.join(full_model_dir, 'vocab.pkl')
            with open(dictionary_file, 'wb') as dict_file_conn:
                pickle.dump([vocab2ix, ix2vocab], dict_file_conn)
        if iteration_count % eval_every == 0:
            for sample in prime_texts:
                print(test_lstm_model.sample(sess, ix2vocab, vocab2ix, num=10, prime_text=
sample))
        iteration_count += 1
```

绘制训练损失随迭代次数的趋势图的代码如下所示。

```
plt.plot(train_loss, 'k-')
plt.title('Sequence to Sequence Loss')
plt.xlabel('Generation')
plt.ylabel('Loss')
plt.show()
```

输出结果如下所示。

```
Starting Epoch #1 of 10.
Iteration: 10, Epoch: 1, Batch: 10 out of 182, Loss: 9.82
```

```
Iteration: 20, Epoch: 1, Batch: 20 out of 182, Loss: 9.08
Iteration: 30, Epoch: 1, Batch: 30 out of 182, Loss: 8.55
Iteration: 40, Epoch: 1, Batch: 40 out of 182, Loss: 8.13
Iteration: 50, Epoch: 1, Batch: 50 out of 182, Loss: 7.83
thou art more art and
to be or not to the
wherefore art thou courtezan of the
⋮
Iteration: 710, Epoch: 4, Batch: 167 out of 182, Loss: 6.18
Iteration: 720, Epoch: 4, Batch: 177 out of 182, Loss: 6.07
Starting Epoch #5 of 10.
Iteration: 730, Epoch: 5, Batch: 6 out of 182, Loss: 5.97
Iteration: 740, Epoch: 5, Batch: 16 out of 182, Loss: 6.08
Iteration: 750, Epoch: 5, Batch: 26 out of 182, Loss: 6.07
thou art more than a
to be or not to the
wherefore art thou sav'd sav'd faulconbridge ides syracusian syracusian appetite cutting
appetite appetite
Iteration: 760, Epoch: 5, Batch: 36 out of 182, Loss: 6.14
⋮
```

通过 matplotlib 绘制的损失值随迭代次数的变化,如图 9.4 所示。

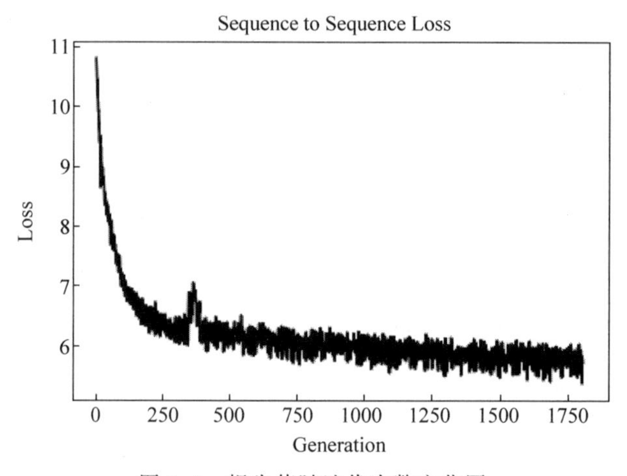

图 9.4 损失值随迭代次数变化图

通过增加序列大小、降低学习率,或者增加模型的迭代次数等方法可以改善该模型的预测准确度。

9.4 通过 TensorFlow 实现多层 LSTM 模型

LSTM 是对序列数据进行操作的,网络层数的添加可以显著增加输入数据随时间的抽象级别。堆叠 LSTM 隐藏层使模型的网络深度加深,可以提升模型的学习效果。本节应用三层 LSTM 模型改善 9.3 节的程序。通过堆叠组合多个 LSTM 层增加循环神经网络模型的深度(必要时,可以将目标输出作为输入赋值给另外一个网络)。在 TensorFlow 中,可以使用 MultiRNNCell()函数来实现多层组合，该函数输入参数为 RNN 单元列表。用 Python 调用 MultiRNNCell([rnn_cell] * num_layers)很容易创建一个多层 RNN。

本节将展示 9.3 节中相同的莎士比亚文本的预测。但是本例有两个变化：第一个变化是采用 Stacking 组合 3 层 LSTM 代替原有的一层网络；第二个变化是字符级别的预测代替单词级别的预测。字符级别的预测将极大地减少词汇表，表中仅有 40 个字符(26 个字母，10 个数字，1 个空格，3 个特殊字符)。

(1) 首先，加载相关的工具库。

```
import os
import re
import string
import requests
import numpy as np
import collections
import random
import pickle
import matplotlib.pyplot as plt
import tensorflow as tf
from tensorflow.python.framework import ops
ops.reset_default_graph()
```

(2) 开始计算图会话，设置模型相关参数。

```
sess = tf.Session()
# 设置 RNN 网络模型相关参数
num_layers = 3 #设置 RNN 神经网络层数
min_word_freq = 5
rnn_size = 128
epochs = 10
batch_size = 100
learning_rate = 0.0005
training_seq_len = 50
save_every = 500
eval_every = 50
prime_texts = ['thou art more', 'to be or not to', 'wherefore art thou']
```

(3) 定义数据和模型的文件夹和文件名。

```
data_dir = 'temp'
data_file = 'shakespeare.txt'
model_path = 'shakespeare_model'
full_model_dir = os.path.join(data_dir, model_path)
punctuation = string.punctuation
punctuation = ''.join([x for x in punctuation if x not in ['-', "'"]])
```

(4) 下载文本数据集。如果该数据集存在，将直接加载数据；如果不存在，将下载该文本数据集，并保存。

```
if not os.path.exists(full_model_dir):
    os.makedirs(full_model_dir)
if not os.path.exists(data_dir):
    os.makedirs(data_dir)
print('Loading Shakespeare Data')
if not os.path.isfile(os.path.join(data_dir, data_file)):
    print('Not found, downloading Shakespeare texts from
          www.gutenberg.org')
    shakespeare_url = 'http://www.gutenberg.org/cache/epub/100/pg100.txt'
    response = requests.get(shakespeare_url)
    shakespeare_file = response.content
    s_text = shakespeare_file.decode('utf-8')
    s_text = s_text[7675:]
    s_text = s_text.replace('\r\n', '')
    s_text = s_text.replace('\n', '')
    with open(os.path.join(data_dir, data_file), 'w') as out_conn:
        out_conn.write(s_text)
else:
    with open(os.path.join(data_dir, data_file), 'r') as file_conn:
        s_text = file_conn.read().replace('\n', '')
```

(5) 清洗莎士比亚文本。在这个阶段,此处将以字符来加载、处理和传入文本,而不是单词。清洗完文本数据之后,通过 Python 的 list()函数分割整个文本,具体方法如下所示。

```
print('Cleaning Text')
s_text = re.sub(r'[{}]'.format(punctuation), ' ', s_text)
s_text = re.sub('\s+', ' ', s_text).strip().lower()
# Split up by characters
char_list = list(s_text)
```

(6) 创建莎士比亚词汇表。

```
#创建单词表函数
def build_vocab(characters):
    character_counts = collections.Counter(characters)
    chars = character_counts.keys()
    vocab_to_ix_dict = {key: (inx + 1) for inx, key in enumerate(chars)}
    vocab_to_ix_dict['unknown'] = 0
    ix_to_vocab_dict = {val: key for key, val in
                        vocab_to_ix_dict.items()}
    return ix_to_vocab_dict, vocab_to_ix_dict
# 创建莎士比亚词汇表
print('Building Shakespeare Vocab by Characters')
ix2vocab, vocab2ix = build_vocab(char_list)
vocab_size = len(ix2vocab)
print('Vocabulary Length = {}'.format(vocab_size))
# 检查
assert(len(ix2vocab) == len(vocab2ix))
```

(7) 根据单词词汇表，将莎士比亚文本转换成索引数组。

```
s_text_ix = []
for x in char_list:
    try:
        s_text_ix.append(vocab2ix[x])
    except KeyError:
        s_text_ix.append(0)
s_text_ix = np.array(s_text_ix)
```

(8) 与 9.3 节的区别在于现在需要改变原有的一层 LSTM 模型为多层。接收 num_layers 变量，然后利用 TensorFlow 的 MultiRNNCell()函数创建多层 RNN 模型。

```
class LSTM_Model():
    def __init__(self, rnn_size, num_layers, batch_size, learning_rate,
                 training_seq_len, vocab_size, infer_sample=False):
        self.rnn_size = rnn_size
        self.num_layers = num_layers
        self.vocab_size = vocab_size
        self.infer_sample = infer_sample
        self.learning_rate = learning_rate
        if infer_sample:
            self.batch_size = 1
            self.training_seq_len = 1
        else:
            self.batch_size = batch_size
            self.training_seq_len = training_seq_len
        self.lstm_cell = tf.contrib.rnn.BasicLSTMCell(rnn_size)
        self.lstm_cell = tf.contrib.rnn.MultiRNNCell([self.lstm_cell for _ in range(self.
num_layers)])
        self.initial_state = self.lstm_cell.zero_state(self.batch_size, tf.float32)
        self.x_data = tf.placeholder(tf.int32, [self.batch_size, self.training_seq_len])
        self.y_output = tf.placeholder(tf.int32, [self.batch_size, self.training_seq_len])
```

TensorFlow 的 MultiRNNCell()函数的输入参数为 RNN 单元的列表。

(9) 创建算法模型。

```
with tf.variable_scope('lstm_vars'):
            W = tf.get_variable('W', [self.rnn_size, self.vocab_size], tf.float32, tf.
random_normal_initializer())
            b = tf.get_variable('b', [self.vocab_size], tf.float32, tf.constant_initializer(0.0))
            embedding_mat = tf.get_variable('embedding_mat', [self.vocab_size, self.rnn_size],
                                            tf.float32, tf.random_normal_initializer())
            embedding_output = tf.nn.embedding_lookup(embedding_mat, self.x_data)
            rnn_inputs = tf.split(axis=1, num_or_size_splits=self.training_seq_len,
value=embedding_output)
            rnn_inputs_trimmed = [tf.squeeze(x, [1]) for x in rnn_inputs]
        decoder = tf.contrib.legacy_seq2seq.rnn_decoder
```

```
        outputs, last_state = decoder(rnn_inputs_trimmed,
                                      self.initial_state,
                                      self.lstm_cell)
        output = tf.reshape(tf.concat(axis = 1, values = outputs), [-1, rnn_size])
        self.logit_output = tf.matmul(output, W) + b
        self.model_output = tf.nn.softmax(self.logit_output)
        loss_fun = tf.contrib.legacy_seq2seq.sequence_loss_by_example
        loss = loss_fun([self.logit_output],[tf.reshape(self.y_output, [-1])],
                [tf.ones([self.batch_size * self.training_seq_len])],
                self.vocab_size)
        self.cost = tf.reduce_sum(loss) / (self.batch_size * self.training_seq_len)
        self.final_state = last_state
        gradients, _ = tf.clip_by_global_norm(tf.gradients(self.cost, tf.trainable_
variables()), 4.5)
        optimizer = tf.train.AdamOptimizer(self.learning_rate)
        self.train_op = optimizer.apply_gradients(zip(gradients, tf.trainable_variables()))
    def sample(self, sess, words = ix2vocab, vocab = vocab2ix, num = 20, prime_text = 'thou art'):
        state = sess.run(self.lstm_cell.zero_state(1, tf.float32))
        char_list = list(prime_text)
        for char in char_list[:-1]:
            x = np.zeros((1, 1))
            x[0, 0] = vocab[char]
            feed_dict = {self.x_data: x, self.initial_state:state}
            [state] = sess.run([self.final_state], feed_dict = feed_dict)
        out_sentence = prime_text
        char = char_list[-1]
        for n in range(num):
            x = np.zeros((1, 1))
            x[0, 0] = vocab[char]
            feed_dict = {self.x_data: x, self.initial_state:state}
            [model_output, state] = sess.run([self.model_output, self.final_state], feed_
dict = feed_dict)
            sample = np.argmax(model_output[0])
            if sample == 0:
                break
            char = words[sample]
            out_sentence = out_sentence + char
        return out_sentence
```

(10) 声明 LSTM 模型及其测试模型。使用 tf.variable_scope()函数管理模型变量,使得测试 LSTM 模型可以重用训练 LSTM 模型相同的参数。

```
lstm_model = LSTM_Model(embedding_size, rnn_size, batch_size,
                        learning_rate,training_seq_len, vocab_size)
with tf.variable_scope(tf.get_variable_scope(), reuse = True):
    test_lstm_model = LSTM_Model(embedding_size, rnn_size, batch_size,
                        learning_rate, training_seq_len, vocab_size,
                        infer_sample = True)
```

(11) 创建 saver 操作,并分割输入文本为批量大小相同的块,然后初始化全部变量。

```
saver = tf.train.Saver(tf.global_variables())
num_batches = int(len(s_text_ix)/(batch_size * training_seq_len)) + 1
batches = np.array_split(s_text_ix, num_batches)
batches = [np.resize(x, [batch_size, training_seq_len]) for x in batches]
init = tf.global_variables_initializer()
sess.run(init)
```

(12) 开始迭代,在每次迭代前将数据随机打乱。虽然文本数据是相同的,但是会用 ny.roll()函数改变顺序。

```
train_loss = []
iteration_count = 1
for epoch in range(epochs):
    random.shuffle(batches)
    targets = [np.roll(x, -1, axis=1) for x in batches]
    print('Starting Epoch #{} of {}.'.format(epoch+1, epochs))
    state = sess.run(lstm_model.initial_state)
    for ix, batch in enumerate(batches):
        training_dict = {lstm_model.x_data: batch, lstm_model.y_output: targets[ix]}
        c, h = lstm_model.initial_state
        training_dict[c] = state.c
        training_dict[h] = state.h
        temp_loss, state, _ = sess.run([lstm_model.cost, lstm_model.final_state, lstm_
model.train_op],
                                       feed_dict=training_dict)
        train_loss.append(temp_loss)
        if iteration_count % 10 == 0:
            summary_nums = (iteration_count, epoch+1, ix+1, num_batches+1, temp_loss)
            print('Iteration: {}, Epoch: {}, Batch: {} out of {}, Loss: {:.2f}'.format(*
summary_nums))
        if iteration_count % save_every == 0:
            model_file_name = os.path.join(full_model_dir, 'model')
            saver.save(sess, model_file_name, global_step=iteration_count)
            print('Model Saved To: {}'.format(model_file_name))
            dictionary_file = os.path.join(full_model_dir, 'vocab.pkl')
            with open(dictionary_file, 'wb') as dict_file_conn:
                pickle.dump([vocab2ix, ix2vocab], dict_file_conn)
        if iteration_count % eval_every == 0:
            for sample in prime_texts:
                print(test_lstm_model.sample(sess, ix2vocab, vocab2ix, num=10, prime_text=
sample))
        iteration_count += 1
```

(13) 绘制迭代训练的损失函数。

```
plt.plot(train_loss, 'k-')
plt.title('Sequence to Sequence Loss')
```

```
plt.xlabel('Generation')
plt.ylabel('Loss')
plt.show()
```


输出如下所示。

```
Starting Epoch #1 of 10.
Iteration: 10, Epoch: 1, Batch: 10 out of 182, Loss: 9.84
Iteration: 20, Epoch: 1, Batch: 20 out of 182, Loss: 9.38
Iteration: 30, Epoch: 1, Batch: 30 out of 182, Loss: 8.15
Iteration: 40, Epoch: 1, Batch: 40 out of 182, Loss: 8.03
Iteration: 50, Epoch: 1, Batch: 50 out of 182, Loss: 7.33
thou art more than the
to be or not to the
wherefore art thou courtezan of thou
⋮
Iteration: 1710, Epoch: 4, Batch: 167 out of 182, Loss: 4.18
Iteration: 1720, Epoch: 4, Batch: 177 out of 182, Loss: 4.07
Starting Epoch #5 of 10.
Iteration: 1730, Epoch: 5, Batch: 6 out of 182, Loss: 3.97
Iteration: 1740, Epoch: 5, Batch: 16 out of 182, Loss: 3.08
Iteration: 1750, Epoch: 5, Batch: 26 out of 182, Loss: 3.07
thou art more than the
to be or not to the
wherefore art thou s
⋮
```

最后输出文本的抽样结果如下所示。

```
thou art more fancy with
to be or not to be for be
wherefore art thou art thou
```

通过 matplotlib 绘制的损失值随迭代次数变化如图 9.5 所示。

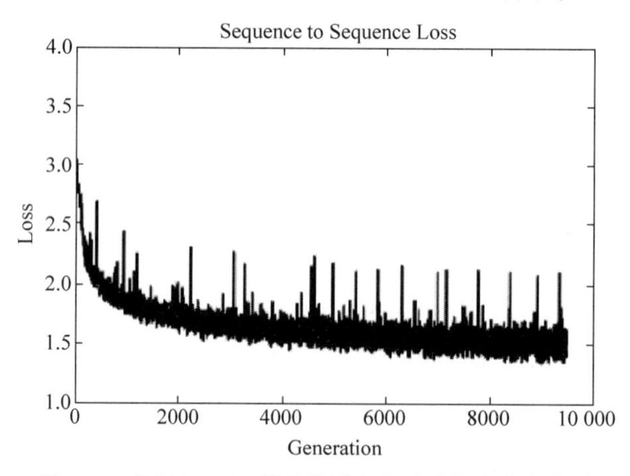

图 9.5　多层 LSTM 模型的损失值随迭代次数变化图

9.5 本章小结

本章通过垃圾短信预测案例和仿写莎士比亚诗歌的案例介绍了循环神经网络模型及LSTM模型的基本架构和使用方法。通过这些解决实际问题的案例,希望大家可以掌握在实际应用中使用循环神经网络所需注意的事项。除了LSTM模型,循环神经网络还有许多其他变种形式,感兴趣的读者可以从网络或其他书籍中进一步发掘。

9.6 习　题

1. 填空题

(1) 循环神经网络通过将长度不定的输入进行________后依次输入网络的方法实现了神经网络对长度可变输入的处理。

(2) 在时间序列信息中,前后数据间存在________,当前时间节点的输出结果会受到过去节点的输出结果的影响。

(3) 记忆体是一种________,可以把记忆信息从序列的初始位置传递到序列的末端。

(4) 原始的RNN必须保证输入序列与输出序列________,才能运行。

(5) 与其他模型相比,循环神经网络更擅长处理________序列数据。

2. 选择题

(1) 长短期记忆网络目前主要被应用于(　　)领域。

A. 文本信息处理　　B. 语音识别

C. 图像识别　　D. 以上都对

(2) 下列选项中,(　　)函数可以实现多层网络的组合。

A. MultiRNNCell()　　B. Add RNNCell()

C. Add Cell()　　D. MulRNNCell()

3. 思考题

构建RNN时,相对于static_rnn(),dynamic_rnn()有什么优势?

第10章 TensorFlow 产品化

本章学习目标

- 掌握 TensorFlow 的单元测试方法；
- 了解 TensorFlow 的并发执行；
- 了解 TensorFlow 中的分布式；
- 了解 TensorFlow 产品化开发提示；
- 了解 TensorFlow 产品化的实例。

通过之前章节的学习，大家应该已经对如何使用 TensorFlow 训练和评估各种模型有了较为深入的了解。本章将展示如何编写产品化使用的代码。产品级代码的定义有很多，本书所提到的产品级代码仅指单元测试、分开训练和评估代码、有效地存储和加载数据管道中各种所需的部分以及创建计算图会话。

10.1 TensorFlow 的单元测试

测试代码可以让模型的原型设计更快、调试更有效、调整更快、代码分享也更容易。在设计 TensorFlow 神经网络模型时，加入单元测试可以更方便地测试代码功能。在调整代码时，可以通过测试单元确保代码的改变不会破坏模型。本节将在之前使用过的 MNIST 数据集上创建一个简单的 CNN 网络，并实现三种不同的单元测试。

Python 有一个名为 Nose 的测试库。TensorFlow 也有内建的测试函数，接下来将展示如何使用这些函数测试张量对象的值，并且没有在计算图会话中评估该值。

(1) 导入相关工具库，创建会话，加载并初始化数据集，设置模型参数。

```
import sys
import numpy as np
import tensorflow as tf
from tensorflow.python.framework import ops
ops.reset_default_graph()
# 创建一个计算图
sess = tf.Session()
# 加载数据
data_dir = 'temp'
mnist = tf.keras.datasets.mnist
(train_xdata, train_labels), (test_xdata, test_labels) = mnist.load_data()
train_xdata = train_xdata / 255.0
test_xdata = test_xdata / 255.0
```

```
# 设置模型参数
batch_size = 100
learning_rate = 0.005
evaluation_size = 100
image_width = train_xdata[0].shape[0]
image_height = train_xdata[0].shape[1]
target_size = max(train_labels) + 1
num_channels = 1 # greyscale = 1 channel
generations = 100
eval_every = 5
conv1_features = 25
conv2_features = 50
max_pool_size1 = 2 # NxN window for 1st max pool layer
max_pool_size2 = 2 # NxN window for 2nd max pool layer
fully_connected_size1 = 100
dropout_prob = 0.75
```

(2) 声明模型的占位符、变量和模型表达式。

```
# 声明占位符
x_input_shape = (batch_size, image_width, image_height, num_channels)
x_input = tf.placeholder(tf.float32, shape = x_input_shape)
y_target = tf.placeholder(tf.int32, shape = (batch_size))
eval_input_shape = (evaluation_size, image_width, image_height, num_channels)
eval_input = tf.placeholder(tf.float32, shape = eval_input_shape)
eval_target = tf.placeholder(tf.int32, shape = (evaluation_size))
# 声明 dropout 占位符
dropout = tf.placeholder(tf.float32, shape = ())
# 声明模型中的参数
conv1_weight = tf.Variable(tf.truncated_normal([4, 4, num_channels, conv1_features],
                                               stddev = 0.1, dtype = tf.float32))
conv1_bias = tf.Variable(tf.zeros([conv1_features], dtype = tf.float32))
conv2_weight = tf.Variable(tf.truncated_normal([4, 4, conv1_features, conv2_features],
                                               stddev = 0.1, dtype = tf.float32))
conv2_bias = tf.Variable(tf.zeros([conv2_features], dtype = tf.float32))
#声明全连接变量
resulting_width = image_width
resulting_height = image_height
full1_input_size = resulting_width * resulting_height * conv2_features
full1_weight = tf.Variable(tf.truncated_normal([full1_input_size, fully_connected_size1],
stddev = 0.1, dtype = tf.float32))
full1_bias = tf.Variable(tf.truncated_normal([fully_connected_size1], stddev = 0.1, dtype =
tf.float32))
full2_weight = tf.Variable(tf.truncated_normal([fully_connected_size1, target_size],
                                               stddev = 0.1, dtype = tf.float32))
full2_bias = tf.Variable(tf.truncated_normal([target_size], stddev = 0.1, dtype = tf.float32))
#初始化模型
def my_conv_net(input_data):
    # 第一层 Conv - ReLU - MaxPool
```

```
    conv1 = tf.nn.conv2d(input_data, conv1_weight, strides = [1, 1, 1, 1], padding = 'SAME')
    relu1 = tf.nn.relu(tf.nn.bias_add(conv1, conv1_bias))
    max_pool1 = tf.nn.max_pool(relu1, ksize = [1, max_pool_size1, max_pool_size1, 1],
                          strides = [1, max_pool_size1, max_pool_size1, 1], padding = 'SAME')
    # 第二层 Conv - ReLU - MaxPool
    conv2 = tf.nn.conv2d(max_pool1, conv2_weight, strides = [1, 1, 1, 1], padding = 'SAME')
    relu2 = tf.nn.relu(tf.nn.bias_add(conv2, conv2_bias))
    max_pool2 = tf.nn.max_pool(relu2, ksize = [1, max_pool_size2, max_pool_size2, 1],
                          strides = [1, max_pool_size2, max_pool_size2, 1], padding = 'SAME')
    # 将输出转换成 1×N 的形式以适应下一层全连接层
    final_conv_shape = max_pool2.get_shape().as_list()
    final_shape = final_conv_shape[1] * final_conv_shape[2] * final_conv_shape[3]
    flat_output = tf.reshape(max_pool2, [final_conv_shape[0], final_shape])
    # 第一个全连接层
    fully_connected1 = tf.nn.relu(tf.add(tf.matmul(flat_output, full1_weight), full1_bias))
    # 第二个全连接层
    final_model_output = tf.add(tf.matmul(fully_connected1, full2_weight), full2_bias)
    # 对模型的输出进行 dropout 操作并返回模型的最终输出结果
    final_model_output = tf.nn.dropout(final_model_output, dropout)
    return final_model_output
model_output = my_conv_net(x_input)
test_model_output = my_conv_net(eval_input)
```

(3) 创建损失函数、预测和准确度操作，然后初始化模型变量。

```
# 指定模型的损失函数为 softmax cross entropy
loss = tf.reduce_mean(tf.nn.sparse_softmax_cross_entropy_
        with_logits(logits = model_output, labels = y_target))
# 创建预测函数
prediction = tf.nn.softmax(model_output)
test_prediction = tf.nn.softmax(test_model_output)
# 创建检测准确度函数
def get_accuracy(logits, targets):
    batch_predictions = np.argmax(logits, axis = 1)
    num_correct = np.sum(np.equal(batch_predictions, targets))
    return 100. * num_correct/batch_predictions.shape[0]
# 创建优化器
my_optimizer = tf.train.MomentumOptimizer(learning_rate, 0.9)
train_step = my_optimizer.minimize(loss)
# 初始化变量
init = tf.global_variables_initializer()
sess.run(init)
```

(4) 通过 tf.test.TestCase 类来测试占位符或者变量的值。本例选择确保 dropout 概率大于 0.25，具体方法如下所示。

```
class drop_out_test(tf.test.TestCase):
    def dropout_greaterthan(self):
        with self.test_session():
            self.assertGreater(dropout.eval(), 0.25)
```

（5）测试准确度函数的功能正常。按预期创建一组样例数组，测试返回 100%的准确度。

```
# 测试准确度函数
class accuracy_test(tf.test.TestCase):
    # 确保准确度函数的功能正常
    def accuracy_exact_test(self):
        with self.test_session():
            test_preds = [[0.9, 0.1], [0.01, 0.99]]
            test_targets = [0, 1]
            test_acc = get_accuracy(test_preds, test_targets)
            self.assertEqual(test_acc.eval(), 100.)
```

（6）测试张量的形状符合预期。测试模型输出结果是预期的[batch_size，target_size]形状。

```
# 测试张量形状
class shape_test(tf.test.TestCase):
    def output_shape_test(self):
        with self.test_session():
            numpy_array = np.ones([batch_size, target_size])
            self.assertShapeEqual(numpy_array, model_output)
```

（7）通过以下命令运行测试，然后进行迭代训练。

```
def main(argv):
    train_loss = []
    train_acc = []
    test_acc = []
    for i in range(generations):
        rand_index = np.random.choice(len(train_xdata), size = batch_size)
        rand_x = train_xdata[rand_index]
        rand_x = np.expand_dims(rand_x, 3)
        rand_y = train_labels[rand_index]
        train_dict = {x_input: rand_x, y_target: rand_y, dropout: dropout_prob}
        sess.run(train_step, feed_dict = train_dict)
        temp_train_loss, temp_train_preds = sess.run([loss, prediction], feed_dict = train_dict)
        temp_train_acc = get_accuracy(temp_train_preds, rand_y)
        if (i + 1) % eval_every == 0:
            eval_index = np.random.choice(len(test_xdata), size = evaluation_size)
            eval_x = test_xdata[eval_index]
            eval_x = np.expand_dims(eval_x, 3)
            eval_y = test_labels[eval_index]
            test_dict = {eval_input: eval_x, eval_target: eval_y, dropout: 1.0}
            test_preds = sess.run(test_prediction, feed_dict = test_dict)
            temp_test_acc = get_accuracy(test_preds, eval_y)
            # 收集并输出结果
            train_loss.append(temp_train_loss)
            train_acc.append(temp_train_acc)
```

```
            test_acc.append(temp_test_acc)
            acc_and_loss = [(i + 1), temp_train_loss, temp_train_acc, temp_test_acc]
            acc_and_loss = [np.round(x, 2) for x in acc_and_loss]
            print('Generation # {}. Train Loss: {:.2f}. Train Acc (Test Acc): {:.2f} ({:.2f})'.
format( * acc_and_loss))
if __name__ == '__main__':
    cmd_args = sys.argv
    if len(cmd_args) > 1 and cmd_args[1] == 'test':
        # 执行单元测试
        tf.test.main(argv = cmd_args[1:])
    else:
        # 运行 TF app
        tf.app.run(main = None, argv = cmd_args)
```

通过上述代码便完成了对张量值、操作输出结果和张量形状的三种单元测试。在实际应用中,加入单元测试可以确保代码的功能符合预期,同时提升了代码的可重用性。

10.2 TensorFlow 并发执行

TensorFlow 第一版发布于 2015 年 11 月,它支持在多台服务器的 GPU 上运行,同时在这些 GPU 上进行模型的训练。2016 年 2 月,更新版中增加了分布式与并发处理。

TensorFlow 和计算图非常适合并行计算,它可以由不同的处理器并发执行。本节将介绍如何在同一台机器上访问不同的处理器,并进行神经网络模型的训练。通过贪婪过程,TensorFlow 将自动在多个设备上分布式计算。TensorFlow 也允许程序通过命名空间的方式指定不同的操作在对应的设备上执行。

本节将介绍一系列的命令来访问操作系统上的各种设备,并找出哪个设备可供 TensorFlow 使用。

(1) 通过在计算图会话中传入 config 参数,可以便于查看 TensorFlow 的各操作正在什么设备上执行,具体方法如下所示。

```
import tensorflow as tf
sess = tf.Session(config = tf.ConfigProto(log_device_placement = True))
a = tf.constant([1.0, 2.0, 3.0, 4.0, 5.0, 6.0], shape = [2, 3], name = 'a')
b = tf.constant([1.0, 2.0, 3.0, 4.0, 5.0, 6.0], shape = [3, 2], name = 'b')
c = tf.matmul(a, b)
print(sess.run(c))
```

(2) 在加载先前保存过的模型并且该模型在计算图中已分配固定设备时,服务器可提供不同的设备给计算图使用。可在 config 进行设置以实现该功能。具体方法如下所示。

```
config = tf.ConfigProto()
config.allow_soft_placement = True
sess_soft = tf.Session(config = config)
```

(3) 在使用 GPU 时,TensorFlow 默认占据大部分 GPU 内存,因此从合理利用 GPU 运算能力的角度出发，应该合理地分配 GPU 的内存。通过设置 GPU 内存增长选项可以让 GPU 内存分配缓慢增大到最大限度。具体方法如下所示。

```
config.gpu_options.allow_growth = True
sess_grow = tf.Session(config = config)
```

(4) 通过以下方法也可以直接锁死 TensorFlow 占用 GPU 内存的百分比。

```
config.gpu_options.per_process_gpu_memory_fraction = 0.7
sess_limited = tf.Session(config = config)
```

上述指令限制 TensorFlow 只能使用 70%的 GPU 内存。

(5) 通过以下方法可以在 GPU 内存合适时充分利用 GPU 的计算能力，并分配指定操作给 GPU。

```
if tf.test.is_built_with_cuda():
    with tf.device('/cpu:0'):
        a = tf.constant([1.0, 3.0, 5.0], shape = [1, 3])
        b = tf.constant([2.0, 4.0, 6.0], shape = [3, 1])
        with tf.device('/gpu:1'):
            c = tf.matmul(a,b)
            c = tf.reshape(c, [-1])
        with tf.device('/gpu:2'):
            d = tf.matmul(b,a)
            flat_d = tf.reshape(d, [-1])
        combined = tf.multiply(c, flat_d)
    print(sess.run(combined))
```

10.3 TensorFlow 分布式实践

TensorFlow 分布式由高性能 gRPC 库底层技术支持。在分布式实现中，需要实现对 client、master、worker process 不在同一台机器上时的支持。深度学习所涉及的数据量往往非常巨大，这种情况下，单机训练模型过于耗时，因此需要 TensorFlow 分布式并行来提升训练的效率。将分开的计算图操作以分布式的方式运行在不同的机器上可以扩展 TensorFlow 的并行能力。本节主要介绍 TensorFlow 分布式实践。

分布式 TensorFlow 允许构建一个 TensorFlow 集群，共享相同的训练和评估模型的计算任务。使用分布式的 TensorFlow 只需要简单地设置 worker 节点参数，然后为不同的 worker 节点分配不同的作业。

(1) 加载 TensorFlow，定义两个本地 worker。

```
import tensorflow as tf
cluster = tf.train.ClusterSpec({'local': ['localhost:2222', 'localhost:2333']})
```

上述代码中定义的本地 worker 端口分别为 2222 和 2333。

(2) 将两个 worker 加入到集群中，并标记 task 数值。

```
server = tf.train.Server(cluster, job_name = "local", task_index = 0)
server = tf.train.Server(cluster, job_name = "local", task_index = 1)
```

(3) 为每个 worker 分配一个 task，第一个 worker 将初始化两个矩阵(每个是 25×25 维度)，第二个 worker 计算每个矩阵所有元素的和；然后自动分配任务，并打印结果。

```
mat_dim = 25
matrix_list = {}
with tf.device('/job:local/task:0'):
    for i in range(0, 2):
        m_label = 'm_{}'.format(i)
        matrix_list[m_label] = tf.random_normal([mat_dim, mat_dim])
sum_outs = {}
with tf.device('/job:local/task:1'):
    for i in range(0, 2):
        A = matrix_list['m_{}'.format(i)]
        sum_outs['m_{}'.format(i)] = tf.reduce_sum(A)
    summed_out = tf.add_n(list(sum_outs.values()))
with tf.Session(server.target) as sess:
    result = sess.run(summed_out)
    print('Summed Values:{}'.format(result))
```

分布式 TensorFlow 的使用方法并不复杂，只需在集群服务器中为 worker 节点分配带名字的 IP，然后通过手动或者自动的方式为 worker 节点分配操作任务。

```
server = tf.train.Server(cluster, job_name = "local", task_index = 0)
server = tf.train.Server(cluster, job_name = "local", task_index = 1)
mat_dim = 25
matrix_list = {}
with tf.device('/job:local/task:0'):
    for i in range(0, 2):
        m_label = 'm_{}'.format(i)
        matrix_list[m_label] = tf.random_normal([mat_dim, mat_dim])
sum_outs = {}
with tf.device('/job:local/task:1'):
    for i in range(0, 2):
        A = matrix_list['m_{}'.format(i)]
        sum_outs['m_{}'.format(i)] = tf.reduce_sum(A)
    summed_out = tf.add_n(list(sum_outs.values()))
with tf.Session(server.target) as sess:
    result = sess.run(summed_out)
    print('Summed Values:{}'.format(result))
```

10.4 TensorFlow 产品化开发

本节总结提炼 TensorFlow 产品化的注意点，包括如何最有效地保存和加载词汇表、计算图、模型变量和检查点。本书也对如何使用 TensorFlow 的命令行参数解析器和日志级别进行讲解。

(1) 实际操作中,有时需要在运行 TensorFlow 程序时确保内存中没有其他计算图会话,或者每次调试程序时重置计算图会话,具体方法如下所示。

```
import tensorflow as tf
from tensorflow.python.framework import ops
ops.reset_default_graph()
```

(2) 在处理文本或者任意数据管道时,需要确定保存处理过的数据,以便随后用相同的方式处理评估数据。如果处理文本数据,则需要确定保存和加载词汇字典。保存 json 格式的词汇字典的具体方法如下所示。

```
import json
word_list = ['to', 'be', 'or', 'not', 'to', 'be']
vocab_list = list(set(word_list))
vocab2ix_dict = dict(zip(vocab_list, range(len(vocab_list))))
ix2vocab_dict = {val:key for key, val in vocab2ix_dict.items()}
#保存词汇字典
import json
with open('vocab2ix_dict.json', 'w') as file_conn:
    json.dump(vocab2ix_dict, file_conn)
# 加载词汇
with open('vocab2ix_dict.json', 'r') as file_conn:
    vocab2ix_dict = json.load(file_conn)
```

(3) 通过 saver()保存计算图和变量。

```
# 在模型声明后添加 saver()操作
saver = tf.train.Saver()
# 在训练过程中按照一定规则定期保存
for i in range(generations):
    ...
    if i % save_every == 0:
        saver.save(sess, 'my_model', global_step = step)
# 也可以通过如下方式只保存特定的变量数据
saver = tf.train.Saver({"my_var": my_variable})
```

saver()操作可以传递参数,它能接收变量和张量的字典来保存指定元素,也可以接受 checkpoint_every_n_hours 参数来按照时间规则执行保存操作。默认保存操作只保存最近的 5 个模型,可以通过 max_to_keep 选项来调整保存个数。

(4) 在保存算法模型之前,应确定模型重要操作的命名。这是因为 TensorFlow 无法加载未被命名的占位符、变量或操作。

```
conv_weights = tf.Variable(tf.random_normal(), name = 'conv_weights')
loss = tf.reduce_mean(... , name = 'loss')
```

(5) 通过 tf.apps.flags 库可以简化执行命令行参数解析的操作,可以通过该库定义

string、float、integer或者boolean型命令行参数。带有flags参数的main()函数可以通过tf.app.run()函数运行。

```
tf.flags.DEFINE_string("worker_locations", "", "List of worker addresses.")
tf.flags.DEFINE_float('learning_rate', 0.01, 'Initial learning rate.')
tf.flags.DEFINE_integer('generations', 1000, 'Number of training generations.')
tf.flags.DEFINE_boolean('run_unit_tests', False, 'If true, run tests.')
FLAGS = tf.flags.FLAGS
def main(_):
    worker_ips = FLAGS.worker_locations.split(",")
    learning_rate = FLAGS.learning_rate
    generations = FLAGS.generations
    run_unit_tests = FLAGS.run_unit_tests
# 运行带有flags参数的main()
if __name__ == "__main__":
    tf.app.run()
```

(6) 设置日志级别。通过logging()可以设置日志级别,日志级别包括:DEBUG、INFO、WARN、ERROR和FATAL,默认级别为WARN。

```
tf.logging.set_verbosity(tf.logging.WARN)
通过修改参数可以更改logging()日志的级别
tf.logging.set_verbosity(tf.logging.INFO)
```

真正可以产品化的TensorFlow程序应该具备以下几个要点。

(1) 产品需要支持常用数据集的下载,将数据集转换成模型适用的格式。

(2) 数据支持多队列分批读取(绝大多数模型所用的训练集规模庞大,不能分批读取将会造成不便)。

(3) 支持日志,有适配的调试工具链。

(4) 支持在训练中断后从当前中断处继续训练。

(5) 配置详细的模型的图,提供多维度的详细的统计信息。

(6) 支持多种异构设备(GPU、CPU、ASIC、移动设备)部署运行。

(7) 支持分布式,并且具备高可靠性和高可用性。

(8) 支持基于已训练的模型,进一步训练,并且可以从任意层开始训练。

10.5 本章小结

本章介绍了TensorFlow中编写产品及代码所需要注意的事项,希望大家可以在日常的编程中引入本章所提到的工具,并理解这些工具在代码中的含义,为实际应用打下基础。

10.6 习　　题

1. 填空题

(1) 在TensorFlow中。可以通过________类来测试占位符或者变量的值。

(2) 通过在计算图会话中传入________参数可以查看 TensorFlow 的各操作正在什么设备上执行。

(3) TensorFlow 分布式由________库提供底层技术支持。

(4) TensorFlow 分布式允许构建一个________以共享相同的训练和评估模型的计算任务。

(5) Saver()操作可以________,它能接收变量和张量的字典来保存指定元素。

2. 选择题

(1) 在计算图会话中传入(　　)参数可以便于查看正在执行相应操作的设备。

A. shape　　B. device　　C. config　　D. graph

(2) 在设置日志级别的操作中,默认的日志级别为(　　)。

A. DEBUG　　B. WARN　　C. INFO　　D. ERROR

(3) TensorFlow 程序产品化通常所需具备要点不包括(　　)。

A. 支持常用数据集的下载　　B. 支持多队列分批读取

C. 支持多种异构设备部署运行　　D. 高效的自我纠错能力

3. 思考题

简述在实际应用中代码支持分布式实践的作用和意义。

第 11 章 TensorFlow 的进阶用法

本章学习目标

- 了解 TensorFlow 遗传算法；
- 掌握通过 TensorFlow 实现 K-means 算法；
- 掌握通过 TensorFlow 求解常微分方程问题的方法。

通过之前章节的学习，大家应该已经基本掌握了 TensorFlow 实现多种算法模型的方法。事实上，TensorFlow 具有更高级的应用方法。本章介绍 TensorFlow 的 group()函数实现逐步更新。该函数将用于实现遗传算法、K-means 聚类和常微分方程(ODE)的求解。

11.1 TensorFlow 实现遗传算法

遗传算法(Genetic Algorithm)是一类借鉴生物界自然选择和自然遗传机制的随机化搜索算法，遵循"适者生存"的原则。遗传算法模拟一个人工种群的进化过程，通过选择(Selection)、交叉(Crossover)以及变异(Mutation)等机制，模拟自然进化过程，搜索最优解的方法。

遗传算法被提出后得到了广泛的应用，主要应用于函数优化、生产调度、模式识别、神经网络、自适应控制等领域。

遗传算法是最优化参数空间的有效方法之一，其基本思想是创建一个随机初始化的种群，进化、重组和突变生成新的种群(效果更优)。通过当前种群的个体的适应度来计算各个个体的适应度。一般来讲，遗传算法的大体步骤是：先随机初始化种群，通过各个个体的适应度排序，选择适应度较高的个体随机重组(或者交叉)创建下一代种群；这些下一代种群经过轻微变异产生不同于上一代的更好的适应度，然后将其放入父种群；最后不断迭代该操作，达到优化网络的目的。

停止遗传算法迭代的标准众多，本书在此以迭代的总次数作为停止标准。在实际操作中，可以在当前种群个体的适应度达到预期的标准，或者在多次迭代后最大的适应度不再变化时，停止迭代。

本节通过生成一个最接近 ground truth 函数的个体(包含 50 个浮点型数据的数组)来展示如何在 TensorFlow 中实现遗传算法。适应度为个体和 ground truth 的均方误差的负值。

ground truth 函数为：

$$f(x)=\sin\left(\frac{2\pi x}{50}\right)$$

(1) 导入相关工具库。

```
import os
import numpy as np
import matplotlib.pyplot as plt
import tensorflow as tf
```

(2) 设置遗传算法的参数。个体数为 100,每个个体的长度为 50。选择的百分比为 20%,即,每次将只选择适应度排序前 20 的个体。定义变异值为特征数的倒数,表示下一代种群会有一个特征出现变异。指定迭代次数为 200 次。具体方法如下所示。

```
pop_size = 100
features = 50
selection = 0.2
mutation = 1./pop_size
generations = 200
num_parents = int(pop_size * selection)
num_children = pop_size - num_parents
```

(3) 创建会话,创建 ground truth()函数来计算适应度。

```
sess = tf.Session()
#创建 ground truth
truth = np.sin(2 * np.pi * (np.arange(features, dtype = np.float32))/features)
```

(4) 使用 TensorFlow 的变量(随机正态分布输入)初始化种群。

```
population = tf.Variable(np.random.randn(pop_size, features), dtype = tf.float32)
```

(5) 创建遗传算法的占位符。该占位符所表示的数据会随着 ground truth 和迭代而改变。令父代变化和变异概率变化交叉。

```
truth_ph = tf.placeholder(tf.float32, [1, features])
crossover_mat_ph = tf.placeholder(tf.float32, [num_children, features])
mutation_val_ph = tf.placeholder(tf.float32, [num_children, features])
```

(6) 取均方误差的负值计算群体的适应度,选择适应度较高的个体。

```
fitness = -tf.reduce_mean(tf.square(tf.subtract(population, truth_ph)), 1)
top_vals, top_ind = tf.nn.top_k(fitness, k = pop_size)
```

(7) 检索种群中适应度最高的个体。

```
best_val = tf.reduce_min(top_vals)
best_ind = tf.argmin(top_vals, 0)
best_individual = tf.gather(population, best_ind)
```

(8) 排序父种群,截取适应度较高的个体作为下一代,具体方法如下所示。

```
population_sorted = tf.gather(population, top_ind)
parents = tf.slice(population_sorted, [0, 0], [num_parents, features])
```

(9) 创建下一代种群。创建两个随机 shuffle 的父种群矩阵。将交叉矩阵分别与 1 和 0 相加,然后与父种群矩阵相乘,生成每一代的占位符。

```
rand_parent1_ix = np.random.choice(num_parents, num_children)
rand_parent2_ix = np.random.choice(num_parents, num_children)
rand_parent1 = tf.gather(parents, rand_parent1_ix)
rand_parent2 = tf.gather(parents, rand_parent2_ix)
rand_parent1_sel = tf.multiply(rand_parent1, crossover_mat_ph)
rand_parent2_sel = tf.multiply(rand_parent2, tf.subtract(1., crossover_mat_ph))
children_after_sel = tf.add(rand_parent1_sel, rand_parent2_sel)
```

(10) 为下一代种群引入变异,本例增加一个随机正常值到下一代种群矩阵的特征分数的倒数,然后将这个矩阵和父种群连接,具体方法如下所示。

```
mutated_children = tf.add(children_after_sel, mutation_val_ph)
new_population = tf.concat(axis = 0, values = [parents, mutated_children])
```

(11) 通过 group()函数操作分配下一代种群到父一代种群的变量。

```
step = tf.group(population.assign(new_population))
```

(12) 初始化全部变量。

```
init = tf.global_variables_initializer()
sess.run(init)
```

(13) 迭代训练模型,创建随机交叉矩阵和变异矩阵,更新每代的种群。

```
for i in range(generations):
    crossover_mat = np.ones(shape = [num_children, features])
    crossover_point = np.random.choice(np.arange(1, features - 1, step = 1), num_children)
    for pop_ix in range(num_children):
        crossover_mat[pop_ix,0:crossover_point[pop_ix]] = 0.
    mutation_prob_mat = np.random.uniform(size = [num_children, features])
    mutation_values = np.random.normal(size = [num_children, features])
    mutation_values[mutation_prob_mat >= mutation] = 0
    feed_dict = {truth_ph: truth.reshape([1, features]),
                 crossover_mat_ph: crossover_mat,
                 mutation_val_ph: mutation_values}
    step.run(feed_dict, session = sess)
    best_individual_val = sess.run(best_individual, feed_dict = feed_dict)
    if i % 5 == 0:
```

```
        best_fit = sess.run(best_val, feed_dict = feed_dict)
        print('Generation: {}, Best Fitness (lowest MSE):
                {:.2}'.format(i, - best_fit))
```

(14) 输出结果如下所示。

```
Generation: 0, Best Fitness (lowest MSE): 1.5
Generation: 5, Best Fitness (lowest MSE): 0.6
Generation: 10, Best Fitness (lowest MSE): 0.5
Generation: 15, Best Fitness (lowest MSE): 0.38
Generation: 20, Best Fitness (lowest MSE): 0.29
Generation: 25, Best Fitness (lowest MSE): 0.31
Generation: 30, Best Fitness (lowest MSE): 0.3
Generation: 35, Best Fitness (lowest MSE): 0.15
.
.
.
Generation: 160, Best Fitness (lowest MSE): 0.29
Generation: 165, Best Fitness (lowest MSE): 0.13
Generation: 170, Best Fitness (lowest MSE): 0.078
Generation: 175, Best Fitness (lowest MSE): 0.12
Generation: 180, Best Fitness (lowest MSE): 0.15
Generation: 185, Best Fitness (lowest MSE): 0.11
Generation: 190, Best Fitness (lowest MSE): 0.14
Generation: 195, Best Fitness (lowest MSE): 0.16
```

通过 matplotlib 绘制的迭代 200 次的适应度最高的个体与真实值的变化趋势图如图 11.1 所示。

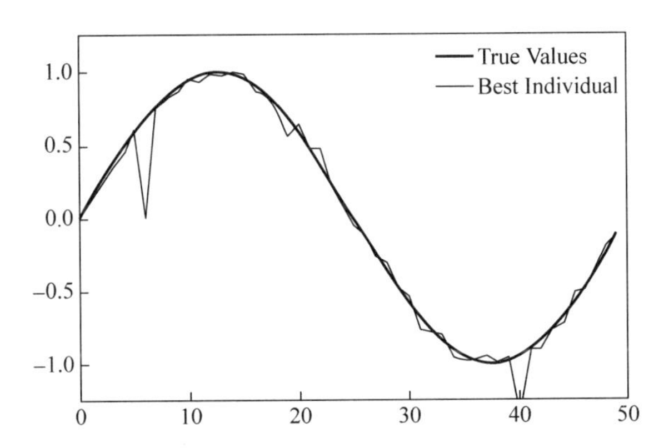

图 11.1　迭代 200 次的适应度最高的个体与真实值的趋势图

从图 11.1 中可以看出,适应度最高的个体和 ground truth 相当接近。除了上述形式,遗传算法还有许多其他变种形式,例如,存在两个父种群和两个不同的适应度标准。本节所采用的适应度计算方法相对简单,但在实际应用中,计算适应度是一个复杂而繁琐的过程。遗传算法往往需要花费庞大的计算资源。因此,在使用遗传算法解决问题之前,需要考虑计算完个体的适应度所消耗的资源,代价过大时,不建议使用遗传算法。

11.2 TensorFlow 实现 K-means 算法

K-means 算法是一种聚类算法，根据相似性原则，将具有较高相似度的数据对象划分至同一类簇中，将具有较高相异度的数据对象划分至不同类簇，是一种无监督学习算法。K-means 算法中的 K 代表类簇个数，means 代表类簇内数据对象的均值（这种均值是一种对类簇中心的描述），因此，K-means 算法又称为 K-均值算法。

本书介绍的大部分机器学习算法模型都属于有监督学习的神经网络模型，但是 TensorFlow 也同样可以应用于无监督学习中。本节通过 TensorFlow 实现 K-means 聚类算法，展示在 iris 数据集中使用 K-means 算法的方法。

本例采用之前章节已经多次使用过的 Iris 数据集，通过 K-means 将 iris 数据集聚类成三组，然后和实际标注比较，求出聚类的准确度。

（1）开始导入必要的工具库。因为后续需将四维的结果数据转换为二维数据进行可视化，所以也要从 sklearn 库导入 PCA 工具。

```
import numpy as np
import matplotlib.pyplot as plt
import tensorflow as tf
from sklearn import datasets
from scipy.spatial import cKDTree
from sklearn.decomposition import PCA
from sklearn.preprocessing import scale
from tensorflow.python.framework import ops
```

（2）创建一个计算图会话，加载 iris 数据集。具体代码如下所示。

```
sess = tf.Session()
iris = datasets.load_iris()
num_pts = len(iris.data)
num_feats = len(iris.data[0])
```

（3）设置分类数、迭代次数，创建计算图所需的变量。具体代码如下所示。

```
k = 3 # 分类数为 3
generations = 25 # 迭代次数为 25 次
data_points = tf.Variable(iris.data)
cluster_labels = tf.Variable(tf.zeros([num_pts], dtype = tf.int64))
```

（4）声明每个分组所需的几何中心变量。通过随机选择 iris 数据集中的三个数据点来初始化 K-means 聚类算法的几何中心，做 k 次，随机选取数据点的循环。具体代码如下所示。

```
rand_starts = np.array([iris.data[np.random.choice(len(iris.data))] for _ in range(k)])
centroids = tf.Variable(rand_starts)
```

(5) 计算每个数据点到每个几何中心的距离。本例的计算方法是,将几何中心点和数据点分别放入矩阵中,然后计算两个矩阵的欧式距离。具体代码如下所示。

```
centroid_matrix = tf.reshape(tf.tile(centroids, [num_pts, 1]), [num_pts, k, num_feats])
#本例所使用的是:将几何中心点和数据点分别放入矩阵中,然后计算两个矩阵的欧氏距离
#centroid_matrix 表示几何中心矩阵
point_matrix = tf.reshape(tf.tile(data_points, [1, k]), [num_pts, k, num_feats])
distances = tf.reduce_sum(tf.square(point_matrix - centroid_matrix), axis = 2)
```

(6) 以到每个数据点最小距离最接近的点为几何中心点进行分配,代码如下所示。

```
centroid_group = tf.argmin(distances, 1)
```

(7) 计算每组分类的平均距离得到新的几何中心点,代码如下所示。

```
def data_group_avg(group_ids, data):
    # 加和各个 group
    sum_total = tf.unsorted_segment_sum(data, group_ids, 3)
    # tf.ones_like 用于创建一个所有参数均为 1 的 tensor 对象
    num_total = tf.unsorted_segment_sum(tf.ones_like(data), group_ids, 3)
    # 计算平均值
    avg_by_group = sum_total/num_total
    return avg_by_group
means = data_group_avg(centroid_group, data_points)
update = tf.group(centroids.assign(means), cluster_labels.assign(centroid_group))
```

(8) 初始化模型变量。

```
init = tf.global_variables_initializer()
sess.run(init)
```

(9) 遍历迭代训练,相应地更新每组分类的几何中心点。

```
for i in range(generations):
    print('Calculating gen {}, out of {}.'.format(i, generations))
    _, centroid_group_count = sess.run([update, centroid_group])
    group_count = []
    for ix in range(k):
        group_count.append(np.sum(centroid_group_count == ix))
    print('Group counts: {}'.format(group_count))
```

输出结果如下所示。

```
Calculating gen 0, out of 25.
Group counts: [32, 22, 96]
Calculating gen 1, out of 25.
Group counts: [31, 23, 96]
Calculating gen 2, out of 25.
```

```
Group counts: [31, 23, 96]
Calculating gen 3, out of 25.
Group counts: [31, 23, 96]
Calculating gen 4, out of 25.
Group counts: [31, 23, 96]
.
.
.
Calculating gen 21, out of 25.
Group counts: [31, 23, 96]
Calculating gen 22, out of 25.
Group counts: [31, 23, 96]
Calculating gen 23, out of 25.
Group counts: [31, 23, 96]
Calculating gen 24, out of 25.
Group counts: [31, 23, 96]
```

(10) 可以通过距离模型预测,来验证聚类模型。验证有多少数据点与实际 iris 数据集中的鸢尾花物种匹配,代码如下所示。

```
[centers, assignments] = sess.run([centroids, cluster_labels])
# 验证实际数据集与聚类的数据集有多少是匹配的
def most_common(my_list):
    return max(set(my_list), key = my_list.count)
label0 = most_common(list(assignments[0:50]))
label1 = most_common(list(assignments[50:100]))
label2 = most_common(list(assignments[100:150]))
group0_count = np.sum(assignments[0:50] == label0)
group1_count = np.sum(assignments[50:100] == label1)
group2_count = np.sum(assignments[100:150] == label2)
accuracy = (group0_count + group1_count + group2_count)/150.
print('Accuracy: {:.2}'.format(accuracy))
```

输出如下所示。

```
Accuracy: 0.89
```

表明模型的准确度为 89%。

通过 PCA 工具将四维结果数据转为二维结果数据,并绘制数据点和分组,来可视化分组过程和是否分离出鸢尾花物种。PCA 分解之后,创建预测,并在 x-y 轴网格绘制彩色图形,代码如下所示。

```
# PCA(n_components = 2)表示将原本 4 个特征的向量维度降维到二维
pca_model = PCA(n_components = 2)
# 将 iris.data 转换成标准形式,然后存入 reduced_data 中
reduced_data = pca_model.fit_transform(iris.data)
#将前面的几何中心点 centers 也转换成标准形式,然后存入 reduced_centers 中
```

```
reduced_centers = pca_model.transform(centers)
# 间距设为 0.02
h = .02
# 求 x_min, x_max 和 y_min, y_max,确定坐标轴
x_min, x_max = reduced_data[:, 0].min() - 1, reduced_data[:, 0].max() + 1
y_min, y_max = reduced_data[:, 1].min() - 1, reduced_data[:, 1].max() + 1
xx, yy = np.meshgrid(np.arange(x_min, x_max, h), np.arange(y_min, y_max, h))
xx_pt = list(xx.ravel())
yy_pt = list(yy.ravel())
xy_pts = np.array([[x, y] for x, y in zip(xx_pt, yy_pt)])
mytree = cKDTree(reduced_centers)
dist, indexes = mytree.query(xy_pts)
indexes = indexes.reshape(xx.shape)
```

(11) 通过 matplotlib 模块在同一幅图形中绘制所有结果的代码。

```
plt.figure(1)
plt.clf()
plt.imshow(indexes, interpolation = 'nearest', extent = (xx.min(), xx.max(), yy.min(), yy.
max()), cmap = plt.cm.Paired,
            aspect = 'auto', origin = 'lower')
symbols = ['o', '^', 'D']
label_name = ['Setosa', 'Versicolour', 'Virginica']
for i in range(3):
    temp_group = reduced_data[(i * 50):(50) * (i + 1)]
    plt.plot(temp_group[:, 0], temp_group[:, 1], symbols[i], markersize = 10, label = label_
name[i])
plt.scatter(reduced_centers[:, 0], reduced_centers[:, 1], marker = 'x', s = 169, linewidths =
3, color = 'w', zorder = 10)
plt.title('K - means clustering on iris Dataset Centroids are marked with white cross')
plt.xlim(x_min, x_max)
plt.ylim(y_min, y_max)
plt.legend(loc = 'lower right')
plt.show()
```

通过 matplotlib 模块输出的图像结果如图 11.2 所示。

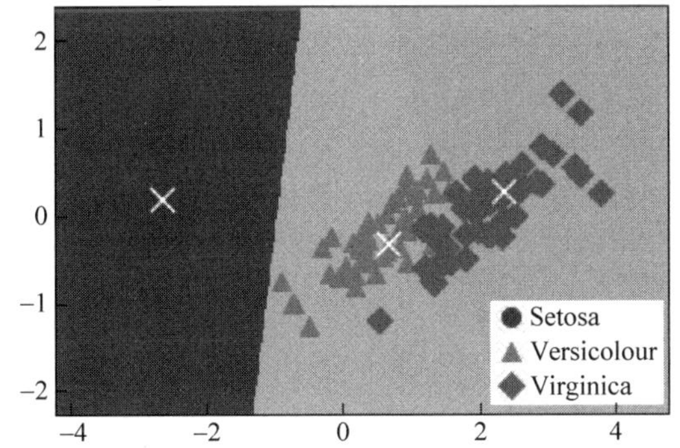

图 11.2　对 iris 数据集进行 K-means 聚类算法的结果

本节使用 TensorFlow 将 iris 数据集聚类为三组，然后计算数据点落入分组的百分比，验证模型的准确度。由于 K-means 算法具有局部线性的特点，因此其很难学习到杂色鸢尾花（I. versicolour）和维吉尼亚鸢尾花（I. verginica）之间的非线性边界。K-means 算法的主要优点在于无须标注数据集便可通过聚类算法对数据集进行分类。

11.3 TensorFlow 求解常微分方程

TensorFlow 作为实现常微分方程求解器的能力十分优秀，在不需要已知解析解的情况下就能求解常微分方程及偏微分方程的数值解。本节将通过求解洛特卡-沃尔泰拉模型（Lotka-Volterra Model），来展示 TensorFlow 在常微分方程求解器中的应用。

洛特卡-沃尔泰拉模型又称种间竞争模型，模拟了掠食者与猎物之间的数量关系。该方程经常用来描述生物系统中，掠食者与猎物进行互动时的动态模型，本节通过使用该模型中相似的参数来描述周期性系统。周期性系统的离散数学表达式如下所示。

$$f(x)=\sin\left(\frac{2\pi x}{50}\right)$$

$$X_{t+1}=X_t+(aX_t+bX_tY_t)\Delta t$$

$$Y_{t+1}=Y_t+(cY_t+dX_tY_t)\Delta t$$

上述表达式中，X 表示猎物，Y 表示掠食者。其中 a、b、c 和 d 4 个参数的值来影响猎物与掠食者，表示了其中一方对另一方的竞争系数，即猎物每个个体所占用的空间与掠食者每个个体所占用空间的比例系数。猎物的参数 $a>0,b<0$；掠食者的参数 $c<0,d>0$。通过 TensorFlow 实现其离散版的求解器。

使用 TensorFlow 实现常微分方程的求解器需要注意上述表达式中 4 个参数的初始值的设定，这是因为掠食者过多可能导致猎物迅速灭绝，进而导致掠食者因为缺少猎物而跟着一起灭绝。获得洛特卡-沃尔泰拉方程的稳定求解与指定参数和猎物与掠食者起始数量有较大关联性。

（1）导入相关工具库。

```
import matplotlib.pyplot as plt
import tensorflow as tf
```

（2）创建会话并声明计算图中的常量和变量。

```
sess = tf.Session()
x_initial = tf.constant(1.0)
y_initial = tf.constant(1.0)
X_t1 = tf.Variable(x_initial)
Y_t1 = tf.Variable(y_initial)
t_delta = tf.placeholder(tf.float32, shape = ())
a = tf.placeholder(tf.float32, shape = ())
b = tf.placeholder(tf.float32, shape = ())
c = tf.placeholder(tf.float32, shape = ())
d = tf.placeholder(tf.float32, shape = ())
```

(3) 实现离散系统,然后更新 X 和 Y 的数量。

```
X_t2 = X_t1 + (a * X_t1 + b * X_t1 * Y_t1) * t_delta
Y_t2 = Y_t1 + (c * Y_t1 + d * X_t1 * Y_t1) * t_delta
# 更新捕食者与猎物的数量
step = tf.group(
  X_t1.assign(X_t2),
  Y_t1.assign(Y_t2))
```

(4) 初始化全部变量,运行离散常微分方程系统展示周期性的行为。

```
init = tf.global_variables_initializer()
sess.run(init)
prey_values = []
predator_values = []
for i in range(1000):
    step.run({a: (2./3.), b: (-4./3.), c: -1.0, d: 1.0, t_delta: 0.01}, session=sess)
    temp_prey, temp_pred = sess.run([X_t1, Y_t1])
    prey_values.append(temp_prey)
    predator_values.append(temp_pred)
```

(5) 绘制掠食者与猎物的值。

```
plt.plot(prey_values)
plt.plot(predator_values)
plt.legend(['Prey', 'Predator'], loc='upper right')
plt.show()
```

输出结果如图 11.3 所示。

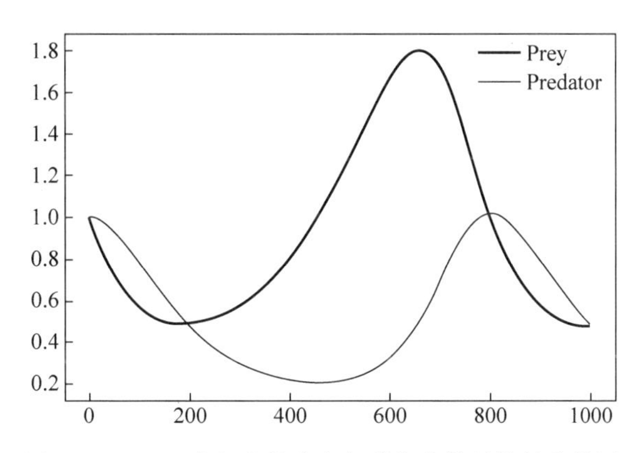

图 11.3 ODE 求解的掠食者与猎物的数量值的趋势图

通过上述代码便实现了用 TensorFlow 来求解常微分方程系统的离散版的求解器。

11.4 本章小结

本章主要介绍了几种常见的 TensorFlow 高级应用方法,希望大家可以掌握使用 TensorFlow 实现遗传算法、K-means 聚类和常微分方程(ODE)的求解方法。

11.5 习　　题

1. 填空题

(1) 遗传算法通过________、________以及________等机制，模拟自然进化过程搜索最优解。

(2) 遗传算法被提出后得到了广泛的应用，主要应用于________、________、________等领域。

(3) K-means 算法是一种________算法，根据________原则，将具有较高相似度的数据对象划分至同一类簇中。

(4) 通过 TensorFlow 实现洛特卡-沃尔泰拉方程的求解器时，________和________对求解器的稳定性至关重要。

2. 选择题

(1) 在遗传算法中，通过(　　)函数可以操作分配下一代种群到父一代种群的变量。

A. arange()　　　　B. constant()

C. group()　　　　D. reduce_sum()

(2) 由于 K-means 算法具有局部线性的特点，因此其在学习数据间非线性边界时的表现(　　)。

A. 极差　　　　B. 一般

C. 优秀　　　　D. 以上情况都有可能

3. 思考题

简述洛特卡-沃尔泰拉模型中猎物与掠食者起始数量对模型稳定性的影响。

第 12 章　TensorFlow 高层封装

本章学习目标

- 了解常用的 TensorFlow 高层封装方法；
- 熟悉几种常见的高层 API；
- 掌握 Keras 和 Estimator 的使用方法。

前面章节中已经对如何使用原生态的 TensorFlow API 来实现各种不同的神经网络结构进行了详细的介绍。原生态的 TensorFlow API 虽然基本可以实现对各种不同神经网络结构的支持，但是其代码相对冗长，不利于高效开发。本章分享一些常用的高层封装方法，使得应用 TensorFlow 更加便捷。

12.1　TensorFlow 的常见封装方法简介

目前常用的 TensorFlow 封装有 4 种：TensorFlow-Slim、tf. contrib. learn（也称 skflow）、TFLearn 和 Keras。本节简要介绍 TensorFlow-Slim 和 tf. contrib. learn，更详细的有关 TensorFlow 的封装方法信息可以参考 Google 官方文档。

1. TensorFlow-Slim

首先介绍 TensorFlow-Slim，它属于轻量级的 TensorFlow 高层封装，可以大幅简化定义网络结构的代码，并提升代码可读性。下列代码对比了使用原生态 TensorFlow 实现卷积层和使用 TensorFlow-Slim 实现卷积层的区别。

直接使用 TensorFlow 原生态 API 实现卷积层。

```
with tf.variable_scope(scope_name):
    weights = tf.get_variable("weight", …)
    biases = tf.get_variable("bias", …)
    conv = tf.nn.conv2d(…)
relu = tf.nn.relu(tf.nn.bias_add(conv, biases))
```

使用 TensorFlow-Slim 实现卷积层。

```
#通过 TensorFlow - Slim 可以只用一行代码就实现一个卷积层的前向传播算法.
net = slim.conv2d(input, 32, [3, 3])
```

slim. conv2d 函数含有三个必填参数：第一个参数为输入节点矩阵，第二参数为当前卷积层过滤器的深度，第三个参数为过滤器的尺寸。可选参数为：过滤器移动的步长、是否使用全 0 填充、激活函数以及变量的命名空间等。

从上述两种代码的比较中不难看出，TensorFlow-Slim 比原生代码更加简洁。利用 TensorFlow-Slim 合并变量、网络层和数据集，可以更加简洁地定义模型。

2. tf.contrib.learn

tf.contrib.learn 是 TensorFlow 官方提供的另外一个对 TensorFlow 的高层封装。用户通过 tf.contrib.learn 可以用与 sklearn 类似的方法使用 TensorFlow。通过 tf.contrib.learn 训练模型时，会用到 Estimator 对象。Estimator 对象是 tf.contrib.learn 进行模型训练(train/fit)和模型评估(evaluation)的入口。

tf.contrib.learn 提供了一些预定义的模型，例如线性回归(tf.contrib.learn.LinearRegressor)、逻辑回归(tf.contrib.learn.LogisticRegressor)、线性分类(tf.contrib.learn.LinearClassifier)以及一些完全由全连接层构成的深度神经网络回归或者分类模型(tf.contrib.learn.DNNClassifier、tf.contrib.learn.DNNRegressor)。

除了可以使用预先定义好的模型，tf.contrib.learn 也支持自定义模型，下面的代码给出了使用 tf.contrib.learn 在 MNIST 数据集上实现卷积神经网络的过程。

```
1   import tensorflow as tf
2   from sklearn import metrics
3   # 使用 tf.contrib.layers 中定义好的卷积神经网络结构可以更方便地实现卷积层
4   layers = tf.contrib.layers
5   learn = tf.contrib.learn
6   # 自定义模型结构.这个函数有 3 个参数,第一个给出了输入的特征向量,第二个给出了
7   # 该输入对应的正确输出,最后一个给出了当前数据是训练还是测试.该函数有 3 个返回值,
8   # 第一个为定义的神经网络结构得到的最终输出节点取值,第二个为损失函数,第
9   # 三个为训练神经网络的操作
10  def conv_model(input, target, mode):
11      # 将正确答案转化成需要的格式
12      target = tf.one_hot(tf.cast(target, tf.int32), 10, 1, 0)
13      # 定义神经网络结构,首先需要将输入转化为一个三维举证,其中第一维表示一个 batch 中的
14      # 样例数量
15      network = tf.reshape(input, [-1, 28, 28, 1])
16      # 通过 tf.contrib.layers 来定义过滤器大小为 5×5 的卷积层
17      network = layers.convolution2d(network, 32, kernel_size=[5, 5], activation_fn=tf.nn.relu)
18      # 实现过滤器大小为 2×2,长和宽上的步长都为 2 的最大池化层
19      network = tf.nn.max_pool(network, ksize=[1, 2, 2, 1], strides=[1, 2, 2, 1], padding='SAME')
20      # 类似的定义其他的网络层结构
21      network = layers.convolution2d(network, 64, kernel_size=[5, 5], activation_fn=tf.nn.relu)
22      network = tf.nn.max_pool(network, ksize=[1, 2, 2, 1], strides=[1, 2, 2, 1], padding='SAME')
23      # 将卷积层得到的矩阵拉直成一个向量,方便后面全连接层的处理
24      network = tf.reshape(network, [-1, 7 * 7 * 64])
25      # 加入 dropout,预防模型出现过拟合
26      network = layers.dropout(
27          layers.fully_connected(network, 500, activation_fn=tf.nn.relu),
28          keep_prob=0.5,
29          is_training=(mode == tf.contrib.learn.ModeKeys.TRAIN))
30      # 定义最后的全连接层
```

```
31     logits = layers.fully_connected(network, 10, activation_fn = None)
32     # 定义损失函数
33     loss = tf.losses.softmax_cross_entropy(target, logits)
34     # 定义优化函数和训练步骤
35     train_op = layers.optimize_loss(
36        loss,
37           tf.contrib.framework.get_global_step(),
38        optimizer = 'SGD',
39        learning_rate = 0.01)
40     return tf.argmax(logits, 1), loss, train_op
41 # 加载 MNIST 数据集
42 mnist = learn.datasets.load_dataset('D:\Anaconda123\Lib\site-packages\tensorboard\mnist')
43 # 定义神经网络结构,并在训练数据集上训练神经网络
44 classifier = learn.Estimator(model_fn = conv_model)
45 classifier.fit(mnist.train.images, mnist.train.labels, batch_size = 100, steps = 20000)
46 # 在测试数据上计算模型准确率
47 score = metrics.accuracy_score(mnist.test.labels, list(classifier.predict(mnist.test.images)))
48 print('Accuracy: {0:f}'.format(score))
```

输出结果如下所示。

```
INFO:tensorflow:loss = 2.3173096, step = 1
INFO:tensorflow:global_step/sec: 4.70843
INFO:tensorflow:loss = 1.9192035, step = 101 (21.233 sec)
INFO:tensorflow:global_step/sec: 4.68307
INFO:tensorflow:loss = 0.86501586, step = 201 (21.353 sec)
.
.
.
INFO:tensorflow:Loss for final step: 0.011989712.
Accuracy: 0.989900
```

更多关于 tf.contrib.learn 的介绍可以参考 Google 官方文档。

12.2 Keras

Keras 是目前使用最为广泛的深度学习工具之一,可以将 Keras 看作前端,将 TensorFlow 看作后端。Keras 的应用比较灵活,且相对更容易学习。Keras 的创建者 François Chollet 加入谷歌后,Keras 已经被正式添加到 TensorFlow 中,成为官方提供的高层封装之一。

Keras 作为 TensorFlow 的高层封装,可以与 TensorFlow 联合使用,快速搭建训练模型,它对模型定义、损失函数和训练过程等内容进行了封装。除了兼容 TensorFlow,还兼容 Theano,并且其接口形式与 Torch 相似。掌握 Keras 可以大幅提升开发效率和加深对神经网络结构的理解。

Keras 高度封装,这意味着其使用较为容易,便于新手学习和使用。其文档和社区相对完善,代码更新速度较快,示例代码多。使用 Keras 时,若 GPU 处于可用状态,则代码会自动调用 GPU 进行并行计算。

根据官方文档的描述，Keras 具有如下优点。

模块化：模型的各个部分都是独立的模块，便于相互组合，创建模型。

极简主义：Keras 中各模块相对简洁。

易扩展性：Keras 便于添加新的模块，这对模型的高级研究提供了便利。

使用 Python：Keras 模型通过 Python 实现，便于调试和扩展。

Keras 的核心数据结构是模型，通过这些模型来组建神经网络。Keras 有两种模型：序贯模型(Sequential)和函数式模型(Model)。

12.2.1 序贯模型

序贯模型由多个网络层的线性堆叠而成。它被用来创建只有单输入与单输出的模型，其中，层与层之间只有相邻关系。不难看出，序贯模型的结构极其简单。接下来对序贯模型的使用方法进行简要的介绍。

(1) 使用原生态的 Keras API 之前需要先安装 Keras 包。可以在 Anaconda 的 Environments 选项中下载安装。

(2) 可以通过向序贯模型传递一个网络层的列表来构造该模型，具体方法如下所示。

```
import kreas
from keras.models import Sequential
from keras.layers import Dense, Activation
model = Sequential([
Dense(32, units = 784),
Activation('relu'),
Dense(10),
Activation('softmax'),
])
```

(3) 除了上面的方法，还可以通过.add()方法，将网络层逐一添加到模型中。

```
model = Sequential()
model.add(Dense(32, input_shape = (784,)))
model.add(Activation('relu'))
```

(4) 为模型指定输入数据的规格。序贯模型的第一层网络需要设置输入数据的规格，之后的各层网络则可以自动地推导出中间数据的规格，因此不需要再为后续各层都指定相应参数。指定输入数据规格的方法如下所示。

- 传递 input_shape 参数给第一层网络，它是一个表示尺寸的元组(一个整数或 None 的元组，None 表示其可能为任意正整数)。在 input_shape 中不包含数据的 batch 大小。
- 如果需要指定大小的 batch-size 固定输入数据量，例如想固定输入数据为 100 的张量，数据张量的 shape 是(6,6)，那么只需要简单的设置 batch_size＝100 和 input_shape＝(6,6)。

以下两段代码之间是等价的。

```
model = Sequential()
model.add(Dense(32, input_shape = (784,)))
model = Sequential()
model.add(Dense(32, input_dim = 784))
```

下面3段代码之间也是严格等价的。

```
model = Sequential()
model.add(LSTM(32, input_shape = (10, 64)))
model = Sequential()
model.add(LSTM(32, batch_input_shape = (None, 10, 64)))
model = Sequential()
model.add(LSTM(32, input_length = 10, input_dim = 64))
```

(5) 配置学习过程。在开始训练模型之前，需要通过compile方法完成对学习过程参数的设置，该方法有3个主要参数：optimizer(优化器)、loss(损失函数)和metrics(评估标准)。

- 优化器，它可以指定为预定义的优化器名称，如rmsprop或adagrad，也可以是Optimizer类的实例。
- 损失函数，它可以是现有损失函数的字符串标识符，如categorical_crossentropy或mse，也可以是一个目标函数。
- 评估标准，对于任何分类问题，都可以将其设置为metrics=['accuracy']。评估标准可以是现有的标准的字符串标识符，也可以是自定义的评估标准函数。

在处理不同类型的问题时的编译方法具体如下所示。

多分类问题。

```
model.compile(optimizer = 'rmsprop',
              loss = 'categorical_crossentropy',
              metrics = ['accuracy'])
```

二分类问题。

```
model.compile(optimizer = 'rmsprop',
              loss = 'binary_crossentropy',
              metrics = ['accuracy'])
```

均方误差回归问题。

```
model.compile(optimizer = 'rmsprop',
              loss = 'mse')
```

自定义评估标准函数。

```
import keras.backend as K
def mean_pred(y_true, y_pred):
    return K.mean(y_pred)
```

```
model.compile(optimizer = 'rmsprop',
              loss = 'binary_crossentropy',
              metrics = ['accuracy', mean_pred])
```

（6）开始训练模型。Keras 以 numpy 数组作为输入数据和标签类型，一般使用 fit()函数训练模型。

对于二进制分类问题：

```
model = Sequential()
model.add(Dense(32, activation = 'relu', input_dim = 100))
model.add(Dense(1, activation = 'sigmoid'))
model.compile(optimizer = 'rmsprop',
              loss = 'binary_crossentropy',
              metrics = ['accuracy'])
# 生成虚拟数据
import numpy as np
data = np.random.random((1000, 100))
labels = np.random.randint(2, size = (1000, 1))
# 训练模型,以 32 个样本为一个 batch 进行迭代
model.fit(data, labels, epochs = 10, batch_size = 32)
```

对于多分类问题(以 10 个类的单输入模型为例)：

```
model = Sequential()
model.add(Dense(32, activation = 'relu', input_dim = 100))
model.add(Dense(10, activation = 'softmax'))
model.compile(optimizer = 'rmsprop',
              loss = 'categorical_crossentropy',
              metrics = ['accuracy'])
# 生成虚拟数据
import numpy as np
data = np.random.random((1000, 100))
labels = np.random.randint(10, size = (1000, 1))
# 将标签转换为分类的 one - hot 编码
one_hot_labels = keras.utils.to_categorical(labels, num_classes = 10)
# 训练模型,以 32 个样本为一个 batch 进行迭代
model.fit(data, one_hot_labels, epochs = 10, batch_size = 32)
```

序贯模型是 Keras 中最重要的封装之一，所有的神经网络模型定义和训练都是通过 Sequential 实例来实现的，但是它只支持顺序模型的定义，下一节将介绍一种应用范围更加广泛的模型——函数式模型。

12.2.2 函数式模型

12.2.1 节对 Keras 的序贯模型的用法进行了简单的介绍，由于其只支持顺序定义模型，因此在实际应用中具有很强的局限性。接下来本节将介绍一种通过返回值的形式定义网络结构的方法来搭建复杂的网络模型——函数式模型。函数式模型可以定义多输出模

型、含有共享层的模型、共享视觉模型、图片问答模型、视觉问答模型等。

Keras的函数式模型为Model，是广义的拥有输入和输出的模型。通过使用Model来初始化一个函数式模型的方法如下所示。

```
from keras.models import Model
from keras.layers import Input, Dense
a = Input(shape=(32,))
b = Dense(32)(a)
model = Model(inputs=a, outputs=b)Model
```

函数式模型可以通过Model()来建立拥有多输入和多输出的模型。

```
model = Model(inputs=[a1, a2], outputs=[b1, b3, b3])
```

以返回值的形式定义网络层结构的具体方法如下所示。

(1) 加载相关工具库。

```
import keras
from keras.datasets import mnist
from keras.layers import Input, Dense
from keras.models import Model
```

(2) 通过Keras加载MNIST数据，其中trainX是一个60 000×28×28的数组，trainY是每张图片对应的数字。

```
(trainX, trainY), (testX, testY) = mnist.load_data()
# 将图像像素转化为0到1之间的实数
trainX = trainX.astype('float32')
testX = testX.astype('float32')
trainX /= 255.0
testX /= 255.0
# 将标准答案转化为独热编码格式
trainY = keras.utils.to_categorical(trainY, num_classes)
testY = keras.utils.to_categorical(testY, num_classes)
trainX = trainX.reshape(trainX.shape[0], img_rows * img_cols)
testX = testX.reshape(testX.shape[0], img_rows * img_cols)
```

(3) 定义输入。在指定维度时不用考虑batch大小。

```
inputs = Input(shape=(784,))
```

(4) 定义全连接层。该层含有500隐藏节点，设定激活函数为ReLU函数。

```
x = Dense(500, activation='relu')(inputs)
```

(5) 定义输出层。由于Keras封装的categorical_crossentropy不会将神经网络的输出再经过一层Softmax处理，此处需要指定Softmax作为激活函数。

```
predictions = Dense(10, activation = 'softmax')(x)
```


（6）通过函数式模型创建模型。需要注意的是，与序贯模型不同的是函数式模型需要在初始化时指定模型的输入和输出。

```
model = Model(inputs = inputs, outputs = predictions)
#定义损失函数、优化函数和测试方法
model.compile(loss = keras.losses.categorical_crossentropy,
             optimizer = keras.optimizers.SGD(), metrics = ['accuracy'])
#训练模型
model.fit(trainX, trainY, batch_size = 128, epochs = 20,
         validation_data = (testX, testY))
```

（7）在测试数据集上测试模型准确度。

```
score = model.evaluate(testX, testY, batch_size = batch_size)
print('Test loss:{}'.format(score[0]))
print('Test accuracy:{}'.format(score[1]))
```

输出结果如下所示。

```
Train on 60000 samples, validate on 10000 samples
Epoch 1/20
60000/60000 [==============================] - 3s 45us/step - loss:
1.1273 - acc: 0.7935 - val_loss: 0.6923 - val_acc: 0.8971
...
Epoch 20/20
60000/60000 [==============================] - 2s 41us/step - loss:
0.2435 - acc: 0.9613 - val_loss: 0.2135 - val_acc: 0.9501
10000/10000 [==============================] - 0s 34us/step
Test loss:0.21735364219713519
Test accuracy:0.9534
```

12.3 Estimator

除了第三方提供的 TensorFlow 高层封装 API，从 TensorFlow 1.3 版开始，官方推出了支持高层封装的 tf.estimator，它整合了原生态 TensorFlow 提供的各类功能。Estimator 具有下列优势。

（1）Estimator 无须调整模型便可在本地主机或分布式多服务器环境中运行。在 CPU、GPU 或 TPU 上运行基于 Estimator 的模型时无须重新编码模型。

（2）简化了在模型开发者之间共享实现的过程。

（3）支持使用高级直观代码开发先进的模型，也就是说，通过 Estimator 创建模型通常比采用低阶 TensorFlow API 更简单。

（4）Estimator 本身在 tf.layers 之上构建而成，可以简化自定义过程。

(5) Estimator 可以构建图模型。

(6) Estimator 提供安全的分布式训练循环，可以控制如何以及何时进行构建图、初始化变量、开始排队、处理异常、创建检查点文件并从故障中恢复、保存 TensorBoard 的摘要等操作。

(7) 在编写应用时，需要将数据输入管道从模型中分离出来。这种分离模式简化了使用不同的数据集的实验流程。

12.3.1 Estimator 的基本用法

接下来基于 iris 数据集，通过 tf.estimator 训练一个神经网络分类器，并通过花的萼片和花瓣的几何形状预测花的品种。

(1) 加载相关工具库，并定义在哪里下载相应数据和存储数据集。

```
from __future__ import absolute_import
from __future__ import division
from __future__ import print_function
import os
from six.moves.urllib.request import urlopen
import numpy as np
import tensorflow as tf
IRIS_TRAINING = "iris_training.csv"
IRIS_TRAINING_URL =
"http://download.tensorflow.org/data/iris_training.csv"
IRIS_TEST = "iris_test.csv"
IRIS_TEST_URL = "http://download.tensorflow.org/data/iris_test.csv"
```

(2) 若本地数据没有现成的训练数据集和测试数据集则下载这些数据。

```
if not os.path.exists(IRIS_TRAINING):
  raw = urlopen(IRIS_TRAINING_URL).read()
  with open(IRIS_TRAINING,'wb') as f:
    f.write(raw)
if not os.path.exists(IRIS_TEST):
  raw = urlopen(IRIS_TEST_URL).read()
  with open(IRIS_TEST,'wb') as f:
    f.write(raw)
```

(3) 通过 learn.datasets.base 中的 load_csv_with_header() 函数读取训练数据集以及测试数据集，并将其加载到 Dataset 中。

```
training_set = tf.contrib.learn.datasets.base.load_csv_with_header(
    filename = IRIS_TRAINING,
    target_dtype = np.int,
    features_dtype = np.float32)
test_set = tf.contrib.learn.datasets.base.load_csv_with_header(
    filename = IRIS_TEST,
    target_dtype = np.int,
    features_dtype = np.float32)
```

在 tf. contrib. learn 中 Dataset 被称作元组，通过 data 和 target 字段可以访问其特征数据和目标值。上述代码中 training_set. data 和 training_set. target 分别包含了训练集的特征数据和特征值，而 test_set. data 和 test_set. target 分别包含了测试集的特征数据和目标值。

(4) tf. estimator 支持各种预定义的模型，这些预定义模型被称作 Estimators，这些预定义模型可以"开箱即用"，直接对数据进行训练和测试操作。接下来，配置一个深度神经网络分类器模型来适应 iris 数据。通过 tf. estimator，只需要几行代码就可以实例化 tf. estimator. DNNClassifier，具体方法如下所示。

```
feature_columns = [tf.feature_column.numeric_column("x", shape = [4])]
classifier = tf.estimator.DNNClassifier(feature_columns = feature_columns,
                                        hidden_units = [10, 20, 10],
                                        n_classes = 3,
                                        model_dir = "/tmp/iris_model")
```

上述代码中，第一行代码定义了模型的特征列，指定了数据集中的特征的数据类型。通过 tf. feature_column. numeric_column()函数来构造特征列。iris 数据集包含 4 个特征(萼片宽度、萼片长度、花瓣宽度和花瓣长度)，因此设定 shape 的值为 4 以适应该数据集。然后，创建一个 DNNClassifier 模型。

- 定义一组特征列：feature_columns＝feature_columns。
- 为 3 个隐藏层指定神经元数量(神经元数量分别为 10 个、20 个、30 个)：hidden_units＝[10, 20, 10]。
- 设定 3 个目标分类：n_classes＝3。
- 让 TensorFlow 在模型训练期间保存检测数据和 TensorBoard 摘要的目录为 model_dir＝/tmp/iris_model。

(5) 通过 tf. estimator. inputs. numpy_input_fn()来产生输入管道，具体方法如下所示。

```
train_input_fn = tf.estimator.inputs.numpy_input_fn(
    x = {"x": np.array(training_set.data)},
    y = np.array(training_set.target),
    num_epochs = None,
    shuffle = True)
```

通过上述代码配置了 DNN Classifier 模型。

(6) 接下来通过 train 方法来拟合训练数据。将 train_input_fn 传递给 input_fn，并设置训练的次数。具体方法如下所示。

```
classifier.train(input_fn = train_input_fn, steps = 2000)
```

tf. estimator 通过 classifier 来保存模型的状态。如果需要在训练过程中跟踪模型，那么可以通过 SessionRunHook()来执行日志操作记录。

(7) 通过之前的代码已经完成了对 DNNClassifier 模型的训练，接下来需要衡量模型的准确度。可以通过 evaluate 方法在 iris 测试数据上检测模型的准确度。evaluate 方法使用输入函数构建它的输入管道，该方法将返回一个包含评估结果的 dict。传递测试数据 test_set.data 和 test_set.target 到 evaluate，并从结果中打印准确度的方法如下所示。

```
test_input_fn = tf.estimator.inputs.numpy_input_fn(
    x = {"x": np.array(test_set.data)},
    y = np.array(test_set.target),
    num_epochs = 1,
    shuffle = False)
accuracy_score = classifier.evaluate(input_fn = test_input_fn)["accuracy"]
print("\nTest Accuracy: {0:f}\n".format(accuracy_score))
```

上述代码中 numpy_input_fn()函数中的参数 num_epochs 的值具有重要作用。num_epochs 的值设定为 1 表示 test_input_fn()函数只进行一次数据迭代，然后触发 OutOfRangeError。该错误表示分类器停止评估，因此该分类器只对输入评估一次。

输出结果如下所示。

```
Test Accuracy: 0.966667
```

12.3.2 Estimator 自定义模型

使用预设的模型十分便捷，但是其模型结构往往难以完美适配数据集，模型使用的损失函数和激活函数也无法根据实际情况进行调整。为了解决这一问题，Estimator 提供了自定义模型结构的方法，具体流程如下所示。

（1）导入所需工具库。

```
import tensorflow as tf
import numpy as np
from tensorflow.examples.tutorials.mnist import input_data
```

（2）输出 TensorFlow 日志信息。

```
tf.logging.set_verbosity(tf.logging.INFO)
```

（3）通过 tf.layers 来定义模型结果。x 表示输入层张量，training 参数设定为 is_training，表示当前过程是否为训练过程。

```
def lenet(x, is_training):
    #转换输入数据集的规格以适应卷积层
    x = tf.reshape(x, shape = [-1, 28, 28, 1])
    net = tf.layers.conv2d(x, 32, 5, activation = tf.nn.relu)
    net = tf.layers.max_pooling2d(net, 2, 2)
    net = tf.layers.conv2d(net, 64, 3, activation = tf.nn.relu)
    net = tf.layers.max_pooling2d(net, 2, 2)
    net = tf.contrib.layers.flatten(net)
    net = tf.layers.dense(net, 1024)
    net = tf.layers.dropout(net, rate = 0.4, training = is_training)
    return tf.layers.dense(net, 10)
```

(4) 自定义 Estimator 模型的定义函数包含 4 个输入。其中，features 表示在输入函数中会提供的输入层张量。该输入为字典格式，字典里的信息通过 tf. estimator. inputs. numpy_input_fn()函数中 x 参数的内容指定。labels 是标签，通过 numpy_input_fn()函数中的 y 参数指定。mode 的取值对应于 3 种可能的 Estimator 类：train()函数、evaluate()函数以及 predict()函数。通过 mode 参数可以判断当前过程是否是训练过程。params 也是字典格式，该字典可以指定模型相关的任何超参数。在此，将模型的学习率放到了 params 中。

```
def model_fn(features, labels, mode, params):
    # 定义神经网络的结构并通过输入得到前向传播的结果
    predict = lenet(features["image"],
                    mode == tf.estimator.ModeKeys.TRAIN)
    # 如果在预测模式,那么只需要将结果返回即可
    if mode == tf.estimator.ModeKeys.PREDICT:
       # 使用 EstimatorSpec 传递返回值,并通过 predictions 参数指定返回的结果
       return tf.estimator.EstimatorSpec(
           mode=mode,
           predictions={"result": tf.argmax(predict, 1)})
    # 定义损失函数
    loss = tf.reduce_mean(tf.nn.sparse_softmax_cross_entropy_with_logits(
           logits=predict, labels=labels))
    # 定义优化函数
    optimizer = tf.train.GradientDescentOptimizer(
           learning_rate=params["learning_rate"])
    # 定义训练过程
    train_op = optimizer.minimize(
           loss=loss, global_step=tf.train.get_global_step())
    # 定义测试标准,在运行 evaluate 时会计算在此处定义的测试标准
    eval_metric_ops = {
           "my_metric": tf.metrics.accuracy(tf.argmax(predict, 1), labels)
    }
    # 返回模型训练过程需要使用的损失函数,训练过程和评测方法
    return tf.estimator.EstimatorSpec(
       mode=mode,
       loss=loss,
       train_op=train_op,
       eval_metric_ops=eval_metric_ops)
```

(5) 通过自定义的方式生成 Estimator 类需要提供定义模型的函数，并通过 params 参数指定模型定义时使用的超参数。

```
mnist = input_data.read_data_sets("/path/to/MNIST_data", one_hot=False)
model_params = {"learning_rate": 0.01}
estimator = tf.estimator.Estimator(model_fn=model_fn, params=model_params)
```

(6) 迭代并预测模型的准确度。

```
train_input_fn = tf.estimator.inputs.numpy_input_fn(
   x={"image": mnist.train.images},
```

```
        y = mnist.train.labels.astype(np.int32),
        num_epochs = None,
        batch_size = 128,
        shuffle = True)
    estimator.train(input_fn = train_input_fn, steps = 30000)
    test_input_fn = tf.estimator.inputs.numpy_input_fn(
        x = {"image":mnist.test.images},
        y = mnist.test.labels.astype(np.int32),
        num_epochs = 1,
        batch_size = 128,
        shuffle = False)
    test_results = estimator.evaluatte(input_fn = test_input_fn)
```

(7) 这里使用的 my_metric 中的内容就是 model_fn()函数中 eval_metric_ops 定义的评测指标。

```
    accuracy_score = test_results["my_metric"]
    print("\nTest accuracy: %g %%" % (accuracy_score * 100))
```

(8) 使用训练好的模型在新数据上预测结果,代码中的 result 就是 tf.estimator.EstimatorSpec 的参数 predictions 中指定的内容。

```
    predict_input_fn = tf.estimator.inputs.numpy_input_fn(
        x = {"image": mnist.test.images[:10]},
        num_epochs = 1,
        shuffle = False)
    predictions = estimator.predict(input_fn = predict_input_fn)
    for i, p in enumerate(predictions):
        print("Prediction %s: %s" % (i + 1, p["result"]))
```

由于输出结果较多,为节省篇幅,在此只给出其中一部分结果。

```
    INFO:tensorflow:global_step/sec: 7.72895
    INFO:tensorflow:step = 29701, loss = 0.056856282 (12.937 sec)
    INFO:tensorflow:global_step/sec: 7.12675
    INFO:tensorflow:step = 29801, loss = 0.021557227 (14.035 sec)
    INFO:tensorflow:global_step/sec: 7.73194
    INFO:tensorflow:step = 29901, loss = 0.015099337 (12.933 sec)
    Test accuracy:98.98 %
```

上述示例展现了 Estimator 在自定义模型中的作用,除了上述自定义方法,在模型结构的定义过程中还可以使用其他的高层封装。

12.4 本章小结

本章主要介绍了在实际应用中的两种常见高层封装。高层封装主要封装了神经网络结构的定义方式和神经网络的训练过程。Estimator 是官方提供的高层封装方法,它和原生态的各种机制联系更加紧密。希望大家通过本章的学习可以掌握使用 Keras 和 Estimator 实现神经网络的方法。

12.5 习 题

1. 填空题

(1) 目前常用的 4 种 TensorFlow 封装分别为：________、________、________和________。

(2) TensorFlow-Slim 作为轻量级的 TensorFlow 高层封装，可以大幅简化定义网络结构的代码，并提升代码________。

(3) 作为 TensorFlow 的高层封装，Keras 在与 TensorFlow 联合使用时可以快速搭建训练模型，它对________、________和________等内容进行了封装。

(4) 在 tf. contrib. learn 中 Dataset 被称作________，通过________和________字段可以访问其特征数据和目标值。

2. 选择题

(1) slim. conv2d 函数含有 3 个必填参数，不包括(　　)。

A. 过滤器的深度　　B. 卷积操作步长值
C. 输入节点矩阵　　D. 过滤器的尺寸

(2) 序贯模型由多个网络层的线性堆叠而成，它被用来创建(　　)与(　　)的模型。

A. 单输入，多输出　　B. 单输入，单输出
C. 多输入，单输出　　D. 多输入，多输出

(3) 函数式模型可以定义的模型不包括(　　)模型。

A. 含有共享层的模型　　B. 视觉问答
C. 图片问答模型　　D. 循环有向模型

(4) tf. estimator 通过 classifier 来保存模型的状态，可以通过(　　)在训练过程中执行日志操作记录，跟踪模型。

A. SessionRunHook()　　B. tf. train. SessRunContext()
C. tf. train. SessRunValues()　　D. tf. train. SessRunArgs()

(5) Estimator 封装的内容不包括(　　)。

A. 神经网络的结构定义　　B. 神经网络的训练过程
C. 神经网络的测试过程　　D. 神经网络的可视化

3. 思考题

简述使用 Estimator 进行神经网络的定义和训练的优势。

第13章 TensorFlow 可视化

本章学习目标

- 了解 TensorBoard 可视化的相关概念；
- 掌握 TensorBoard 计算图可视化的方法。

通过之前章节的学习，大家应该已经基本掌握了 TensorFlow 实现多种常见网络结构的方法，在实际应用中往往需要对神经网络中的参数进行优化，由于大型神经网络的训练过程较长且结构复杂，为了更好地管理、调试和优化训练过程，需要借助可视化工具来展示运行过程中的计算图、统计指标、曲线图和图像。TensorFlow 提供了 TensorBoard 作为可视化工具，本章将详细介绍 TensorBoard 的使用方法。

13.1 TensorBoard 简介

在之前的学习中，深度神经网络的内部结构和训练过程很难被清晰地观察到，这对进一步理解深度神经网络原理和工程化带来了许多不便。为了解决这个问题，TensorBoard 应运而生。TensorBoard 是 TensorFlow 内置的一个可视化工具，它可以通过 TensorFlow 程序运行过程中输出的日志文件可视化 TensorFlow 程序的运行状态。TensorBoard 的可视化依赖于 TensorFlow 程序运行输出的日志文件，即使 TensorBoard 和 TensorFlow 程序在不同的进程中运行时，TensorBoard 也会自动读取最新的 TensorFlow 日志文件，并呈现当前 TensorFlow 程序运行的最新状态。

接下来，通过一个简单的实例来演示 TensorBoard 输出日志的方法。

```
import tensorflow as tf
# 定义一个计算图,实现两个向量的减法操作
# 定义两个输入,a 为常量,b 为变量
a = tf.constant([10.0, 20.0, 40.0], name = 'a')
b = tf.Variable(tf.random_uniform([3]), name = 'b')
output = tf.add_n([a,b], name = 'add')
# 生成一个具有写权限的日志文件操作对象,将当前命名空间的计算图写进日志中
writer = tf.summary.FileWriter('logs', tf.get_default_graph())
writer.close()
```

上述代码完成了 TensorBoard 日志输出功能。通过创建 writer 将 TensorBoard summary 写入.py 文件所处文件夹的/logs 目录中。该目录下，生成了一个新的日志文件 events.out.tfevents.1557147925.HURRYUP。此处的日志文件夹读者可以自行指定，但是要确保文件夹存在。如果使用的 TensorBoard 版本比较低，那么直接运行上面的代码可能会报错，此时，可以尝试将第 8 行代码改为如下代码。

```
file_writer = tf.train.SummaryWriter('/path/to/logs', sess.graph)
```

在命令提示符运行以下命令可以启动 TensorBoard(注意等号两边不要有空格)。

```
tensorboard -- logdir = D:\Anaconda123\Lib\site - packages\tensorboard\logs
```

通过运行上述命令启动 TensorBoard，在 IE 或者 Google 浏览器中打开 http://localhost:6006 查看日志，具体如图 13.1 所示。如果在命令提示符执行上述命令后出现 OSError 错误或者 localhost: 6006 页面打不开的情况。可以直接在 Anaconda 的 Environment 选项中搜索已安装的 TensorBoard 版本，改回 1.11 版本。如果遇到 TensorBoard 提示"No dashboards are active for the current data set"，则将命令行里"tensorboard --logdir="中的"="后面的文件路径改为存放文件目录再执行命令，即可在 http://localhost:6006 中查看日志。需要注意的是，在路径中不能出现特殊字符，只能存在下画线、数字和字母。不然就会找不到相应的文件夹。

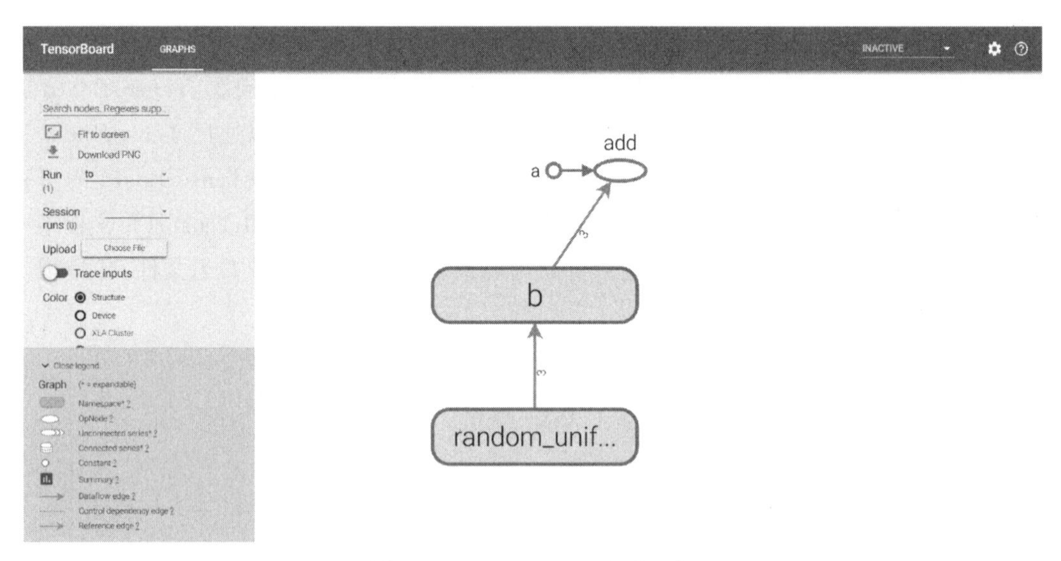

图 13.1　TensorBoard 查看日志

打开 TenosrBoard 界面会默认进入 GRAPHS 界面，单击图 13.1 所示界面右上角的 INACTIVE 选项可以看到其他可视化内容，具体内容如图 13.2 所示。

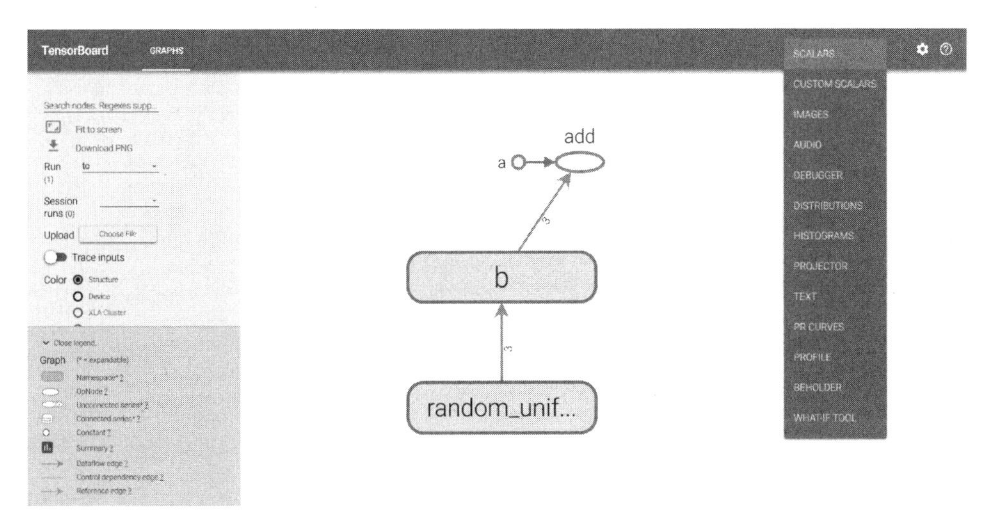

图 13.2　TensorBoard 可视化选项

13.2　TensorBoard 可视化

在实际应用深度学习算法的过程中，监控和故障排除等问题往往需要耗费大量的精力。例如，训练模型需要花费大量的时间，甚至有时在经过漫长的等待后并不能获取理想的结果。这时使用 TensorFlow 的可视化工具 TensorBoard 可以图形化计算图，绘制模型训练中重要的值（损失、准确度和批量训练时间等）。

13.2.1　TensorFlow 命名空间与 TensorBoard 图上节点

TensorFlow 可视化的计算图除了可以将 TensorFlow 计算图中的节点和边的关系可视化，还能够根据每个计算节点的命名空间对可视化的效果图进行整理，避免计算过程中的细枝末节掩盖了神经网络的整体结构。除了显示 TensorFlow 计算图的结构，TensorFlow 还可以对 TensorFlow 计算节点上的信息进行描述统计，包括频数统计和分布统计。

TensorBoard 支持通过 TenosrFlow 的命名空间来整理可视化效果图上的节点，从而可以更好地组织可视化效果图中的计算节点。在 TensorBoard 的默认视图中，TensorFlow 计算图中同一个命名空间下的所有节点会被缩略为一个节点，只有最顶层的命名空间所包含的节点才会被显示在 TensorBoard 可视化效果图中。

```
tf.variable_scope()函数和 tf.name_scope()函数区别
```

在之前章节中已经介绍了通过相关函数来管理变量的命名空间的方法，tf.variable_scope()和 tf.name_scope()函数都提供了命名变量管理的功能。大部分情况下，这两个函数是等价的，唯一的区别在于使用 tf.get_variable 函数时。在此将对管理命名空间的两个函数 tf.variable_scope()和 tf.name_scope()的具体区别进一步做出解释。

```
import tensorflow as tf
# 不同的命名空间
```

```
with tf.variable_scope("foo"):
    # 在命名空间 foo 下获取变量"bar",得到的变量名称为"foo/bar"
    a = tf.get_variable("bar", [1])
    print(a.name)
    # 输出:foo/bar:0
with tf.variable_scope("bar"):
    # 在命名空间 bar 下获取变量"bar",于是得到的变量名称为"bar/bar"。此时变量
    # "bar/bar"和变量"foo/bar"并不冲突,可以正常运行
    b = tf.get_variable("bar", [1])
    print(b.name)
    # bar/bar:0
# tf.Variable 和 tf.get_variable 的区别
with tf.name_scope("a"):
    # 使用 tf.Variable 函数生成变量时会受到 tf.name_scope 影响,于是这个变量的名称为"a/Variable"
    a = tf.Variable([1])
    print(a.name)
    # a/Variable: 0
    # tf.get_variable 函数不受头 tf.name_scope 函数的影响,于是变量并不在 a 这个命名空间中
    a = tf.get_variable("b", [1])
    print(a.name)
    # b:0
    # with tf.name_scope("b"):
    # 因为 tf.get_variable 不受 tf.name_scope 影响,所以这里将试图获取名称为"a"的变量。然而这个变量已经被声明了,于是这里会报重复声明的错误
    # tf.get_variable("b",[1])
#通过对变量命名空间进行管理,使用 TensorBoard 查看模型的结构时更加清晰
import tensorflow as tf
with tf.name_scope("input1"):
    input1 = tf.constant([1.0, 2.0, 3.0], name = "input2")
with tf.name_scope("input2"):
    input2 = tf.Variable(tf.random_uniform([3]), name = "input2")
output = tf.add_n([input1, input2], name = "add")
writer = tf.summary.FileWriter("log/simple_example.log", tf.get_default_graph())
writer.close()
```

TensorBoard 结果如图 13.3 所示。

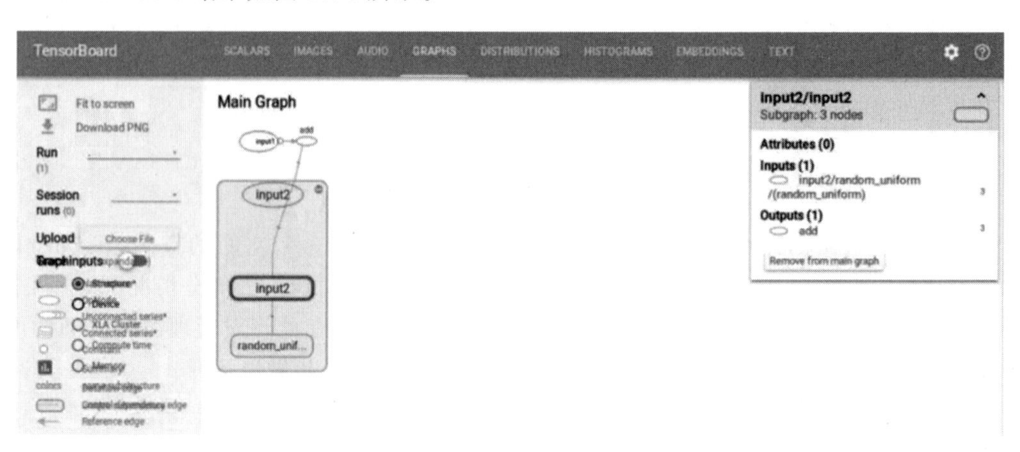

图 13.3　利用命名空间显示计算图

接下来，通过实现线性回归模型来展示 TensorBoard 的各种使用方法。使用 TensorFlow 的损失函数和反向传播来拟合直线。下面介绍在 TensorBoard 中如何监控数值型数值，和数据集的直方图，以及如何创建图像。

（1）导入必要的工具库。

```
import os
import io
import time
import numpy as np
import matplotlib.pyplot as plt
import tensorflow as tf
from tensorflow.python.framework import ops
ops.reset_default_graph()
```

（2）初始化计算图会话，创建 summary_writer 将 TensorBoard summary 写入 TensorBoard 文件夹。

```
sess = tf.Session()
summary_writer = tf.summary.FileWriter('tensorboard', sess.graph)
```

（3）确保 summary_writer 写入的 TensorBoard 文件夹存在。

```
if not os.path.exists('tensorboard'):
    os.makedirs('tensorBoard')
```

（4）设置模型参数，为模型生成线性数据集。注意，设置真实斜率 true_slope 为 2（注：迭代训练时，将随着时间变化可视化斜率，直到取到真实斜率值）。

```
batch_size = 50
generations = 100
x_data = np.arange(1000)/10.
true_slope = 2.
y_data = x_data * true_slope + np.random.normal(loc = 0.0, scale = 25, size = 1000)
```

（5）分割数据集为测试集和训练集。

```
train_ix = np.random.choice(len(x_data), size = int(len(x_data) * 0.9), replace = False)
test_ix = np.setdiff1d(np.arange(1000), train_ix)
x_data_train, y_data_train = x_data[train_ix], y_data[train_ix]
x_data_test, y_data_test = x_data[test_ix], y_data[test_ix]
```

（6）创建占位符、变量、模型操作、损失和优化器操作。

```
x_graph_input = tf.placeholder(tf.float32, [None])
y_graph_input = tf.placeholder(tf.float32, [None])
m = tf.Variable(tf.random_normal([1], dtype = tf.float32), name = 'Slope')
output = tf.multiply(m, x_graph_input, name = 'Batch_Multiplication')
residuals = output - y_graph_input
l1_loss = tf.reduce_mean(tf.abs(residuals), name = "L1_Loss")
```

```
my_optim = tf.train.GradientDescentOptimizer(0.01)
train_step = my_optim.minimize(l1_loss)
```


(7) 创建 TensorBoard 操作汇总一个标量值。该汇总的标量值为模型的斜率估计。

```
with tf.name_scope('Slope_Estimate'):
    tf.summary.scalar('Slope_Estimate', tf.squeeze(m))
```

(8) 添加到 TensorBoard 的另一个汇总数据是直方图汇总。该直方图汇总输入张量，输出曲线图和直方图。

```
with tf.name_scope('Loss_and_Residuals'):
    tf.summary.histogram('Histogram_Errors', tf.squeeze(l1_loss))
    tf.summary.histogram('Histogram_Residuals', tf.squeeze(residuals))
```

(9) 创建完这些汇总操作，创建汇总合并操作综合所有的汇总数据，然后初始化模型变量。

```
summary_op = tf.summary.merge_all()
init = tf.global_variables_initializer()
sess.run(init)
```

(10) 训练线性回归模型，将每次迭代训练写入汇总数据。

```
for i in range(generations):
    batch_indices = np.random.choice(len(x_data_train), size = batch_size)
    x_batch = x_data_train[batch_indices]
    y_batch = y_data_train[batch_indices]
    _, train_loss, summary = sess.run([train_step, l1_loss, summary_op],
                             feed_dict = {x_graph_input: x_batch,
                                          y_graph_input: y_batch})
    test_loss, test_resids = sess.run([l1_loss, residuals], feed_dict = {x_graph_input: x_data_test,
                                                                         y_graph_input: y_data_test})
    if (i + 1) % 10 == 0:
         print('Generation {} of {}. Train Loss: {:.3}, Test Loss: {:.3}.'.format(i + 1,
generations, train_loss, test_loss))
    log_writer = tf.summary.FileWriter('TensorBoard')
    log_writer.add_summary(summary, i)
    time.sleep(0.5)
```

(11) 为了可视化数据点拟合的线性回归模型，需要创建 protobuf(Google 团队开发的用于高效存储和读取结构化数据的工具)格式的图形。接下来，通过创建函数输出 protobuf 格式的图形(代码对应以下整个 gen_linear_plot()函数模块)。

```
def gen_linear_plot(slope):
    linear_prediction = x_data * slope
    plt.plot(x_data, y_data, 'b.', label = 'data')
    plt.plot(x_data, linear_prediction, 'r-', linewidth = 3, label = 'predicted line')
    plt.legend(loc = 'upper left')
```

```
    buf = io.BytesIO()
    plt.savefig(buf, format = 'png')
    buf.seek(0)
    return(buf)
```

(12) 创建并将 protobuff 格式的图形增加到 TensorBoard。

```
slope = sess.run(m)
plot_buf = gen_linear_plot(slope[0])
image = tf.image.decode_png(plot_buf.getvalue(), channels = 4)
image = tf.expand_dims(image, 0)
image_summary_op = tf.summary.image("Linear_Plot", image)
image_summary = sess.run(image_summary_op)
log_writer.add_summary(image_summary, i)
log_writer.close()
```

输出结果如下所示。

```
Running a slowed down linear regression. Run the command: $ TensorBoard -- logdir = "TensorBoard"
Then navigate to http://127.0.0.1:6006
Generation 10 of 100. Train Loss: 21.7, Test Loss: 22.6.
Generation 20 of 100. Train Loss: 21.0, Test Loss: 21.1.
Generation 30 of 100. Train Loss: 24.0, Test Loss: 20.1.
Generation 40 of 100. Train Loss: 19.0, Test Loss: 20.5.
Generation 50 of 100. Train Loss: 23.2, Test Loss: 20.0.
Generation 60 of 100. Train Loss: 23.8, Test Loss: 19.8.
Generation 70 of 100. Train Loss: 19.3, Test Loss: 20.0.
Generation 80 of 100. Train Loss: 19.2, Test Loss: 21.4.
Generation 90 of 100. Train Loss: 20.0, Test Loss: 19.7.
Generation 100 of 100. Train Loss: 26.2, Test Loss: 20.6.
```

输出结果图如图 13.4 所示。

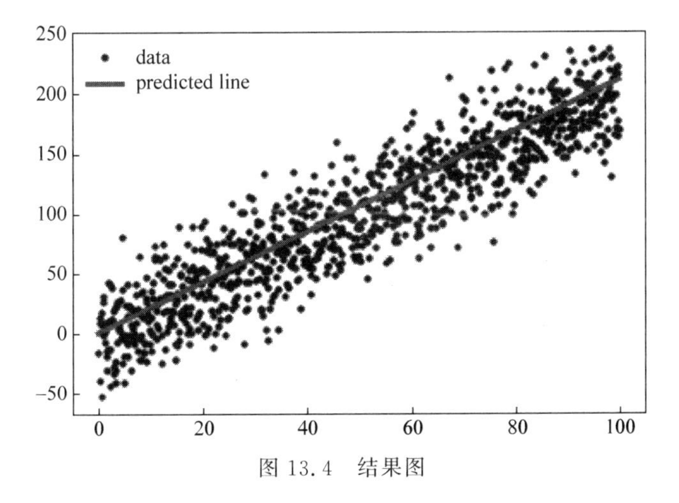

图 13.4 结果图

需要注意的是,TensorBoard 过于频繁写图形汇总会占据大量磁盘空间。例如,如果迭代训练 10 000 次的信息全都写入汇总数据,将会生成 10 000 张图片占据大量存储空间。

13.2.2 TensorBoard 节点信息

13.2.1 节介绍了如何通过 TensorBoard 可视化计算图的结构，除此之外，TensorBoard 还可以将计算图上每个节点的基本信息以及运行时消耗的时间和空间可视化，这有利于进一步有针对性地优化 TensorFlow 程序，提升程序的运行效率。使用 TensorBoard 可以非常直观地展现所有 TensorFlow 计算节点在某一次运行时所消耗的时间和内存，具体方法如下所示。

```
with tf.Session() as sess:
    tf.global_variables_initializer().run()
    for i in range(TRAINING_STEPS):
        xs, ys = mnist.train.next_batch(BATCH_SIZE)
        if i % 1000 == 0:
            # 配置运行时需要记录的信息
            run_options = tf.RunOptions(trace_level = tf.RunOptions.FULL_TRACE)
            # 运行时记录运行信息的 proto(protobuf 序列化数据结构的协议的存储文件后缀为 proto)
            run_metadata = tf.RunMetadata()
            # 将配置信息和记录运行信息的 proto 传入运行的过程，从而记录运行时每一个节点的
时间空间开销信息
            _, loss_value, step = sess.run(
                [train_op, loss, global_step], feed_dict = {x: xs, y_: ys},
                options = run_options, run_metadata = run_metadata)
            writer.add_run_metadata(run_metadata = run_metadata, tag = ("tag%d" % i), global_step = i)
            print("After %d training step(s), loss on training batch is %g." % (step, loss_value))
        else:
            _, loss_value, step = sess.run([train_op, loss, global_step], feed_dict = {x: xs, y_: ys})
```

单击如图 13.5 所示的左侧栏按钮下拉菜单，可以选择在图中显示的程序运行次数。

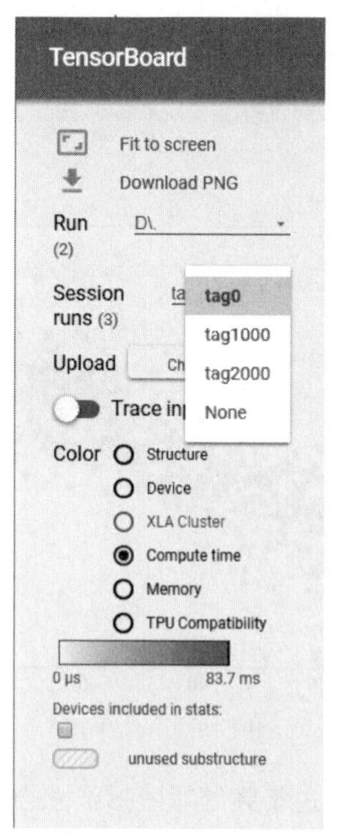

图 13.5 TensorBoard 运行记录选择界面

可以选择显示计算图的结构以及计算图中节点计算所用的时间和内存。图 13.6 和图 13.7 分别显示了计算图中节点计算所用时间和所占内存情况。

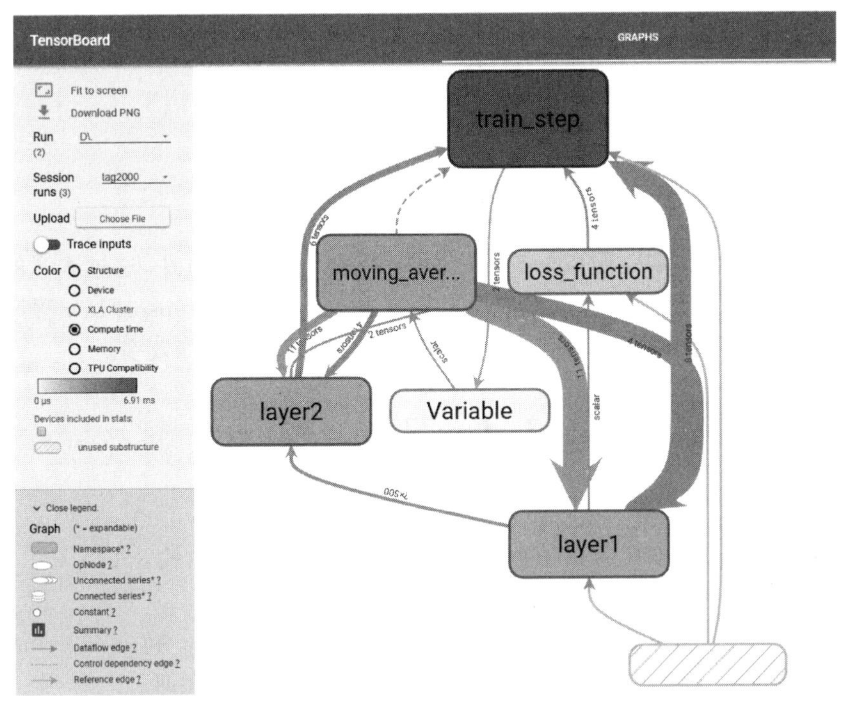

图 13.6　第 10 000 次迭代时不同计算节点时间消耗的可视化效果图

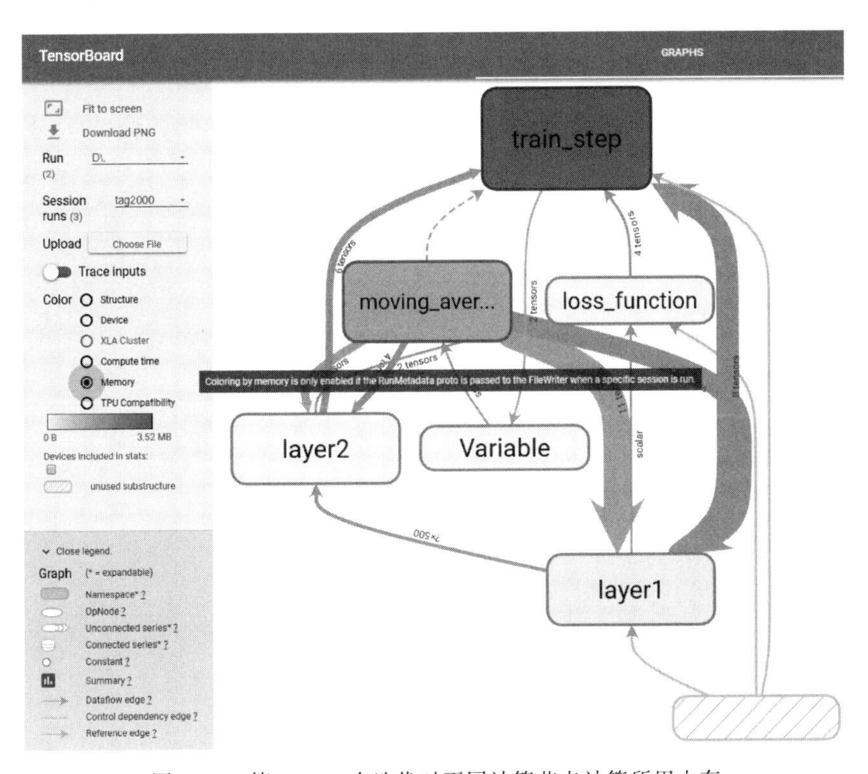

图 13.7　第 10 000 次迭代时不同计算节点计算所用内存

在 TensorBoard 界面左侧的 Color 栏中，除了 Computer time 和 Memory 外，还有 Structure 和 Device 等选项。其中，展示的可视化效果图都是使用默认的 Structure 选项。在图 13.6 和图 13.7 中，灰色的节点表示没有其他节点和它拥有相同的结构。如果有两个节点的结果相同，它们会涂上相同的颜色。Device 选项表示运算的设备，在使用 GPU 时，可以通过这种方式直观地看哪些节点被放到了哪个 GPU 上或者 CPU 上。

13.3 本章小结

在本节主要介绍了 TensorBoard 可视化的相关概念和操作方法，通过本章的学习大家可以根据 TensorFlow 程序运行过程中输出的日志文件可视化 TensorFlow 程序的运行状态，方便日后实际应用中对程序的运行进行监控和并提升故障排除效率。

13.4 习　　题

1. 填空题

（1）TensorBoard 可以通过 TensorFlow 程序运行过程中输出的________可视化 TensorFlow 程序的运行状态。

（2）TensorFlow 可视化的计算图可以将计算图中的________和________的关系可视化，还能够根据每个计算节点的________对可视化的效果图进行整理。

（3）在 TensorBoard 界面左侧的 Color 栏中，________选项表示运算的设备。

2. 思考题

简述 TensorBoard 在开发中的意义和作用。

第 14 章 TensorFlow 实现车牌识别

本章学习目标

- 掌握通过 TensorFlow 实现项目化的卷积神经网络方法；
- 掌握实际应用中 TensorFlow 的封装技巧；
- 掌握通过 TensorFlow 实现车牌识别的方法。

近年来，汽车车牌识别(License Plate Recognition)越来越受到人们的重视，特别是在智能交通系统中，汽车牌照识别发挥了巨大的作用。车牌识别属于较为常见的图像识别的任务，目前在该领域的应用也相对成熟。汽车牌照的自动识别技术是把处理图像的方法与计算机的软件技术相连接，以准确识别出车牌牌照的字符为目的，将识别出的数据传送至交通实时管理系统，以最终实现交通监管的功能。通过本章学习希望大家可以提升在图像识别方面的工程经验，这有助于理解计算机视觉的一般过程：图像→预处理→图像分析→目标提取→目标识别。

14.1 项目简介

本项目主要目的通过 TensorFlow 实现端到端车牌识别，并非完整的车牌识别技术(完整的车牌识别过程实际上包含了车牌的识别和车牌字符的识别两个过程)，所以本章只讨论对车牌字符的识别，不考虑车牌的定位和图像分割等因素。

之前章节中介绍的项目都是通过构建模型对现成的数据进行学习。但实际应用中并不会总有现成的数据来进行模型的训练。巧妇难为无米之炊，仅仅只会构建神经网络模型显然无法充分运用 TesnorFlow 解决实际问题。因此，本章所介绍的项目同时包含了创建数据的步骤。

本章通过 OpenCV 生成车牌作为训练数据集(基于 BSD 许可发行的开源跨平台计算机视觉库，可以运行在 Linux、Windows、Android 和 Mac OS 操作系统上)。涉及的图片处理操作通过 Python Imaging Library(简称 PIL)实现。PIL 是 Python 中常用的图像处理工具库，由于 PIL 仅支持 Python 2.6 以下版本，本书所使用的 PIL 为志愿者在原 PIL 的基础上创建的兼容的版本，名称为 Pillow。该工具库支持最新的 Python 3.x，并加入了许多新特性。Pillow 是 PIL 的一个友好分支，它提供了广泛的文件格式支持和图像处理能力，主要包括图像储存、图像显示、格式转换和基本的图像处理操作等。

可以直接在 Anaconda 中安装或更新 OpenCV 以及 Pillow。

14.2 生成训练数据集

任何模型的训练都离不开训练数据集，在车牌识别任务中，大多使用已经被提前标注好的数据集作为训练数据，本节模拟实际应用中更常见的无现成训练数据集的情况，通过批量生成车牌的方式来组建训练数据集。本项目所使用的数据集来自一个开源的车牌生成器，生成的车牌基本都经过了倾斜、加噪等处理。具体方法如下所示。

（1）首先加载相关工具库。

```
import PIL
from PIL import ImageFont
from PIL import Image
from PIL import ImageDraw
import cv2;
import numpy as np;
import os;
from math import *
```

（2）车牌中包括省份简称、大写英文字母和数字，在此先定义需要的字符和字典，方便后面使用。

```
index = {"京": 0, "沪": 1, "津": 2, "渝": 3, "冀": 4, "晋": 5, "蒙": 6, "辽": 7, "吉": 8,
"黑": 9, "苏": 10, "浙": 11, "皖": 12,
          "闽": 13, "赣": 14, "鲁": 15, "豫": 16, "鄂": 17, "湘": 18, "粤": 19, "桂": 20,
"琼": 21, "川": 22, "贵": 23, "云": 24,
          "藏": 25, "陕": 26, "甘": 27, "青": 28, "宁": 29, "新": 30, "0": 31, "1": 32, "2":
33, "3": 34, "4": 35, "5": 36,
          "6": 37, "7": 38, "8": 39, "9": 40, "A": 41, "B": 42, "C": 43, "D": 44, "E": 45, "F":
46, "G": 47, "H": 48,
          "J": 49, "K": 50, "L": 51, "M": 52, "N": 53, "P": 54, "Q": 55, "R": 56, "S": 57, "T":
58, "U": 59, "V": 60,
          "W": 61, "X": 62, "Y": 63, "Z": 64};

chars = ["京", "沪", "津", "渝", "冀", "晋", "蒙", "辽", "吉", "黑", "苏", "浙", "皖", "闽",
"赣", "鲁", "豫", "鄂", "湘", "粤", "桂",
              "琼", "川", "贵", "云", "藏", "陕", "甘", "青", "宁", "新", "0", "1", "2", "3",
"4", "5", "6", "7", "8", "9", "A",
              "B", "C", "D", "E", "F", "G", "H", "J", "K", "L", "M", "N", "P", "Q", "R", "S",
"T", "U", "V", "W", "X",
              "Y", "Z"
              ];
```

（3）生成车牌中所包含的中文和英文字符。

```
def GenCh(f,val):
    # 生成中文字符
    img = Image.new("RGB", (45,70),(255,255,255))
```

```
    draw = ImageDraw.Draw(img)
    draw.text((0, 3),val,(0,0,0),font = f)
    img = img.resize((23,70))
    A = np.array(img)
    return A

def GenCh1(f,val):
    # 生成英文字符
    img = Image.new("RGB", (23,70),(255,255,255))
    draw = ImageDraw.Draw(img)
    draw.text((0, 2),val.decode('utf-8'),(0,0,0),font = f)
    A = np.array(img)
    return A
```

(4) 对图片进行模糊处理,添加畸变变换和噪音。在图像处理中,经常出现因为镜头角度等原因造成的图像倾斜或变形,为了方便后续处理,往往需要对图像进行矫正。常见的矫正变换有两种类型:仿射变换(Affine Transformation)和透视变换(Perspective Transformation)。

仿射变换是一种基于二维坐标空间的线性变换,变换后的图像仍然具有原图的部分特征,它保留了原图的"平直性"和"平行性"。该变换常用于图像翻转(Flip)、旋转(Rotations)、平移(Translations)、缩放(Scale operations)等。

在处理图像变形问题时,仿射变换往往并不能有效地进行矫正,例如,矩形区域变成梯形的情况。此时,就需要用透视变换对图像进行矫正。透视变换,也称作投影映射(Projective Mapping),是基于三维空间的非线性变换。即通过一个 3×3 的变换矩阵将原图投影到一个新的视平面,在视觉上的直观表现就是产生或消除了远近感。有关上述两种变换的代码应用可以参考 OpenCV 官方文档。

除了以上图形矫正外,本项目还添加了饱和度光照的噪声、自然环境的噪声、高斯模糊和高斯噪声等加噪操作。

```
def AddSmudginess(img, Smu):
    rows = r(Smu.shape[0] - 50)
    cols = r(Smu.shape[1] - 50)
    adder = Smu[rows:rows + 50, cols:cols + 50];
    adder = cv2.resize(adder, (50, 50));
    img = cv2.resize(img,(50,50))
    img = cv2.bitwise_not(img)
    img = cv2.bitwise_and(adder, img)
    img = cv2.bitwise_not(img)
    return img

def rot(img,angel,shape,max_angel):
    # 添加仿射变。img 表示输入图像,factor 表示畸变的参数,size 表示图片的目标尺寸
    size_o = [shape[1],shape[0]]
    size = (shape[1] + int(shape[0] * cos((float(max_angel )/180) * 3.14)),shape[0])
    interval = abs( int( sin((float(angel) /180) * 3.14) * shape[0]));
    pts1 = np.float32([[0,0],[0,size_o[1]],[size_o[0],0],[size_o[0],size_o[1]]])
```

```
    if(angel > 0):
        pts2 = np.float32([[interval,0],[0,size[1] ],[size[0],0 ],[size[0] - interval,size_o[1]]])
    else:
        pts2 = np.float32([[0,0],[interval,size[1] ],[size[0] - interval,0 ],[size[0],size_o[1]]])
    M = cv2.getPerspectiveTransform(pts1,pts2);
    dst = cv2.warpPerspective(img,M,size);
    return dst

def rotRandrom(img, factor, size):
    # 添加透视变换
    shape = size;
    pts1 = np.float32([[0, 0], [0, shape[0]], [shape[1], 0], [shape[1], shape[0]]])
    pts2 = np.float32([[r(factor), r(factor)], [ r(factor), shape[0] - r(factor)], [shape
[1] - r(factor), r(factor)],
                                                [shape[1] - r(factor), shape[0] - r(factor)]])
    M = cv2.getPerspectiveTransform(pts1, pts2);
    dst = cv2.warpPerspective(img, M, size);
    return dst

def tfactor(img):
    # 添加饱和度光照的噪声
    hsv = cv2.cvtColor(img,cv2.COLOR_BGR2HSV);
    hsv[:,:,0] = hsv[:,:,0] * (0.8 + np.random.random() * 0.2);
    hsv[:,:,1] = hsv[:,:,1] * (0.3 + np.random.random() * 0.7);
    hsv[:,:,2] = hsv[:,:,2] * (0.2 + np.random.random() * 0.8);

    img = cv2.cvtColor(hsv,cv2.COLOR_HSV2BGR);
    return img
def random_envirment(img,data_set):
    # 添加自然环境的噪声
    index = r(len(data_set))
    env = cv2.imread(data_set[index])
    env = cv2.resize(env,(img.shape[1],img.shape[0]))
    bak = (img == 0);
    bak = bak.astype(np.uint8) * 255;
    inv = cv2.bitwise_and(bak,env)
    img = cv2.bitwise_or(inv,img)
    return img

def AddGauss(img, level):
    # 添加高斯模糊
    return cv2.blur(img, (level * 2 + 1, level * 2 + 1));

def r(val):
    return int(np.random.random() * val)

def AddNoiseSingleChannel(single):
    # 添加高斯噪声
    diff = 255 - single.max();
```

```
    noise = np.random.normal(0,1 + r(6),single.shape);
    noise = (noise - noise.min())/(noise.max() - noise.min())
    noise = diff * noise;
    noise = noise.astype(np.uint8)
    dst = single + noise
    return dst

def addNoise(img,sdev = 0.5,avg = 10):
    img[:,:,0] = AddNoiseSingleChannel(img[:,:,0]);
    img[:,:,1] = AddNoiseSingleChannel(img[:,:,1]);
    img[:,:,2] = AddNoiseSingleChannel(img[:,:,2]);
    return img
```

(5) 为车牌号码添加背景图片构成完整的"车牌"。生成车牌字符串 list 和 label,并以图片的形式保存,批量生成车牌。

```
class GenPlate:
    def __init__(self,fontCh,fontEng,NoPlates):
        self.fontC = ImageFont.truetype(fontCh,43,0);
        self.fontE = ImageFont.truetype(fontEng,60,0);
        self.img = np.array(Image.new("RGB", (226,70),(255,255,255)))
        self.bg = cv2.resize(cv2.imread("./images
                  /template.bmp"),(226,70));
        self.smu = cv2.imread("./images/smu2.jpg");
        self.noplates_path = [];
        for parent,parent_folder,filenames in os.walk(NoPlates):
            for filename in filenames:
                path = parent + "/" + filename;
                self.noplates_path.append(path);
    def draw(self,val):
        offset = 2 ;
        self.img[0:70,offset + 8:offset + 8 + 23] = GenCh(self.fontC,val[0]);
        self.img[0:70,offset + 8 + 23 + 6:offset + 8 + 23 + 6 + 23] = GenCh1(self.fontE,val[1]);
        for i in range(5):
            base = offset + 8 + 23 + 6 + 23 + 17 + i * 23 + i * 6 ;
            self.img[0:70, base : base + 23] = GenCh1(self.fontE,val[i + 2]);
        return self.img
    def generate(self,text):
        if len(text) == 7:
            fg = self.draw(text.encode('utf - 8').decode(encoding = "utf - 8"));
            fg = cv2.bitwise_not(fg);
            com = cv2.bitwise_or(fg,self.bg);
            com = rot(com,r(60) - 30,com.shape,30);
            com = rotRandrom(com,10,(com.shape[1],com.shape[0]));
            com = tfactor(com)
            com = random_envirment(com,self.noplates_path);
            com = AddGauss(com, 1 + r(4));
            com = addNoise(com);
            return com
```

```
    def genPlateString(self,pos,val):
        # 生成车牌 string,将其以图片形式保存
        plateStr = "";
        box = [0,0,0,0,0,0,0];
        if(pos!= -1):
            box[pos] = 1;
        for unit,cpos in zip(box,range(len(box))):
            if unit == 1:
                plateStr += val
            else:
                if cpos == 0:
                    plateStr += chars[r(31)]
                elif cpos == 1:
                    plateStr += chars[41 + r(24)]
                else:
                    plateStr += chars[31 + r(34)]
        return plateStr;
    # 将生成的车牌图片写入文件夹
    def genBatch(self, batchSize,pos,charRange, outputPath,size):
        if (not os.path.exists(outputPath)):
            os.mkdir(outputPath)
        for i in range(batchSize):
                plateStr = G.genPlateString(-1, -1)
                img = G.generate(plateStr);
                img = cv2.resize(img,size);
                cv2.imwrite(outputPath + "/" + str(i).zfill(2) + ".jpg", img);
G = GenPlate("./font/platech.ttf",'./font/platechar.ttf',"./NoPlates")
G.genBatch(15,2,range(31,65),"./plate",(272,72))
#在每次其他模块运行时,若导入该库,则刷新该函数
```

所生成的车牌如图 14.1 所示。

图 14.1　生成的车牌

14.3　数据读取

在 14.2 节中已经实现了生成车牌的功能，接下来，通过本节的数据读取模块将生成的车牌跳过保存到本地的步骤，直接读入数据训练，这样避免了训练数据集占用过多的磁盘空

间。具体方法如下所示。

(1) 加载相关工具库。

```
import numpy as np
import cv2
from genplate import *
```

(2) 生成用于训练的数据。

```
class OCRIter():
    def __init__(self,batch_size,height,width):
        super(OCRIter, self).__init__()
        self.genplate = GenPlate("./font/platech.ttf",
                                  './font/platechar.ttf','./NoPlates')
        self.batch_size = batch_size
        self.height = height
        self.width = width
        #print("make plate data")
    #通过 iter()函数创建迭代器
    def iter(self):
        data = []
        label = []
        for i in range(self.batch_size):
            num, img = gen_sample(self.genplate, self.width, self.height)
            data.append(img)
            label.append(num)
        data_all = data
        label_all = label
        return data_all,label_all
def rand_range(lo,hi):
    return lo+r(hi-lo);
def gen_rand():
    name = ""
    label=[]
    label.append(rand_range(0,31))          #产生车牌开头 32 个省的标签
    label.append(rand_range(41,65))         #产生车牌第二个字母的标签
    for i in range(5):
        label.append(rand_range(31,65))     #产生车牌后续 5 个字母的标签
    name+=chars[label[0]]
    name+=chars[label[1]]
    for i in range(5):
        name+=chars[label[i+2]]
    return name,label

def gen_sample(genplate, width, height):
    num,label =gen_rand()
    img = genplate.generate(num)
    img = cv2.resize(img,(width,height))
    img = np.multiply(img,1/255.0)
    return label,img                        #返回的 label 为标签,img 为深度为 3 的图像像素
```

14.4 构建神经网络模型

本节介绍构建用于车牌识别的 CNN 网络模型的方法。

(1) 加载相关工具库。

```
import tensorflow as tf
import numpy as np
```

(2) 定义 inference 函数。为各层神经网络指定规格。

```
def inference (images,keep_prob):
    # 第 1 层卷积层
    with tf.variable_scope('conv1') as scope:
        weights = tf.get_variable('weights',
                                  shape = [3,3,3,32],
                                  dtype = tf.float32,

initializer = tf.truncated_normal_initializer(stddev = 0.1,dtype = tf.float32))
        conv = tf.nn.conv2d(images,weights,strides = [1,1,1,1],padding = 'VALID')
        biases = tf.get_variable('biases',
                                 shape = [32],
                                 dtype = tf.float32,
                                 initializer = tf.constant_initializer(0.1))
        pre_activation = tf.nn.bias_add(conv,biases)
        conv1 = tf.nn.relu(pre_activation,name = scope.name)

    # 第 2 层卷积层
    with tf.variable_scope('conv2') as scope:
        weights = tf.get_variable('weights',shape = [3,3,32,32],dtype = tf.float32,
initializer = tf.truncated_normal_initializer(stddev = 0.1,dtype = tf.float32))
        conv = tf.nn.conv2d(conv1,weights,strides = [1,1,1,1],padding = 'VALID')
        biases = tf.get_variable('biases',
                                 shape = [32],
                                 dtype = tf.float32,
                                 initializer = tf.constant_initializer(0.1))
        pre_activation = tf.nn.bias_add(conv,biases)
        conv2 = tf.nn.relu(pre_activation,name = scope.name)
    # 池化层 1,进行最大池化操作
    with tf.variable_scope('max_pooling1') as scope:
        pool1 = tf.nn.max_pool(conv2,ksize = [1,2,2,1],strides = [1,2,2,1],padding = 'VALID',
name = 'pooling1')

    # 第 3 层卷积层
    with tf.variable_scope('conv3') as scope:
        weights = tf.get_variable('weights',shape = [3,3,32,64],dtype = tf.float32,
initializer = tf.truncated_normal_initializer(stddev = 0.1,dtype = tf.float32))
        conv = tf.nn.conv2d(pool1,weights,strides = [1,1,1,1],padding = 'VALID')
```

```
        biases = tf.get_variable('biases',shape = [64],dtype = tf.float32,initializer= tf.
constant_initializer(0.1))
        pre_activation = tf.nn.bias_add(conv,biases)
        conv3 = tf.nn.relu(pre_activation,name = scope.name)

    # 第 4 层卷积层
    with tf.variable_scope('conv4') as scope:
        weights = tf.get_variable('weights',shape = [3,3,64,64],dtype = tf.float32,
initializer = tf.truncated_normal_initializer(stddev = 0.1,dtype = tf.float32))
        conv = tf.nn.conv2d(conv3,weights,strides = [1,1,1,1],padding = 'VALID')
        biases = tf.get_variable('biases',shape = [64],dtype = tf.float32,initializer = tf.
constant_initializer(0.1))
        pre_activation = tf.nn.bias_add(conv,biases)
        conv4 = tf.nn.relu(pre_activation,name = scope.name)
    # 池化层 2,进行最大池化操作
    with tf.variable_scope('max_pooling2') as scope:
        pool2 = tf.nn.max_pool(conv4,ksize = [1,2,2,1],strides = [1,2,2,1],padding = 'VALID',
name = 'pooling2')

    # 第 5 层卷积层
    with tf.variable_scope('conv5') as scope:
        weights = tf.get_variable('weights',shape = [3,3,64,128],dtype = tf.float32,
initializer = tf.truncated_normal_initializer(stddev = 0.1,dtype = tf.float32))
        conv = tf.nn.conv2d(pool2,weights,strides = [1,1,1,1],padding = 'VALID')
        biases = tf.get_variable('biases',shape = [128],dtype = tf.float32,initializer = tf.
constant_initializer(0.1))
        pre_activation = tf.nn.bias_add(conv,biases)
        conv5 = tf.nn.relu(pre_activation,name = scope.name)

    # 第 6 层卷积层
    with tf.variable_scope('conv6') as scope:
        weights = tf.get_variable('weights',shape = [3,3,128,128],dtype = tf.float32,
initializer = tf.truncated_normal_initializer(stddev = 0.1,dtype = tf.float32))
        conv = tf.nn.conv2d(conv5,weights,strides = [1,1,1,1],padding = 'VALID')
        biases = tf.get_variable('biases',shape = [128],dtype = tf.float32,initializer = tf.
constant_initializer(0.1))
        pre_activation = tf.nn.bias_add(conv,biases)
        conv6 = tf.nn.relu(pre_activation,name = scope.name)

    # 池化层 3,进行最大池化操作
    with tf.variable_scope('max_pool3') as scope:
        pool3 = tf.nn.max_pool(conv6,ksize = [1,2,2,1],strides = [1,2,2,1],padding = 'VALID',
name = 'pool3')
    with tf.variable_scope('fc1') as scope:
        shp = pool3.get_shape()
        flattened_shape = shp[1].value * shp[2].value * shp[3].value
        reshape = tf.reshape(pool3,[ - 1,flattened_shape])
        fc1 = tf.nn.dropout(reshape,keep_prob,name = 'fc1_dropdot')

    with tf.variable_scope('fc21') as scope:
```

```
        weights = tf.get_variable('weights',
                                  shape = [flattened_shape,65],
                                  dtype = tf.float32,
    initializer = tf.truncated_normal_initializer(stddev = 0.005,dtype = tf.float32))

        biases = tf.get_variable('biases',
                                 shape = [65],
                                 dtype = tf.float32,
                                 initializer = tf.truncated_normal_initializer(0.1)
                                 )
        fc21 = tf.matmul(fc1,weights) + biases
    with tf.variable_scope('fc22') as scope:
        weights = tf.get_variable('weights',
                                  shape = [flattened_shape,65],
                                  dtype = tf.float32,
                                  initializer = tf.truncated_normal_initializer(stddev = 0.005,
dtype = tf.float32))

        biases = tf.get_variable('biases',
                                 shape = [65],
                                 dtype = tf.float32,
                                 initializer = tf.truncated_normal_initializer(0.1)
                                 )
        fc22 = tf.matmul(fc1,weights) + biases
    with tf.variable_scope('fc23') as scope:
        weights = tf.get_variable('weights',
                                  shape = [flattened_shape,65],
                                  dtype = tf.float32,
                                  initializer = tf.truncated_normal_initializer(stddev = 0.005,
dtype = tf.float32))

        biases = tf.get_variable('biases',
                                 shape = [65],
                                 dtype = tf.float32,
                                 initializer = tf.truncated_normal_initializer(0.1)
                                 )
        fc23 = tf.matmul(fc1,weights) + biases
    with tf.variable_scope('fc24') as scope:
        weights = tf.get_variable('weights',
                                  shape = [flattened_shape,65],
                                  dtype = tf.float32,
                                  initializer = tf.truncated_normal_initializer(stddev = 0.005,
dtype = tf.float32))

        biases = tf.get_variable('biases',
                                 shape = [65],
                                 dtype = tf.float32,
                                 initializer = tf.truncated_normal_initializer(0.1)
                                 )
        fc24 = tf.matmul(fc1,weights) + biases
```

```
    with tf.variable_scope('fc25') as scope:
        weights = tf.get_variable('weights',
                                  shape = [flattened_shape,65],
                                  dtype = tf.float32,
                                  initializer = tf.truncated_normal_initializer(stddev = 0.005,
dtype = tf.float32))

        biases = tf.get_variable('biases',
                                 shape = [65],
                                 dtype = tf.float32,
                                 initializer = tf.truncated_normal_initializer(0.1)
                                 )
        fc25 = tf.matmul(fc1,weights) + biases
    with tf.variable_scope('fc26') as scope:
        weights = tf.get_variable('weights',
                                  shape = [flattened_shape,65],
                                  dtype = tf.float32,
                                  initializer = tf.truncated_normal_initializer(stddev = 0.005,
dtype = tf.float32))

        biases = tf.get_variable('biases',
                                 shape = [65],
                                 dtype = tf.float32,
                                 initializer = tf.truncated_normal_initializer(0.1)
                                 )
        fc26 = tf.matmul(fc1,weights) + biases
    with tf.variable_scope('fc27') as scope:
        weights = tf.get_variable('weights',
                                  shape = [flattened_shape,65],
                                  dtype = tf.float32,
                                  initializer = tf.truncated_normal_initializer(stddev = 0.005,
dtype = tf.float32))

        biases = tf.get_variable('biases',
                                 shape = [65],
                                 dtype = tf.float32,
                                 initializer = tf.truncated_normal_initializer(0.1)
                                 )
        fc27 = tf.matmul(fc1,weights) + biases

    return fc21,fc22,fc23,fc24,fc25,fc26,fc27 # shape = [7,batch_size,65]
```

(3) 定义各网络层的损失函数，共有 7 个神经网络层，每层卷积层的损失函数为 Softmax 交叉熵损失函数。

```
def losses(logits1,logits2,logits3,logits4,logits5,logits6,logits7,labels):
    labels = tf.convert_to_tensor(labels,tf.int32)

    with tf.variable_scope('loss1') as scope:
```

```
        cross_entropy = tf.nn.sparse_softmax_cross_entropy_with_logits(logits = logits1,
labels = labels[:,0], name = 'xentropy_per_example')
        loss1 = tf.reduce_mean(cross_entropy, name = 'loss1')
        tf.summary.scalar(scope.name + '/loss1', loss1)

    with tf.variable_scope('loss2') as scope:
        cross_entropy = tf.nn.sparse_softmax_cross_entropy_with_logits(logits = logits2,
labels = labels[:,1], name = 'xentropy_per_example')
        loss2 = tf.reduce_mean(cross_entropy, name = 'loss2')
        tf.summary.scalar(scope.name + '/loss2', loss2)

    with tf.variable_scope('loss3') as scope:
        cross_entropy = tf.nn.sparse_softmax_cross_entropy_with_logits(logits = logits3,
labels = labels[:,2], name = 'xentropy_per_example')
        loss3 = tf.reduce_mean(cross_entropy, name = 'loss3')
        tf.summary.scalar(scope.name + '/loss3', loss3)

    with tf.variable_scope('loss4') as scope:
        cross_entropy = tf.nn.sparse_softmax_cross_entropy_with_logits(logits = logits4,
labels = labels[:,3], name = 'xentropy_per_example')
        loss4 = tf.reduce_mean(cross_entropy, name = 'loss4')
        tf.summary.scalar(scope.name + '/loss4', loss4)

    with tf.variable_scope('loss5') as scope:
        cross_entropy = tf.nn.sparse_softmax_cross_entropy_with_logits(logits = logits5,
labels = labels[:,4], name = 'xentropy_per_example')
        loss5 = tf.reduce_mean(cross_entropy, name = 'loss5')
        tf.summary.scalar(scope.name + '/loss5', loss5)

    with tf.variable_scope('loss6') as scope:
        cross_entropy = tf.nn.sparse_softmax_cross_entropy_with_logits(logits = logits6,
labels = labels[:,5], name = 'xentropy_per_example')
        loss6 = tf.reduce_mean(cross_entropy, name = 'loss6')
        tf.summary.scalar(scope.name + '/loss6', loss6)

    with tf.variable_scope('loss7') as scope:
        cross_entropy = tf.nn.sparse_softmax_cross_entropy_with_logits(logits = logits7,
labels = labels[:,6], name = 'xentropy_per_example')
        loss7 = tf.reduce_mean(cross_entropy, name = 'loss7')
        tf.summary.scalar(scope.name + '/loss7', loss7)

    return loss1,loss2,loss3,loss4,loss5,loss6,loss7
```

(4) 定义 trainning()操作。

```
def trainning( loss1,loss2,loss3,loss4,loss5,loss6,loss7, learning_rate):
    with tf.name_scope('optimizer1'):
        optimizer1 = tf.train.AdamOptimizer(learning_rate = learning_rate)
        global_step = tf.Variable(0, name = 'global_step', trainable = False)
```

```
        train_op1 = optimizer1.minimize(loss1, global_step= global_step)
    with tf.name_scope('optimizer2'):
        optimizer2 = tf.train.AdamOptimizer(learning_rate= learning_rate)
        global_step = tf.Variable(0, name='global_step', trainable=False)
        train_op2 = optimizer2.minimize(loss2, global_step= global_step)
    with tf.name_scope('optimizer3'):
        optimizer3 = tf.train.AdamOptimizer(learning_rate= learning_rate)
        global_step = tf.Variable(0, name='global_step', trainable=False)
        train_op3 = optimizer3.minimize(loss3, global_step= global_step)
    with tf.name_scope('optimizer4'):
        optimizer4 = tf.train.AdamOptimizer(learning_rate= learning_rate)
        global_step = tf.Variable(0, name='global_step', trainable=False)
        train_op4 = optimizer4.minimize(loss4, global_step= global_step)
    with tf.name_scope('optimizer5'):
        optimizer5 = tf.train.AdamOptimizer(learning_rate= learning_rate)
        global_step = tf.Variable(0, name='global_step', trainable=False)
        train_op5 = optimizer5.minimize(loss5, global_step= global_step)
    with tf.name_scope('optimizer6'):
        optimizer6 = tf.train.AdamOptimizer(learning_rate= learning_rate)
        global_step = tf.Variable(0, name='global_step', trainable=False)
        train_op6 = optimizer6.minimize(loss6, global_step= global_step)
    with tf.name_scope('optimizer7'):
        optimizer7 = tf.train.AdamOptimizer(learning_rate= learning_rate)
        global_step = tf.Variable(0, name='global_step', trainable=False)
        train_op7 = optimizer7.minimize(loss7, global_step= global_step)
    return train_op1,train_op2,train_op3,train_op4,train_op5,train_op6,train_op7
```

(5) 定义 evaluation()操作,返回网络的预测准确度。

```
def evaluation(logits1,logits2,logits3,logits4,logits5,logits6,logits7,labels):
    logits_all = tf.concat([logits1,logits2,logits3,logits4,logits5,logits6,logits7],0)
    labels = tf.convert_to_tensor(labels,tf.int32)
    labels_all = tf.reshape(tf.transpose(labels),[-1])
    with tf.variable_scope('accuracy') as scope:
        correct = tf.nn.in_top_k(logits_all, labels_all, 1)
        correct = tf.cast(correct, tf.float16)
        accuracy = tf.reduce_mean(correct)
        tf.summary.scalar(scope.name+'/accuracy', accuracy)
    return accuracy
```

14.5 开始模型训练

(1) 加载相关工具库。

```
import os
import numpy as np
import tensorflow as tf
```

```
from input_data import OCRIter
import model
import time
import datetime
tf.reset_default_graph()        # 清除默认图形堆栈并重置全局默认图形
```

(2) 设置模型相关参数。这些参数可以根据实际需求做出轻微调整。

```
img_w = 272
img_h = 72
num_label = 7
batch_size = 8
count = 30000
learning_rate = 0.0001
#默认参数[N,H,W,C]
image_holder = tf.placeholder(tf.float32,[batch_size,img_h,img_w,3])
label_holder = tf.placeholder(tf.int32,[batch_size,7])
keep_prob = tf.placeholder(tf.float32)
```

(3) 定义数据和模型的文件夹和文件名。

```
logs_train_dir =
(r'C:\Users\Harry\Desktop\Licence_plate_recognize\Licence_plate_recognize\train_result')
```

(4) 定义获取 batch 操作。

```
def get_batch():
    data_batch = OCRIter(batch_size,img_h,img_w)
    image_batch,label_batch = data_batch.iter()

    image_batch1 = np.array(image_batch)
    label_batch1 = np.array(label_batch)
    return image_batch1,label_batch1
```

(5) 从前面章节创建的工具库中加载相关数据。

```
train_logits1,train_logits2,train_logits3,train_logits4,train_logits5,train_logits6,train_
logits7 = model.inference(image_holder,keep_prob)

train_loss1,train_loss2,train_loss3,train_loss4,train_loss5,train_loss6,train_loss7 =
model.losses(train_logits1,train_logits2,train_logits3,train_logits4,train_logits5,train_
logits6,train_logits7,label_holder)
train_op1,train_op2,train_op3,train_op4,train_op5,train_op6,train_op7 = model.trainning
(train_loss1,train_loss2,train_loss3,train_loss4,train_loss5,train_loss6,train_loss7,
learning_rate)
train_acc = model.evaluation(train_logits1,train_logits2,train_logits3,train_logits4,
train_logits5,train_logits6,train_logits7,label_holder)
```

(6) 通过 tf.summary.image()函数将计算图中的图像数据写入 TensorFlow 中的日志

文件，以便为将来 TensorBoard 的可视化做准备。该函数输出一个包含图像的 summary，这个图像是通过一个四维张量构建的，4 个维度分别为 batch_size、height、width 和 channels。其中参数 channels 有 3 种取值：如果为 1，那么这个张量被解释为灰度图像；如果为 3，那么这个张量被解释为 RGB 彩色图像；如果为 4，那么这个张量被解释为 RGBA 四通道图像。需要注意的是，输入给 tf.summary.image 函数的所有图像必须规格一致（长、宽、通道、数据类型），并且数据类型必须为 uint8，即所有的像素值在[0,255]范围内。

```
input_image = tf.summary.image('input',image_holder)
summary_op = tf.summary.merge(tf.get_collection(tf.GraphKeys.SUMMARIES))
```

（7）创建计算图并开始训练模型。

```
sess = tf.Session()
train_writer = tf.summary.FileWriter(logs_train_dir,sess.graph)
saver = tf.train.Saver()
sess.run(tf.global_variables_initializer())
start_time1 = time.time()
for step in range(count):
    x_batch,y_batch = get_batch()
    start_time2 = time.time()
    time_str = datetime.datetime.now().isoformat()
    feed_dict = {image_holder:x_batch,label_holder:y_batch,keep_prob:0.5}
    _,_,_,_,_,_,_,tra_loss1,tra_loss2,tra_loss3,tra_loss4,tra_loss5,tra_loss6,tra_loss7,
acc,summary_str= sess.run([train_op1,train_op2,train_op3,train_op4,train_op5,train_op6,
train_op7,train_loss1,train_loss2,train_loss3,train_loss4,train_loss5,train_loss6,train_
loss7,train_acc,summary_op],feed_dict)
    train_writer.add_summary(summary_str,step)
    duration = time.time() - start_time2
    tra_all_loss = tra_loss1 + tra_loss2 + tra_loss3 + tra_loss4 + tra_loss5 + tra_loss6 + tra_loss7
    if step % 10 == 0:
        sec_per_batch = float(duration)
        print('%s : Step %d,train_loss = %.2f,acc= %.2f,sec/batch= %.3f' % (time_str,
step,tra_all_loss,acc,sec_per_batch))

    if step % 10000 == 0 or (step + 1) == count:
        checkpoint_path = os.path.join(logs_train_dir,'model.ckpt')
        saver = tf.train.Saver()
        saver.save(sess,checkpoint_path,global_step = step)
sess.close()
print(time.time() - start_time1)
```

通过占位符读入数据，每产生一个 batch，就将其导入进行一次训练。输出结果如下所示（由于训练耗时较长，输出结果较多，此处仅展示临近训练结束时的输出结果）。

```
2019-05-30T21:36:27.814052 : Step 10010,train_loss = 3.62,acc= 0.84,sec/batch= 3.800
2019-05-30T21:37:14.963750 : Step 10020,train_loss = 7.12,acc= 0.79,sec/batch= 4.821
2019-05-30T21:38:01.633540 : Step 10030,train_loss = 5.48,acc= 0.80,sec/batch= 4.864
```

```
2019-05-30T21:38:45.792291 : Step 10040,train_loss = 2.32,acc= 0.89,sec/batch=4.042
2019-05-30T21:39:32.832208 : Step 10050,train_loss = 3.95,acc= 0.88,sec/batch=5.985
2019-05-30T21:40:23.714506 : Step 10060,train_loss = 2.99,acc= 0.88,sec/batch=3.869
2019-05-30T21:41:07.477334 : Step 10070,train_loss = 2.57,acc= 0.89,sec/batch=3.882
2019-05-30T21:41:49.965289 : Step 10080,train_loss = 4.83,acc= 0.80,sec/batch=4.467
2019-05-30T21:42:39.940099 : Step 10090,train_loss = 1.92,acc= 0.95,sec/batch=4.114
2019-05-30T21:43:26.863647 : Step 10100,train_loss = 4.30,acc= 0.84,sec/batch=4.425
```

14.6 测试模型准确度

在图像识别 CNN 训练完成后，可以通过生成训练数据集模块生成“车牌”图片，然后通过训练好的神经网络识别该图片中的信息。为了验证模型的有效性，有必要对训练好的模型进行测试，检测其准确度。具体方法如下所示。

（1）首先，加载相关工具库。

```
import tensorflow as tf
import numpy as np
import os
from PIL import Image
import cv2
import matplotlib.pyplot as plt
import model
import genplate
tf.reset_default_graph()        #清除默认图形堆栈并重置全局默认图形
```

（2）指定索引值与特征值。

```
index = {"京": 0, "沪": 1, "津": 2, "渝": 3, "冀": 4, "晋": 5, "蒙": 6, "辽": 7, "吉": 8,
"黑": 9, "苏": 10, "浙": 11, "皖": 12,
         "闽": 13, "赣": 14, "鲁": 15, "豫": 16, "鄂": 17, "湘": 18, "粤": 19, "桂": 20,
"琼": 21, "川": 22, "贵": 23, "云": 24,
         "藏": 25, "陕": 26, "甘": 27, "青": 28, "宁": 29, "新": 30, "0": 31, "1": 32, "2":
33, "3": 34, "4": 35, "5": 36,
         "6": 37, "7": 38, "8": 39, "9": 40, "A": 41, "B": 42, "C": 43, "D": 44, "E": 45, "F":
46, "G": 47, "H": 48,
         "J": 49, "K": 50, "L": 51, "M": 52, "N": 53, "P": 54, "Q": 55, "R": 56, "S": 57, "T":
58, "U": 59, "V": 60,
         "W": 61, "X": 62, "Y": 63, "Z": 64};

chars = ["京", "沪", "津", "渝", "冀", "晋", "蒙", "辽", "吉", "黑", "苏", "浙", "皖", "闽",
"赣", "鲁", "豫", "鄂", "湘", "粤", "桂",
             "琼", "川", "贵", "云", "藏", "陕", "甘", "青", "宁", "新", "0", "1", "2", "3",
"4", "5", "6", "7", "8", "9", "A",
             "B", "C", "D", "E", "F", "G", "H", "J", "K", "L", "M", "N", "P", "Q", "R", "S",
"T", "U", "V", "W", "X",
             "Y", "Z"
             ];
```

(3) 创建提取图片操作,从训练数据集中随机提取一张图片来测试模型实际预测值与图片的真实结果是否一致。

```
global pic
def get_one_image(test):
    G = genplate.GenPlate("./font/platech.ttf", './font/platechar.ttf', "./NoPlates")
    G.genBatch(15, 2, range(31, 65), "./plate", (272, 72))
                                        # 每次其他模块运行时,若导入该库,则刷新该函数
    n = len(test)
    ind = np.random.randint(0,n)
    img_dir = test[ind]
    image_show = Image.open(img_dir)
    plt.imshow(image_show)
    #image = image.resize([120,30])
    image = cv2.imread(img_dir)
    global pic
    pic = image
    # cv2.imshow('image', image)
    # cv2.waitKey(0)
    img = np.multiply(image,1/255.0)
    #image = np.array(img)
    #image = img.transpose(1,0,2)
    image = np.array([img])
    print(image.shape)
    return image
```

(4) 设置 batch_size,声明占位符,并指定 test 图片的位置和提取图片的规则。

```
batch_size = 1
x = tf.placeholder(tf.float32,[batch_size,72,272,3])
keep_prob = tf.placeholder(tf.float32)

test_dir = (r'C:\Users\Harry\Desktop\Licence_plate_recognize\Licence_plate_recognize\
plate/')
test_image = []
for file in os.listdir(test_dir):
    test_image.append(test_dir + file)
test_image = list(test_image)
image_array = get_one_image(test_image)
```

(5) 读取 logit1 至 logit7,并保存模型。

```
#logit = model.inference(x,keep_prob)
logit1,logit2,logit3,logit4,logit5,logit6,logit7 = model.inference(x,keep_prob)
#logit1 = tf.nn.softmax(logit1)
#logit2 = tf.nn.softmax(logit2)
#logit3 = tf.nn.softmax(logit3)
#logit4 = tf.nn.softmax(logit4)
#logit5 = tf.nn.softmax(logit5)
```

```
#logit6 = tf.nn.softmax(logit6)
#logit7 = tf.nn.softmax(logit7)
logs_train_dir = (r'C:\Users\Harry\Desktop\Licence_plate_recognize\Licence_plate_recognize\
train_result/')
saver = tf.train.Saver()
```

(6) 创建计算图会话,开始进行测试。

```
with tf.Session() as sess:
    tf.get_variable_scope().reuse_variables()        # 允许复用参数
    print ("Reading checkpoint...")
    ckpt = tf.train.get_checkpoint_state(logs_train_dir)
    if ckpt and ckpt.model_checkpoint_path:
        global_step = ckpt.model_checkpoint_path.split('/')[-1].split('-')[-1]
        saver.restore(sess, ckpt.model_checkpoint_path)
        print('Loading success, global_step is %s' % global_step)
    else:
        print('No checkpoint file found')

    pre1, pre2, pre3, pre4, pre5, pre6, pre7 = sess.run([logit1, logit2, logit3, logit4, logit5,
logit6, logit7], feed_dict = {x: image_array, keep_prob:1.0})
    prediction = np.reshape(np.array([pre1,pre2,pre3,pre4,pre5,pre6,pre7]),[-1,65])
    max_index = np.argmax(prediction,axis = 1)
    print(max_index)
    line = ''
    for i in range(prediction.shape[0]):
        if i == 0:
            result = np.argmax(prediction[i][0:31])
        if i == 1:
            result = np.argmax(prediction[i][41:65]) + 41
        if i > 1:
            result = np.argmax(prediction[i][31:65]) + 31

        line += chars[result] + " "
    print ('predicted: ' + line)

cv2.imshow('pic',pic)
cv2.waitKeyEx(0)
```

输出结果如下所示。

```
Loading success, global_step is 29999
[51 42 52 61 54 41 19]
predicted: 陕 M R 9 V T X
```

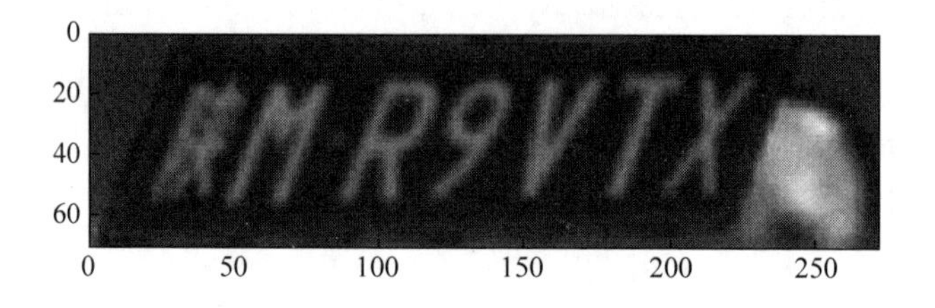

从输出结果可以看出经过 30 000 次迭代后,模型已经可以准确地分辨图片中的车牌号码,这说明模型的训练已达到预期效果。

14.7 本章小结

通过本章学习,大家可以掌握 TensorFlow 实现从生成训练数据集到测试模型准确度的一系列方法。在提升图像识别方面工程经验的同时,进一步理解计算机视觉的一般过程。由于篇幅有限,不再一一罗列其他类型的神经网络的实战应用方法,感兴趣的读者可以根据本章内容结合所学知识完成对其他常见神经网络的实战应用。